全国中医药行业高等教育"十四五"创新教材

中药材规范化生产概论

（供中药学类专业用）

主　编　魏升华　杨武德

全国百佳图书出版单位
中国中医药出版社
·北 京·

图书在版编目（CIP）数据

中药材规范化生产概论 / 魏升华，杨武德主编 .—北京：中国中医药出版社，2021.11

全国中医药行业高等教育"十四五"创新教材

ISBN 978 - 7 - 5132 -6995 - 7

Ⅰ.①中…　Ⅱ.①魏…②杨…　Ⅲ.①药用植物—栽培技术—高等学校—教材　Ⅳ.① S567

中国版本图书馆 CIP 数据核字（2021）第 187969 号

中国中医药出版社出版

北京经济技术开发区科创十三街 31 号院二区 8 号楼

邮政编码　100176

传真　010-64405721

河北品睿印刷有限公司印刷

各地新华书店经销

开本 787×1092　1/16　印张 15.75　字数 348 千字

2021 年 11 月第 1 版　2021 年 11 月第 1 次印刷

书号　ISBN 978 - 7 - 5132 - 6995 - 7

定价　69.00 元

网址　www.cptcm.com

服 务 热 线　010-64405510

购 书 热 线　010-89535836

维 权 打 假　010-64405753

微信服务号　zgzyycbs

微商城网址　https://kdt.im/LIdUGr

官 方 微 博　http://e.weibo.com/cptcm

天猫旗舰店网址　https://zgzyycbs.tmall.com

如有印装质量问题请与本社出版部联系（010-64405510）

全国中医药行业高等教育"十四五"创新教材

《中药材规范化生产概论》编委会

主　编　魏升华（贵州中医药大学）
　　　　杨武德（贵州中医药大学）

副主编　王悦云（贵州中医药大学）
　　　　严福林（贵州中医药大学）
　　　　赵　丹（贵州中医药大学）
　　　　任得强（贵州中医药大学）
　　　　柴慧芳（贵州中医药大学）

编　委（以姓氏笔画为序）
　　　　王志威（贵州中医药大学）
　　　　王若焱（贵州中医药大学）
　　　　王新村［国药集团同济堂（贵州）制药有限公司］
　　　　王德甫（贵阳市中药材生产管理办公室）
　　　　华　萃（贵州中医药大学）
　　　　孙庆文（贵州中医药大学）
　　　　杜洪志（贵州中医药大学）
　　　　杜富强（贵州威门药业股份有限公司）
　　　　杨　琳（贵州省农科院）
　　　　杨相波（中国中药控股有限公司）
　　　　陈宁美（贵州中医药大学）
　　　　陈春伶（贵州中医药大学）
　　　　陈道军（贵州百灵企业集团制药股份有限公司）
　　　　胡亿明（贵州中医药大学）
　　　　侯晓杰（贵州中医药大学）
　　　　袁　双（贵州百灵企业集团制药股份有限公司）
　　　　唐成林（贵州省农作物技术推广总站）
　　　　唐伟杰（贵州中医药大学）
　　　　梁珊珊（贵州中医药大学）
　　　　简应权（贵阳德昌祥药业有限公司）
　　　　檀龙颜（贵州中医药大学）

编写说明

中医药历史悠久，是中华民族优秀文化的重要组成部分。中药是中医药学宝库的重要组成部分。中药的应用和发展为中华民族的繁衍昌盛和世界人民的保健康复作出了一定的贡献。中医药在国内外医药科学领域享有极高声誉，在世界科学文化史上占有重要地位。目前，全球"回归自然""中医药"正在进一步形成热潮，推广应用中药天然药物更是日趋广泛，中医药事业的发展有着无比广阔的前景。

党的十八大以来，党中央、国务院高度重视中医药发展，把"继承和弘扬中医药，保障和促进中医药事业发展"摆放在重要位置，并发布和实施了一系列政策文件。2015 年国务院办公厅转发了工业和信息化部、中医药局、发展改革委、科技部、财政部、环境保护部、农业部、商务部、卫生计生委、林业局、保监会 12 部委发布的《中药材保护和发展规划（2015—2020年）》，农业农村部、国家药品监督管理局、国家中医药管理局发布了《全国道地药材生产基地建设规划（2018—2025 年）》，尤其是 2016 年 12 月 25日，全国人民代表大会常务委员会发布了《中华人民共和国中医药法》，并于 2017 年 7 月 1 日起施行，使中医药事业发展有了国家法律保障。

中药材是中医药产业及其相关产业发展的基础，是中药饮片、中成药及保健品等"大健康"产业的源头，是"第一车间"；规范化的中药材生产是保证中药质量以实现中医临床疗效的首要环节。只有抓好"第一车间"，以中药材质量为核心，规范生产环节及全过程操作，以从源头上保证中药材的真实、安全、有效和质量可控与稳定，才能真正实现中药规范化、标准化、规模化、品牌化与现代化。

为了适应中药材产业发展的需求，我国于 1998 年开始着手进行中药材规范化栽培研究工作，2002 年 6 月 1 日国家食品药品监督管理局发布并实施了《中药材生产质量管理规范（试行）》，2003 年国家食品药品监督管理局制定并印发了《中药材生产质量管理规范认证管理办法（试行）》和《中药材GAP认证检查评定标准（试行）》等法规文件。2016年2月3日，国务院发布了《关于取消13项国务院部门行政许可事项的决定》（国发〔2016〕10号），规定取消中药材生产质量管理规范（GAP）认证，要求对中药材GAP实施备案管理，相关部门将积极推进实施中药材GAP制度，制订完善相关配套政策措施，促进中药材规范化、规模化、产业化发展。

为此，在贵州省教育厅农业重点产业建设项目（黔财教〔2019〕161）的支持下，为满足产业技术服务和中草药栽培与鉴定、中药资源与开发等专业建设、扶贫攻坚和乡村振兴战略的需求，我们组织了药用植物学、药用植物栽培学、中药材加工与炮制学及中药材生产基地建设等相关专业技术骨干，编写了本教材。

本教材分为总论、各论两部分。上篇为总论，共6章，第一章分别介绍了中药材规范化生产的目标和任务、研究内容、历史、现状与发展趋势、规范化生产与其他学科的关系以及规范化生产的重要意义；第二章重点介绍中药材规范化种植养殖关键技术，对种质资源收集评价、生产基地选建、良种繁育、大田种植、田间管理、病虫害防治及药用动物养殖等关键技术进行系统介绍；第三章重点介绍中药材规范化采收、产地加工、包装与储运技术，以保证药材质量为核心，对不同类型药材的采收、加工、包装、储运及养护要求进行介绍；第四章介绍了现代生物技术和农业技术在中药材生产中的应用，对组培快繁、遗传育种、无公害栽培管理、设施栽培等进行了介绍；第五章重点介绍中药材规范化生产基地建设及管理，对生产基地的软硬件建设、运行管理及认证评价等进行介绍；第六章重点介绍中药材质量追溯体系建设与质量监控。下篇为各论，重点介绍了丹参、白及、黄精、头花蓼、石斛、淫羊藿、杜仲、山银花等道地特色药材的28个品种，按品种分章（各章又按其收载药材品名汉语拼音顺序排列）对各品种进行历史考证，论述药材商品规格与质量标准、质量控制的关键环节，质量控制的关键环节，生产技术规程与标准的研究制定，标准推广应用方面内容。

本教材由魏升华、杨武德主编，负责教材内容的编写、统稿及审稿工作，第一章至第六章由严福林、柴慧芳、王悦云、赵丹、任得强、唐伟杰编写，第七章至第十一章由王悦云、赵丹、任得强、王志威、王新村、王德甫、王若焱、孙庆文、华萃、杨相波、杨琳、陈道军、陈春伶、陈宁美、杜洪志、杜富强、胡亿明、侯晓杰、唐成林、袁双、梁珊珊、简应权、檀龙颜编写。

中药材规范化生产与管理研究内容广泛，涉及中药学、生物学、农学和管理学等多个学科，是一个复杂的系统工程。其内容涵盖中药材规范化生产所需的植物学基础、土壤学基础、植物保护学基础和中药遗传基因工程学等方面的高新技术，很多问题需要在实践中加以总结和完善，且很大程度上取决于国家相关配套的激励制度和管理措施的建设。

本教材将中药材规范化生产有关基础知识、基本技术与中药材生产紧密结合起来，并从生产实际出发，重在突出中药材种植（养殖）基本知识、关键技术、生产加工，以及质量标准、质量监控、基地建设与生产质量管理等，具有知识性、实用性和可操作性，适用于中草药栽培与鉴定、中药资源与开发等专业，也可为从事中药材生产技术服务、技术研究和基地管理的人员提供参考资料。

由于本教材编委水平与经验尚有限，在编写中难免存在不当或错漏之处，恳请广大读者提出宝贵意见，以便再版时修订提高。

《中药材规范化生产概论》编委会
2021 年 7 月

目 录

上篇 总论

上篇　总　论

第一章　绪　论

第一节　中药材规范化生产概述

一、中药材

中药是指在中医基础理论指导下用于防病治病物质的总称。中药概念比较宽泛，从不同角度可划分为不同类别，如根据加工工艺可分为中药材、中药饮片与中成药等，根据自然属性可分为植物药、动物药、矿物药等，根据功效可分为清热药、解表药、泻下药、补益药等。中药材是指药用植物、药用动物和药用矿物药的药用部位经产地加工后的产品，是中药的基础原料，如党参干燥的根、黄精干燥的根茎、益母草干燥的茎叶等。生产优质、稳定的中药材，对确保人类健康、促进中药产业发展、实现中药现代化、促进国民经济发展、促使中药走进国际市场、服务全世界人民的健康都具有重要意义。

二、中药材规范化生产

中药材规范化生产指在中药材生产过程中使用统一的标准、原则和方法，进行标准化管理，使中药材产品的质量、有效药用成分、农药及重金属残留含量等达到国际认可的质量标准，实现中药材产品安全、有效，质量稳定、可控。

只有大力推行中药材规范化、标准化、科学化栽培种植，才能使中药材质量达到"安全、有效、稳定、可控"的标准，农药残留和重金属含量符合绿色中药材标准，才能适应中药现代化和国内外市场对中药材"品种与内在质量稳定、道地产地固定、种植生产规范、可持续供应"的需求。2002 年，从保证中药材质量出发，以规范中药材各生产环节乃至全过程的安全、有效、稳定、可控为目的，国家食品药品监督管理总局发布并自 2002 年 6 月 1 日起施行了《中药材生产质量管理规范（试行）》（Good Agricultural Practice for Chinese Crude Drugs，GAP），2003 年制定并印发了《中药材生产质量管理规范认证管理办法（试行）》和《中药材 GAP 认证检查评定标准（试行）》等法规文件，与此同时，药材规范化种植技术、规范化药材基地建设工作也取得了较大进展，这些都使我国的中药材栽培步入正轨，为中医药走向世界奠定了基础。

2016 年 2 月 3 日，国务院发布了《关于取消 13 项国务院部门行政许可事项的决定》（国发〔2016〕10 号），规定取消中药材生产质量管理规范（GAP）认证，要求对中药材 GAP 实施备案管理，相关部门将积极推进实施中药材 GAP 制度，制订完善相关配套政策措施，促进中药材规范化、规模化、产业化发展。为了引导中药材生产种植的规范化、规模化发展，推进道地药材基地建设，加快发展现代中药产业，农业农村部会同国家药品监督管理局、国家中医药管理局编制了《全国道地药材生产基地建设规划（2018—2025 年）》于 2018 年 12 月正式公布，意味着取消 GAP 认证并不等同于取消 GAP，国家对中药材种植的管理只会越来越严格、越来越规范。中药材基地的种植和产地加工必须按照标准操作规程和相关管理制度，保证中药材的质量，以达到药材"安全、稳定、有效、可控"的目的，提高中药材种植（养殖）规范化、规模化、产业化水平，实现产业的优化升级，满足大健康产业用药需求，通过对中药材生产质量的规范管理，促进中药材生产规范化、标准化和现代化，推动中药走向国际化道路，提升我国中药材的国际地位。

三、中药材规范化生产的目标和任务

中药生产包括药材生产和成品药生产，中医药行业的现代化离不开这两者的现代化。在药材生产上要积极引导市场资金投入到野生药材的引种驯化及人工栽培工作上，加大对野生药材的保护力度，制定实施药材生产管理规范，实现药材质量的全程监控。在成品药的生产上要建立健全从业人员和生产企业的评价体系，提高中成药生产行业的规范性，从而达到保证中成药质量的目的。实施中药材 GAP 是中药材生产和质量管理的基本准则，适用于中药材生产企业生产中药材（含植物药、动物药）的全过程。生产企业应运用规范化管理和质量监控手段，保护野生中药材资源和生态环境，坚持"最大可持续产量"原则，实现资源的可持续利用。中药材生产基地要以质量为核心进行其规范生产与基地建设，并在其生产全过程中大力推行标准化，严格控制中药材种植（养殖）、采（捕）收、产地加工和包装贮运等环节可能所致的农药、有害物质（重金属、有害元素等）、微生物及异物的污染与混杂，以获得符合《中华人民共和国药典》及有关内控质量标准规定的中药材产品，即"GAP 中药材产品"。"GAP 中药材产品"的含义主要包括三大基本内容：一是生态环境质量符合中药材 GAP 规定产地标准；二是生产全过程中不使用超限量有害化学物质；三是按照中药材 GAP 要求规范化种植（养殖）、产地加工、包装、储运养护和经质量检测符合有关规定标准，并经专门机构认定的中药材产品。

四、中药材规范化生产的研究内容

为了促使中药材规范化生产与规范化生产基地建设达到上述目标任务，使之生产出"GAP 中药材产品"，应依照中药材 GAP 规定要求，规范中药材生产各环节乃至全过程，控制影响中药材质量的因素，达到中药材产品的"真实、优质、稳定、可控"。具体研究内容包括中药材生产的合理区划布局，建立中药材保护、抚育与生产基地，进行中药材种质优选、良种繁育及优质种苗基地建设，规范中药材种植（养殖）试验示范与示范推广，合理采收、产地加工及包装与储运养护，研究提升中药材质量的标准，建立中药材质量保障追溯体系，研究制订中药材科学、合理及实用可行的标准操作规程（SOP），并认真贯彻实施，以确保所产中药材达到"GAP 中药材产品"标准要求。

中药材规范化生产与管理研究内容广泛，涉及药学、生物学、农学和管理学等多学科，是一个复杂的系统工程。其内容涵盖中药材规范化生产所需具备的植物学基础、土壤学基础、植物保护学基础和中药遗传基因工程学所涉及的高新技术，很多问题需要在实践中加以总结和完善，且很大程度上取决于国家相关配套的激励制度和管理措施的建设。中药材规范化生产的全面推进有赖于三方面工作的紧密配合，一是相关法规条例及宏观管理系统的建立，即国家对企业的调控机制；二是规范化药材基地建设的模式，即企业、基地、农户和药材生产的联动机制；三是中药材生产技术水平的全面提高，这是实施中药材 GAP 的基础。我国中药材的规范化生产，符合国内外中药材生产的趋势，但具体实践时应考虑到中药材种植的技术难度、中药材种植的组织化程度、中药材市场需求是独家需求还是多家需求、市场价格的波动性、中药材种植的预期比较收益、农户发展中药材生产的积极性等因素，不断改进和完善，探索适合各种中药材和各种基地的建设模式。

第二节　中药材规范化生产历史、现状与发展趋势

一、中药材规范化生产历史

我国于 1998 年开始着手进行中药材规范化栽培研究工作，在全国各地先后建立许多新的药材产区和药用植物种植场及专门的科研机构，并对中药材规范化生产制定一系列的方针、政策，以有力的政策支持和资金扶持，促进中药材 GAP 生产在全国范围内的推行。中药材 GAP 生产的一般方式是企业主导、政府支持、科技支撑、农民种植，通过整合国家政策、企业资金、科研机构技术、农地、农村劳动力以及适宜的生态环境等各种资源，实现中药材的标准化生产。中药材 GAP 生产的基本组织模式是中药生产企业＋科研＋基地＋农户，其他的模式还有中药商业企业＋基地＋农户、农场建基地、政府直接发起建立大型基地（示范性基地）、科研＋农户联组、一县一业＋企业集群＋合作社＋农户、品种＋市场＋企业＋协会＋农户、政府＋科研团队＋龙头企业＋合作

社＋农户、龙头企业＋基地＋合作社＋农户等。无论哪种模式，生产的各环节都要严格执行所生产中药材品种的生产标准操作规程。中药材 GAP 的实施，有力地促进了我国中医药事业的发展，对增强人民体质，加速我国中医药现代化建设和国民经济的发展起到了巨大的推动作用。

二、中药材规范化生产现状与发展趋势

中药产业作为一个传统的民族产业，在国际市场上的竞争力还很弱。我国中药年出口销售额仅占国际市场的 4% 左右，并且价格呈下降趋势，这与我国天然药物的大国地位相差甚远。其主要原因是由于国际技术壁垒、绿色壁垒和贸易壁垒的限制，加之我国中药产品质量和商品化水平较低，导致中药出口受阻。21 世纪是大力发展中药材规范化生产的关键时期，全国各地特别是各级政府高度重视中药材生产，在农业产业结构调整中，中药材已成为老百姓和地方政府的重要选择之一，规范化成为我国药材生产基地建设的主流方向。

近年来，规范化药材生产工作全面展开，药材生产的规模化、规范化和产业化经营水平明显提高，形成了中药农业的先进生产力，药材生产呈现健康、快速的发展势头。据统计，2020 年全国中药材种植面积达 7000 万余亩。在科学技术部和国家中医药管理局等部门的支持下，全国已有 120 多个重点中药材品种的规范化种植研究示范基地建立，大中型制药企业积极介入原料药材基地的建设，有效提高了中药材生产的组织化水平，有效地将分散的农户生产通过市场机制组织起来，真正地将"公司＋基地（科研）＋农户"的现代农业生产模式应用到药材生产当中，较好地促进了我国中药材生产集约化和规模化，逐步形成了中药农业发展的先进方向，极大地改变目前我国药材生产不规范的现状，基本满足了中医药发展的需求。GAP 推行以来，伴随着我国农业结构的调整和中药工业的飞速发展，中药材需求量不断增大，中药材在规模化和规范化种植方面取得了重要进展。与此同时，对外贸易经济合作部还发布了我国的《药用植物及制剂进出口绿色行业标准》，这些举措都有效地推进我国中医药的国际化进程。

第三节　中药材规范化生产与其他学科的关系

中药材规范化生产的推行，全面促进了药用植物栽培学、中药资源生态学、中药炮制学、药用植物学、中药病虫害防治学、气候气象学等学科的发展。另外，在中医药国际化的进程中，科学数据支持下品质控制和保证是不可缺少的环节，以高效液相色谱为主的中药分析化学中的药物检测和研究方法的不断提高，可使药材的监控有一个广泛和可信赖的基础。分子生物技术的发展，可从物种特异性遗传基因标记水平上，建立一个客观的、科学的中药质量控制方法。随着人们对药材规范化生产认识理解的不断加深，以及科技的巨大进步，药材规范化生产将会不断与精准农业、生态农业等现代农业理论、方法及技术融合，并展现更大的潜力和更广阔的前景。

一、中药材规范化生产与中药学相关学科的关系

要保证中药的有效性，关键是要严格执行中药材规范化生产与管理。由于中药材种类繁多，品种复杂，有效成分不确定，加之不同产地、栽培技术、采收加工和运输贮藏均可影响到药材的质量，因此，中药材的质量是保证中药有效性的重要前提，而制订符合中国国情以及国际市场的质量标准显得尤为重要。建立科学、适用的中药质量标准体系是评价中药安全性、有效性的重要环节，必不可少。

二、中药材规范化生产与药用植物资源学的关系

在中药材规范化生产与管理实施中种质资源的选择极为重要，它是中药材生产的源头，种质的优劣对产量和质量有决定性作用。加强对现有中药材种质资源的调查、收集、保存及评价研究，利用优良种质资源材料，通过人工驯化、提纯复壮、有性杂交、组织培养，以及现代生物技术等途径，培育出抗病、抗逆、高产、高效的优良药用植物新品种对中药产业化发展、集约化经营、提高市场竞争能力都具有十分重要意义。

三、中药材规范化生产与农学相关学科的关系

目前，中药材种植缺乏规范化、标准化生产，滥用农药、滥施化肥、滥用除草剂等现象较为普遍，造成中药材农药残留和重金属含量偏高，直接影响药材的安全性和有效性，进而严重影响药材的质量。而且中药材种植的科技水平较低，栽培技术的难点和病虫害防治技术有待进一步解决。药用植物的种植要实现高产与优质，必须以合理、正确的栽培技术为依托。合理的栽培管理，需要在相应的土壤学、植物生理学、肥料学、植物病虫害防治学及田间试验等的理论指导下进行。

四、中药材规范化生产与现代生物学相关学科的关系

现代生物学及相关技术已经深入中药研究和开发的各个领域，在高质量中药天然药物原料的研究生产及中药材资源可持续利用中发挥着极大的作用。酶工程、发酵工程、分子生物学技术等已经深入中药研究和开发的各个领域，其影响正在不断扩大，所显示出的潜在社会价值和经济效益也日益得到重视。正确利用现代生物技术合理地解决中医药现代科学研究和产业开发中的重要问题，必将有力地推动我国的中医药现代化和国际化进程。

五、中药材规范化生产与信息学相关学科的关系

随着信息科学的飞速发展，信息技术在中药现代化研究中得到日益广泛的应用，主要研究领域包括中药物质基础研究、中药质量控制、中药药效评价、中药优化设计与研发、中药制药工艺优化和过程控制、中药作用机理、中药知识发现与管理、中药数据库管理等。中药信息学的建立和发展将成为中药领域的研究热点，解决制约现代中药发展的关键技术问题，极大地推进中药材规范化生产与管理进程。

第四节 中药材规范化生产的意义

一、增强民族自信和文化自信，促进中医药产业健康发展

中医药学是"祖先留给我们的宝贵财富"，是"中华民族的瑰宝"，是"打开中华文明宝库的钥匙""凝聚着深邃的哲学智慧和中华民族几千年的健康养生理念及其实践经验"。这些重要论述，凸显了中医药学在中华优秀传统文化中不可替代的重要地位，而中药材要走向世界，就必须着重强调中药材规范化生产与管理，实现中药材的规范化和规模化，为国际传统药物的发展提供宝贵经验。我国作为最大的中药生产国，根据中药特色率先推行先进的中药材生产质量管理规范，必将在未来的市场竞争中发挥积极作用，促进中药现代化和中药以药品的身份走向国际市场。

二、促进区域经济发展

中药材产业是贫困地区调结构、促增收、保生态、可持续的最现实、最有效的产业之一，是充满希望的朝阳产业。以市场为导向，以经济效益为中心，以大宗、急需、道地中药材和健康食品原料的综合开发利用为重点，兼顾濒危、稀缺中药资源的保护利用，建设一批道地药材种植基地，促进中医药和食品农业的可持续发展，对于产业升级优化及区域经济的发展具有十分重要的意义。

三、加强野生资源保护，保持物种多样性

我国幅员辽阔，地形、地理、土壤、气候迥异，生态类型复杂繁多，野生药用植物分布广泛。国家对药用野生动植物资源实行动态监测和定期普查，建立药用野生动植物资源种质基因库，鼓励发展人工种植养殖，支持依法开展珍贵、濒危药用野生动植物的保护、繁育及其相关研究。在生存环境胁迫、自然选择的作用，以及植物通过有性杂交发生基因重组、染色体结构变异和无性繁殖产生体细胞突变等研究中形成了种类丰富、适应不同环境、满足不同生产以及商业需要（抗病、抗逆、高产、有效成分含量高等）的珍贵资源材料，为我国人民防治疾病、康复保健、计划生育发挥了极大作用，产生了显著的社会效益、经济效益和生态效益。加强对现有中药材种质资源的调查、收集、研究，利用优良种质资源材料，对中药产业的可持续发展具有十分重要意义。

第二章　中药材规范化种植养殖关键技术

第一节　种质资源收集、保存与在圃鉴定

一、种质资源的基本概念

种质资源为携带种质的载体，其具有遗传潜能性，具有个体的全部遗传物资。种质资源又称遗传资源，是指选育生物新品种的基础材料，包括作物的栽培种、野生种和濒危稀有种的繁殖材料，以及利用上述繁殖材料人工创造的各种遗传材料，其形态包括果实、籽粒、苗、根、茎、叶、花、组织、细胞核 DNA、DNA 片段及基因等有生命的物质材料。药用植物种质资源是指药用植物的"种性"，并将遗传信息从亲代传递给后代的遗传物质的总体，包括原种的综合体（种群）、群体、家系、基因型和决定特定性状的遗传物质，以及用于遗传改良的各类种质材料，如选择的、杂交的、引进的、诱变的及生物工程创新的种质资源材料。药用植物种质资源是中医药事业发展的物质基础、中药材生产的源头，是形成优质中药材的物质基础，种质的优劣直接影响药材质量的差异，进而影响临床用药疗效。

二、种质资源的分类及其用途

药用植物种质资源根据来源和性质，可以分为本地药用植物种质资源、外地药用植物种质资源、野生药用植物种质资源、人工创造的药用植物种质资源。其主要特点与用途如下。

1. 本地药用植物种质资源　①主要特点：本地药用植物种质资源包括古老的地方品种和当地长期推广种植的改良品种。其特点一是对本地区自然条件具有高度的适应性；二是具有遗传多样性，在遗传上，其群体多是混合体，具有遗传多样性。②主要用途：本地药用植物种质资源可作为提供优良基因的载体，可作为系统选择和人工诱变的材料。

2. 外地药用植物种质资源　①主要特点：外地药用植物种质资源包括国外或外地区引入的种质资源。其特点为具有本地种质资源不同的遗传性状。外地种质资源分别来自不同的生态区域，带着不同地区的风土特点，具有不同的遗传性状，其中有不少性状都是本地种质资源欠缺的。②主要用途：外地种质资源引入本地区后，通过观察和试验，能适应的资源可直接用于当地生产，可作为系统育种的基础材料，采用系统育种的方

法，培育成新的品种。

3. 野生药用植物种质资源 ①主要特点：野生药用植物种质资源包括栽培种的近缘野生种及其他野生种。其特点为具有高度遗传复杂性、高度抗逆性。野生种是在自然条件下，经过长期自然选择的产物，野生种具有高度的遗传复杂性，不同种质之间具有高度的异质性，具有一般栽培种所不具备的一些重要性状，如抗逆性、适应性、抗病性、雄性不育性及独特的品质。②主要用途：可作为特异基因供体，通过远缘杂交、基因工程技术将某些性状导入栽培种。

4. 人工创造的药用植物种质资源 ①主要特点：人工创造的药用植物种质资源是指在育种工作中，通过各种方法，如杂交、诱变等，产生的各种突变体、育成品系、基因标记材料、引变的多倍体材料、非整倍体材料、属间或种间杂种等育种材料。其特点为具有特殊的遗传变异。②主要用途：可作为培育新品种的原始材料，亦可用于有关理论研究的材料，如利用突变体研究基因定位等。

三、药用植物种质资源的收集

药用植物种质资源的收集和整理包括种质资源的收集、种质资源生物学特征的考察、形态学特征以及遗传学特征的研究等。

1. 收集途径 种质资源的收集途径有考察收集，即由国家主动组织的大型考察收集。征集，即在国内外发信征集。交换，即各育种单位间开展品种资源交流，互通有无，是目前育种单位间品种资源交流的主要形式。

2. 收集和整理工作要点 ①正确取样：在田间收集品种资源时，应采取正确的取样策略，即收集样本时由近及远以尽可能少的样本获得尽可能丰富的遗传性变异。②及时准确记录：收集的材料要及时准确地进行记录，记录的主要内容包括材料名称、原产地、征集地点和日期、原产地的自然特点、生产条件和栽培要点以及主要特性等。③归类整理：应及时进行整理归类，并登记编号。

四、药用植物种质资源的保存

1. 种质资源保存的特点及要求 收集到的种质资源，经整理、归类后，必须妥善保存，以供研究和长期利用，妥善保存是种质资源工作的关键。应达到以下目标：维持一定的样本数量、保持各样本的生活力、保持原有的遗传变异度。

2. 种质资源保存的方式 按保存的地理位置分为原地保存和异地保存。原地保存是在原来的生态环境条件下就地保存，自我繁殖种质资源。异地保存是将种子或植株保存于该种质资源原产地以外的地区。种质资源的保存，除资源材料本身的保存外，还应包括种质资源的各种资料，每一份种质资源材料应有一份档案，档案中记录编号、名称、来源、研究鉴定年度和结果。档案资料输入电子计算机贮存，建立数据库，以便于进行资料检索、分类和遗传研究。

3. 种质资源保存的具体方法 ①种植保存：种植保存是将种质资源的种子在田间种植，进行自我繁殖。为了保持种质资源的种子或无性繁殖器官的生活力，并不断补充其数量，资源材料必须每隔一定时间播种一次。当发芽率下降到50%时必须种植一次。种植保存时，每种种质资源的种植条件（包括气候、土壤等）尽可能与原产地相似。在种植过程中应尽可能避免或减少天然杂交和人为混杂的情况。②贮藏保存：贮藏保存是用控制贮藏条件的方法长期保持品种资源种子的生活力。长期贮藏保存种子生活力的技术关键是低温和干燥，通过控制种子周围环境中的温度、湿度，迫使种子处于代谢作用的最低限度。贮藏保存种质资源采用种质资源库保存。种质资源库分为3种：长期库、中期库、短期库。③试管保存：试管保存的种质资源包括细胞或组织培养物，如愈伤组织、悬浮细胞、幼芽生长点、花粉、体细胞、原生质体、幼胚、组织块等。对组织或细胞培养物试管保存的一般方法是进行定期的继代培养和重复转移。④基因文库技术：基因文库技术是用人工的方法，从植物中抽取DNA，用限制性内切酶把抽取的DNA切成许多DNA片段，再把这些DNA片段连接在载体上（质粒），通过载体把该DNA片段转移到繁殖速度快的大肠杆菌中去，通过大肠杆菌的无性繁殖，产生大量的生物体单拷贝基因。因此，建立某一物种的基因文库，不仅可以长期保存该物种的遗传资源，而且还可以通过反复的培养繁殖、筛选来获得各种基因。

五、药用植物生物学特性

植物的生物学特性是指植物生长发育、繁殖的特点和有关性状，如种子发芽，根、茎、叶的生长，花果种子发育、生育、分蘖或分枝特性、开花习性、受精特点、各生育时期对环境条件的要求等。生物学特性是植物生长发育的内在因素，决定着植物的基本性质，是植物栽培的基本依据。

（一）生物学特性的研究内容及其重要性

1. 药用植物的生长发育规律　植物的生长发育在各种物质代谢的基础上，表现为种子发芽、生根、长叶，植物体长大成熟、开花、结果，最后衰老、死亡。高等植物生长发育的特点是：由种子萌发到形成幼苗，在其生活史的各个阶段总在不断地形成新的器官，是一个开放系统，无论是营养生长还是生殖生长，时刻都受到各种内外因子的影响和调控。

2. 药用植物的生命周期　药用植物的生命周期是指从繁殖开始，经幼年、青年、成年、老年，直至衰老死亡个体生命结束为止的全部过程。下面分别就木本植物和草本植物进行介绍。

（1）木本药用植物的生命周期　木本药用植物寿命可达几十年甚至上百年，其个体的生命周期因其起源不同而分为两类，一类是由种子开始的个体，另一类是由营养器官繁殖后开始生命活动的个体。由种子开始的个体其生命周期及栽培措施如下。

出苗期：从播种开始，至种子发芽时为止。出苗期的长短因植物而异，有些植物种子成熟后，只要有适宜的条件就能发芽。有些植物的种子成熟后，即使给予适宜的条件也不能立即发芽，而必须经过一段时间的休眠或处理后才能发芽。

幼苗期：从种子发芽到植株迅速生长前为止。幼苗期是植物地上、地下部分进行旺盛的离心生长时期。植株在高度、冠幅、根系长度和根幅方面生长快，体内逐渐积累起大量的营养物质，为营养生长转向生殖生长打下基础。

速生期：为植株加速生长到最高生长速度开始下降为止。此时植株生长最快，生命力旺盛，速生的树木已形成树冠，并继续生长。在栽植养护过程中，应给予良好的环境条件，加强肥水管理，使植株一直保持旺盛的生命力，迅速扩大树冠，增加叶面积，加强树体内营养物质积累。

壮年期：从生长势自然减慢到树冠外缘小枝出现干枯时为止。壮年期植物不论是根系还是树冠都已扩大到最大限度，植株各方面已经成熟，植株粗大，花、果数量多，性状已经完全稳定，并充分反映出品种的固有性状。壮年期对不良环境的抗性较强，植株遗传保守性最强，不易改变。

衰老期：从生长发育明显衰退到死亡为止。衰老期对不良环境抵抗力差，易感染病虫害。

（2）草本药用植物的生命周期　一两年生草本药用植物，生命周期很短，在一年或两年中完成，一生经过出苗期、幼苗期、成熟期、衰老期的生长发育阶段。多年生草本药用植物，一生需经过出苗期、幼苗期、青年期、壮年期和衰老期。以上生长发育时期，并没有明显界限，各个时期的长短受各种植物本身系统发育特性及环境条件限制。

在生产中，具体栽培措施的制定，应以植物的生物学特性为基础。药用植物的器官在其生长中有各自的生理功能，不同器官的生长发育特点及其对中药材质量和产量的影响不同。不同的中药材有不同的药用部位，优质高效的中药材必须根据药用部位器官的生长特点、生产目的采取不同的管理措施。

3. 药用植物繁殖特性　植物繁殖是利用植物的有性繁殖和无性繁殖特性采用各种人工措施有目的地获取所需植物的方法。药用植物生产上品种不同，其繁殖方式不同，有的既可采用有性繁殖又可采用无性繁殖。对于具体的品种，应在繁殖特性研究的基础上选择最佳繁殖方式。药用植物规范化基地建设中繁殖特性研究的主要内容是繁殖方法、培育优质种源技术以及种子贮藏方法等。

4. 药用植物生育期　药用植物栽培上通常将繁殖材料从出苗到商品采收的天数称作生育期，将不同生育阶段称作生育时期。不同药用植物品种的生育期和生育时期不同，同一品种在不同生态环境下的生育期、生育时期的长短、起始时间等都有一定差异。各个生育时期药用植物生长发育的特点不同，因此规范化栽培应按照药用植物各生长发育时期的生长发育特点制定管理措施。

5. 药用植物器官的生长特点　药用植物的器官在其发育中有各自的生理功能，不同器官的生长发育特点及其对药用植物质量与产量的影响不同。优质高效的药用植物生产必须根据药用植物器官生长特点、生产目的采取不同的生产管理措施。

6. 药用植物营养生长特性　药用植物品种不同，其营养生长的特性也不同。无性繁殖的药材生产全过程都是进行营养生长，各时期营养条件对产量和质量都有较大影响。有性繁殖为主的药材，促进其营养生长也是获得优质高产的主要措施，多年生药材的各生长年限中的营养特点相差不大。

7. 药用植物干物质与有效成分积累 药用植物产量的形成实质上是通过光合作用形成的有机物质储存到产品器官的过程。中药材中的干物质重量是衡量植物有机物积累、营养成分多少的重要指标，植株个体物质积累的研究是药用植物产量形成研究的基础。药用植物栽培的目标是获得最高的有效成分和产量以及最低的有害物质含量。

（二）药用植物生物学特性与药材优质丰产相关性

1. 药用植物优质丰产的内涵 优质丰产是对中药材的品质和产量的要求，药用植物品质和产量是由不同药用植物种类、品种的遗传性所决定的，它决定了这个中药品种的基本品质。药用植物的生长发育按其固有的遗传信息所编排的程序进行，每一种植物都有其独特的生物发育节律，植物遗传差异是造成其品质变化的内因。中药材的品质和产量都是通过药用植物适宜的生长发育和代谢活动等生理生化过程而实现的，许多植物药人工种植时其产量与初生代谢产物的积累有关，其质量与次生代谢产物的积累有关。

2. 植物药材品质的指标 药用植物的品质直接关系到中药的质量及其临床疗效。评价药用植物的品质，一般采用两种指标：一是化学成分，主要指药效成分或活性成分的多少，以及有害物质如化学农药、有毒金属元素的含量等。二是物理指标，主要是指产品的外观性状，如色泽（整体外观与断面）、质地、大小、整齐度和形状等。

第二节 生产基地合理选建

一、环境因子与药材优质丰产相关性

影响药用植物品质和产量的关键因素是环境因素，包括温度、光照等气候因素和养分、水分等土壤因素。药材的药效成分、种类、比例、含量等都受环境条件的影响，在栽培过程中，需根据中药材的特殊性，采用一定的技术手段，改善特定生理生化过程的所需条件（光、热、水、土、肥、风等环境因子或其他因子），以实现中药材栽培优质丰产的目标。环境因子与药材优质丰产的相关性，主要体现在以下方面。

1. 地形地貌 海拔、坡度、坡向、地形、地貌等都影响到当地气温、太阳辐射、湿度等因子的变化。如海拔升高，会引起太阳辐射增强、气温下降和雨量分布增加。药用植物的分布，也就随着海拔的升高，而出现明显的成层现象，一般喜温的植物达到一定高度逐渐被耐寒植物所代替，从而形成垂直分布带。

2. 温度 温度直接影响植物体内各种酶的活性，从而影响植物的代谢过程。植物的生长过程存在着生长的最低温度、最适温度和最高温度，即温度三基点。在最适温度时，使各种酶最能协调地完成植物体的代谢过程，最利于生长；当温度低于或高于最适温度时，酶活性受到部分抑制，当温度低于最低温度或高于最高温度时，酶的活性受到强烈的抑制，同时高温和低温对植物的细胞产生直接的破坏，蛋白质变性，植物致死。

3. 水分 水分是植物生长的重要环境因子之一，影响着植物形态结构、生理生化代谢及地理分布范围。不同水分状况下，植物体内的生理生化过程会受到不同程度的影响，从而会影响植物体内的次生代谢过程，进而影响有效成分的积累。

在干旱胁迫下，植物组织中次生代谢物的浓度常常上升，包括生氰苷、硫化物、萜类化合物、生物碱、单宁和有机酸。药用植物有机成分中的大多数有效成分主要是次生代谢的产物，次生产物的合成需要相当多的代谢酶参与，控制此类酶的基因遗传变异及其控制的代谢过程直接影响药材的质量和疗效。植物在不同生育阶段生物量的积累对水分亏缺的敏感性、后效性不同。在某些发育期，减少土壤水分，诱导轻度至中度水分胁迫，可避免植株生长过快，改变植株体内水分和养分的分配，促使同化物从营养器官向产量形成器官转移。

4. 光照 光照是绿色植物生命活动的能量来源，是绿色植物进行光合作用不可缺少的条件。光照条件包括光照强度、光质、光照时间等。光照强度和光质不仅影响植物的初生代谢过程，而且会影响许多植物的次生代谢过程。如红光促进茎的伸长，蓝紫光能使茎粗壮，紫外光对植物的生长具有抑制作用。

5. 土壤 土壤是植物赖以生存的物质基础，土壤的结构、pH 值、肥力、水分等与植物生长密切相关。一般药用植物适宜在有机质含量高，团粒结构，保水、保肥性能好，中性或微酸性的土壤上生长。土壤酸碱度是土壤重要的化学性质，是土壤各种化学性质的综合反映。大多数药用植物喜在中性或微酸、微碱性土壤中生长。但少数药用植物，如厚朴、栀子、肉桂等喜在酸性土中生长。枸杞、麻黄、薏苡、酸枣、甘草等则宜在碱性土中生长。

植物从土壤中所摄取的无机元素中有 13 种对任何植物的正常生长发育都是不可缺少的，其中大量元素有 7 种（氮、磷、钾、硫、钙、镁和铁）和微量元素 6 种（锰、锌、钼、硼和氯），这些元素的吸收与植物的代谢紧密相关，在药用植物有效成分的形成中起着极其重要的作用。另外，土壤中的含盐量也影响到药用植物的次生代谢成分。

6. 空气和风 地球的引力作用使地球周围积聚了 2000 ～ 3000km 厚的完整空气层，称为"大气"或"大气圈"，由干净空气、水气和各种悬浮的固态杂质微粒所组成。空气的组成成分一般为 O_2、CO_2、N_2 及工业生产所排出的废气。O_2 和 N_2 是地球一切生物呼吸和制造营养的源泉，是维持生命必不可少的。

风是空气的运动形式，在同一水平上，因空气压的差异则引起空气在水平方向上的流动而形成。风对药用植物生长发育的影响是多方面的，它是决定地面热量与水分运转的因素，也是很多植物繁殖后代的条件，如风媒传粉植物。

二、中药材生产基地的选建原则

中药资源与中药材生产有很强的地域性与继承性，现今运用生态学观点，以道地药材为主体开展中药材区域特征研究与区域化生产，以生态与社会经济相结合的研究方法对中药资源及中药材生产的品种适宜区进行分析，合理分区划片，为"中药区划"与"中国中药区划"的研究与成功建立奠定了实践基础，也为广泛而较深入进行中药材规范化种植（养殖）与 GAP 基地的选择和合理选建提供了基本原则，其原则主要体现在 3 个方面。

（一）区划（地域）布局原则

中药材生产基地的地理位置可用行政区域或经纬度表示，无论动物、植物、矿物，"诸药所生，皆有境界"。特别是以动、植物为主的中药材的生活环境，都直接与其有关的空气、水、土壤、光照等生态因子关系密切，并直接影响其种群的发生、发展、时空分布、质量与产量等。这就直接决定了中药材生产的区划（地域）布局，当某一区域的生态环境与某一生物所需环境和习性相匹配时，则适其生长发育、生存繁衍而成为分布区域中心或适生区域。因此，应当在中药材生态最适宜区域或适宜区域合理布局，并选建其生产基地。

（二）安全生产原则

中药材生产基地选择，不仅要分析影响中药资源分布、中药材生产的自然条件、适生环境，还应从中药材这一特殊商品的安全性出发，首先保证用药安全，确保所选基地生产药材不受污染。因此，应将中药材安全生产列为极其重要的原则，除中药材生产基地的自然条件与适生环境外，还要从其社会经济条件入手，深入调查其历史变化、人为因素、环境污染、是否无节制施用化肥农药、是否生物疫区等不安全生产因素，以确保其生产药材达到国家规定的安全指标，确保人民用药安全有效。

（三）操作可行性原则

中药材生产是有目的的社会生产行为，其生产基地选择既要求有适宜而优越的自然环境，讲求"地胜药灵"，也要求具备良好的社会经济环境，以利于中药材生产的操作可行性，保证达到预期生产目标。因此，要对生产基地的社会、经济、交通、水电、公安、电信、教育、文化、卫生、习俗等进行深入调查，并着重了解当地药材生产应用历史、群众生产加工药材经验与积极性、当地政府重视支持程度、医药企业投资建设药材生产基地现状等情况，以全面综合分析和保证中药材生产基地的可操作性和良性发展，以促进广大农民脱贫致富，促进山区经济发展。

三、中药材生产基地的合理选择

（一）基地合理选择的主要程序

1.组织考察　中药材生产基地的选择是指在中药材生产基地选建之初，通过对基地生态环境的调查和现场考察研究，并对基地环境质量现状做出合理判断的过程。其考察研究由中药材生产单位生产技术部、质量管理部或委托单位的有关技术人员组成考察组，深入拟选地域现场，切实按照中药材产地适宜性优化原则，因地制宜，合理布局要求，认真而细致地进行其地域性、安全性、可操作性等调查研究，做好勘察记录，写好调查报告，提出分析评价与选择意见或建议。

2.考察内容　根据中药材 GAP 产地环境质量的有关规定要求，对拟选建的中药材生产与 GAP 基地环境调查和现场考察研究的主要内容有：①地貌、气象、土壤、水文、植被等自然环境特征。②大气、水和土壤等有关检测及监测的原始资料。③农业耕作制度及作物栽培等情况（如近 3 年来农药、化肥使用与作物间套轮作等）。④历史、人文、交通、通信网络等社会经济条件的调查，对周围环境污染状况及地方病情况进行调查。

3. 标准要求 ①大气条件：选择的基地及周围不得有大气污染，特别是上风口不得有污染源（如化工厂、钢铁厂、水泥厂等），不得存在有毒、有害气体排放，也不得有烟尘和粉尘等。基地距主干公路线应在 50m 以上。经检（监）测，应符合国家《环境空气质量标准》（GB3095 — 2012）一级或二级质量标准。②土壤条件：基地周围无金属或非金属矿山，无人为有害污染，无有害农药残留，土壤肥力符合中药材生产要求，并以肥沃、疏松、保水保肥、耕作层较厚土壤为佳。经检（监）测，土壤元素背景值在正常范围内，土壤环境质量应符合国家《土壤环境质量农用地土壤污染风险管控标准（试行）》（GB15618 — 2018）一级或二级标准。③水质条件：基地应位于地表水、地下水的上游，避开某些因地质形成原因而致使水中有害物质（如氟等）超标的地区。有可供灌溉的水源及设施。生产用水不得含有机污染，特别是重金属和有毒有害物质（如汞、铅、铬、镉、酚、苯、氰等），并要远离对水源造成污染的工厂及矿山等。经检（监）测，水质应符合国家《农田灌溉水质标准》（GB5084 — 2021）或生活饮用水质量标准的标准要求。④气候条件：应适合拟生产中药材品种的生长发育与生态环境有关要求。

4. 采样记录 凡满足上述选择条件的拟选地域，按有关大气、土壤、水等有关标准规定的方法采样，并做好采样记录（应附采样布点图等）。由有环境质量检测资质的单位依法检（监）测，并对拟选基地环境质量做出综合评价报告。

5. 签署协议 以上各项考察工作完成，并经中药材生产单位（公司）对已满足要求的选建基地作出决定后，再由公司与专业合作社或农民大户签订有关协议或合同（如土地租赁、药材购销协议或合同）等，然后方予进行基地建造。

6. 归档保存 对上述中药材生产基地考察工作的有关资料，如基地现场考察记录、基地环境质量检（监）测采样记录及检（监）测评价报告，以及有关协议或合同等均应按有关规定归档保存，并由专人严加管理。

（二）基地良好环境的保护措施

为了继续保持中药材生产基地良好的生态环境，我们应在中药材生产基地建设与生产过程中，注意采取以下主要保护措施。

1. 严禁在基地周围建设有"三废"污染的各类项目与设施，确保基地周围 5 公里以内无污染源，切实保证基地环境不被污染。

2. 严格按照中药材 GAP 要求进行生产质量管理，加强基地对药材 GAP 绿色基地的标准追求，强化生态农业，正确使用农用化学物质，采取综合措施防治病虫草害，继承我国传统农业生产精华，维护良好的生态农业环境。

3. 加大宣传力度，提高基地区域的全民环境意识，注重基地区域内及其周围生态环境保护与建设，自觉保护基地及其周围的生态环境，使整个区域形成良性循环的生态系统。

4.加强基地环境质量动态监测，及时发现、控制环境污染。每年对基地灌溉用水检（监）测1次，每4年对土壤检（监）测1次。对基地大气环境质量亦应注意动态监测。

5.基地有关党政部门要切实加强基地环境质量的监管，基地企业负责人、生产技术部、质量管理部和专业合作社等有关人员要落实对基地生态环境保护的责任制，要切实加强中药材GAP基地与绿色中药材基地的建设发展。

实践证明，道地药材反映出的科学内涵与中药区划、中药材GAP有着紧密的内在联系，研究中药区划、建立中国中药区划与实施中药材GAP，以道地药材为主体的研究方法，且遵循切实可行的原则，中医药法中建立了道地中药材评价体系，支持道地中药材品种选育，扶持道地中药材生产基地建设，加强道地中药材生产基地生态环境保护，鼓励采取地理标志产品保护等措施保护道地中药材。因此，中药材生产基地选建原则及合理选择十分重要，这是在中药研究领域具有创新性的继往开来之举，也是我国全面科学地实施中药材种植（养殖）与GAP基地建设之关键。

第三节　良种繁育技术

在中药材生产中，优良的种质资源是良种繁育及规范化生产的基础，是中药材优质高产的前提。因此，必须切实加强中药材规范化种植与养殖关键技术的研究及其实施情况。本章以药用植物为重点，对药用植物种植和药用动物养殖的关键技术进行介绍。

一、药用植物无性繁殖

无性繁殖是指不经生殖细胞的融合，而直接由母体的部分器官与组织发育成为子代的繁殖方法。对药用植物而言，无性繁殖通常是指利用药用植物的根、茎、叶等营养器官，经扦插、压条、分株、组织培养等方式培育新个体的繁殖方法。无性繁殖因具有可保持母本的优良特性、生长速度快等优点而被广泛应用于药用植物种苗繁育。

（一）分株繁殖

分株繁殖是指利用蘖芽、球茎、根茎、鳞茎、珠芽等营养器官可繁育成为植物个体的特性，将其从母株上切割下来，培育成为独立植株的繁殖方法。分株繁殖是药用植物繁殖最为常见的繁殖方式之一，利用分株进行繁殖，时间多集中于休眠期。利用块茎和块根分割为繁殖材料时，应在其切割后先晾晒1~2日，使创口稍干，或拌草木灰、多菌灵等，加强伤口愈合，避免腐烂。利用球茎、鳞茎类为繁殖材料时，应使芽头向上。分根繁殖时，要尽量避免伤根，在栽种时要求根部舒展，栽种以后要覆土、压实，并浇上充足水分，避免干燥。

（二）扦插繁殖

扦插繁殖是取植株营养器官的一部分，插入疏松润湿的土壤或细沙中，利用其再生能力，使之生根抽枝，发育成为新植株的繁殖方式。依据所选择插穗的不同，分为枝插、根插和叶插3种。

1.枝插 枝插又分为光枝插、带叶插、单芽植等。光枝插多用于落叶木本，在冬季落叶后，选取当年生枝条，剪成10～15cm长的小段，捆扎，倒埋于湿沙中越冬，第二年春季取出扦插，入沙深度不超过插穗长度的2/3。带叶插多用于一般植物的生长季节或常绿植物，采用当年生枝条，剪成7～12cm的段，带叶扦插。扦插时要把插入沙中部分的叶剪去，上端保留1～2片叶，随剪随插，以利成活。单芽插又称短穗扦插，为充分利用材料，只剪取一叶一芽作插穗，插穗长度1～3cm，扦插时，将枝条和叶柄插入沙中，叶片完整地留在地面。

2.根插 一些植物枝条生根困难，但其根部却容易生出不定芽，如贴梗海棠。在晚秋季节，把根剪成10～15cm长的小段，用湿沙贮藏，第二年春季插入苗床，1个月后即可生根萌芽。

3.叶插 一些药用植物的叶片容易生根，并产生不定芽，如秋海棠、虎耳草、落地生根、石莲花等，可剪取叶片进行扦插繁殖。扦插秋海棠叶片时，先在叶背面的叶脉处用小刀切一些横口，以利产生愈合组织而生根，然后把叶柄插入苗床中，而叶片平铺在沙面上，并盖上一小块玻璃，以帮助叶片紧贴沙面，待叶片不再离开沙面时，再拿去玻璃片。没有叶柄的（如石莲花），将叶片基部浅插在苗床沙面里，会逐步成为新株。

扦插繁殖中，扦插条件、扦插方法和扦插时期是影响扦插成活率最为重要的因素。

（三）压条繁殖法

压条繁殖是以正在发育的枝条为繁殖器官，通过保水物质（如苔藓）包裹枝条，创造黑暗和湿润的生根条件，待其生根后与母株割离，使其成为新的植株的繁殖方法，多用于一些扦插难以生根的药用植物，或一些根叶较多的木本药用植物。压条繁殖法具有操作方便，成活率高，压后不需要特殊管理等优点，是易于发展成为木本药用植物等的最为常用的繁殖方法。依据压条部位的高低，可将压条繁殖分为地面压条和空中压条两种。

（四）嫁接繁殖法

嫁接繁殖指将一株植物上的枝条或芽等，接到另一株带有根系的植物（砧木）上，愈合生长在一起而成为一个统一的新个体。常用嫁接繁殖的药用植物有罗汉果、胖大海、辛夷、枳壳等。依据接穗的不同，分为枝接、芽接两大类。

（五）组织培养繁殖法

依据植物细胞具有全能性的理论，植物组织培养是指应用无菌操作培养植物的离体器官（根尖、茎尖、叶片、花、子房等）、组织（髓部细胞、花粉、胚乳等）或细胞（大孢子、小孢子、原生质体等），在无菌条件下，通过愈伤组织的诱导、不定芽的诱导、不定根的发生过程，在人工控制条件下进行生长和发育，使其最终发育成为完整植株的过程。依据其培养对象的不同，常将其分为愈伤培养、器官培养、植株培养、单细胞培养和原生质体培养等。利用组织培养技术进行药用植株无性繁殖，其具有成本低、效率高、生产周期短、性状整齐等优点。

二、药用植物有性繁殖

（一）种子采收

1. 采收时间　药用植物种子一般成熟后才可采收，从种子的颜色、大小、硬度、光泽等方面判断种植的成熟情况。有的植物种子成熟后果实或种皮颜色会发生改变，如百尾参，在种子尚未成熟时果实为绿色，较硬，种子较软，当成熟时，果实变为褐色，果皮较软，而里面的种子变硬。

2. 采收方法　采收的方法一般根据植物种子特征不同采用不同的方法。有的可以只采收种子，有的可以连果实一块采收，还有的可以连植株一块采收然后进行清选脱粒，常用的主要有摘采法、割采法、套袋法等。对于大粒且成熟后不易脱落的种子可采用摘采法，对于小粒的种子或种子量大且分散的植物一般采用割采法，成熟后易脱落的种子可采用套袋法。

3. 种子处理　种子采收时一般采收的是果实，处理果实及把种子从果实中取出的过程和处置方法称为种子的处理。主要是为了保证种子的质量，适宜播种和贮藏，处理的步骤一般包括：干燥、脱粒、去杂等。干果类种子一般脱粒较为容易，可先将果实晒干或阴干，然后破碎果皮，取出种子；肉质果类的种子一般可采取手搓漂洗的方法取出种子，也可等肉质果皮变干后进行揉搓过筛进行脱粒。去杂方法比较多，根据种子的类型不同，宜采取不同的去杂方法，如筛选、水选、风选、挑拣等。种子干燥一般可晒干，有些特殊种子，曝晒容易导致种子活力下降，可采取阴干或晾干的方法干燥。

4. 种子贮藏　种子寿命与种子贮藏条件密切相关，其中最主要的影响因素是温度、水分和通气状况。水分即包括种子含水量，又有环境的湿度。种子含水量对种子生理代谢和贮藏安全性具有重大意义。对大多数种子来说，充分干燥是延长种子寿命的基本条件，但顽拗型种子较为特殊，种子含水量低于某一水分临界值时种子便失去活力。贮藏温度是影响种子新陈代谢的因素之一。种子在低温条件下，呼吸作用非常微弱，种子胚细胞能长期保持生活力。但若低温伴随种子游离水分存在时，种子会因受冻而死亡。贮藏环境湿度受大气温湿度变化的影响，而贮藏温湿度又影响种子温度和种子水分。因此，种子贮藏仓库宜选择吸湿性小和导热性差的建筑材料。当种子温湿度变化发生异常时，应采取必要措施进行处理，防止种子变质。通气状况也影响种子贮藏，如果种子长期贮藏在通气条件下，空气中的氧气会存进种子的代谢活动，水汽增加种子含水量，导致其生命活动变得旺盛，将很快丧失活力。一般来讲，正常干燥种子在密闭条件下贮藏较为适宜。

选择种子的贮藏方法要考虑经济效益、贮藏设施性能、贮藏地区气候条件、贮藏种子的特性及价值、计划贮藏年限等因素，常用的贮藏方法有普通贮藏法、密封贮藏法、真空贮藏法、超低温贮藏及顽拗型种子贮藏法。

（二）种子品质检验

种子品质检验就是应用科学、先进和标准的方法对种子优劣进行细致的检验、分析、鉴定、判断，然后评定其种用价值的一门科学技术。种子品质检验可分为田间检验和室内检验两部分。田间检验是在药用植物生育期间进行，到田间取样分析鉴定，检验种子真实性、纯度、感染病虫害情况及生长发育状况。室内检验是种子收获后，通过扦样，检验种子真实性、净度、发芽率、千粒重、含水量等指标。种子检验的程序一般包括扦样、检测和结果报告。

1. 扦样　扦样的目的是获得能代表种子批次的送验样品，扦样的正确与否会直接影响种子检验结果的正确性。扦样前扦样员应了解种子堆装混合、贮藏过程中有关种子的情况，然后按照种子检验规程进行。被扦的种子批次应在扦样前混合均匀，使其一致。

2. 检测　包括种子的真实性和品种纯度鉴定、净度分析、发芽率试验、水分测定及生活力测定。真实性和品种纯度鉴定是根据国家标准规定方法，利用形态学、细胞遗传学、解剖学、物理学、生理学、化学和生物化学、分子生物学等方面的技术方法，将不同品种区分开。品种纯度用百分率表示。

品种纯度（%）=〔供检种子粒数（幼苗数）－异品种种子粒数（幼苗数）〕/供检种子粒数（幼苗数）×100%。

种子净度分析应根据国家标准规定方法，从试验样品中分出净种子、其他植物种子和杂质3种组分，并计算3种组分的质量百分率，同时测定其他植物种子的种类和含量。

净种子（%）=净种子质量/供检种子质量×100%。

其他植物种子（%）=其他植物种子质量/供检种子质量×100%。

杂质（%）=杂质质量/供检种子质量×100%。

净度分析结果应保留1位小数，各种组分的百分率总和必须为100%，若送验样品中有与供检种子在大小或质量上明显不同且严重影响结果的混杂物，如土块、小石块或小粒种子中混有大粒种子等，应先挑出这些重型混杂物并称重，再将重型混杂物分离为其他植物种子和杂质。

种子发芽试验是指在实验室条件下，给予种子发芽适宜的条件，在规定的时间内，统计长成正常幼苗数、不正常幼苗数、硬实数、新鲜不发芽种子数及死种子数，并计算各自所占供验种子百分率。

种子水分测定指按规定程序将种子样品烘干，用失去重量占供验样品原始重量的百分率表示。测定种子水分的供验样品应采取一些措施尽量防止水分的丧失。

种子生活力测定指利用生物化学的方法，测定种子发芽的潜在能力或种胚具有的生命力。常用方法有四唑染色法、靛红染色法、剥胚法及荧光法等。

3. 结果报告 检验结果应按照国家规定的格式如实认真地进行填报。

（三）播种前种子处理

播种前种子的处理是指播种前人为地对种子采取一系列措施，如筛选优良种子、促进种子萌发、为种子萌发提供营养、进行苗前锻炼、防治病虫害等措施。播种前种子处理主要分为物理方法和化学方法。物理方法包括精选、晒种、温汤浸种、层积、电场处理、磁场处理、电磁波及射线处理等。化学方法包括植物生长调节剂处理、微量元素处理、农药处理等。种子处理方法分为普通种子处理、种子包衣和种子引发3类。

（四）播种

播种是指根据药用植物种类、特性、种植制度、栽培方式及其对环境条件的要求，选用适宜的播种期、播种量和播种方法，用手工或机具将种子播到一定深度的土层内的综合农事作业。

1. 播种期确定 要根据种子萌发特性、当地降水、气温条件及当地耕作制度综合考虑后进行确定。

2. 播种密度 一般以播种量来衡量。播种量指单位面积上播种的种子重量，通常以 kg/ha 表示。应根据种子千粒重、发芽率、育苗或直播等确定适当播种量。

3. 播种深度 要综合考虑种子大小、种子顶土能力、土壤状况。

4. 播种方式 主要有撒播、条播和穴播。

第四节 药用植物需肥特性及合理施肥技术

一、影响药用植物吸收养分的因素

1. 土壤养分浓度 药用植物对土壤中某种离子的吸收速率，决定于该离子在土壤中的浓度。为了保证植物整个生育阶段的养分供应，土壤溶液中的养分浓度必须维持在一个适宜于植物生长的水平。

2. 光照与温度 光照对根系吸收矿质养分一般没有直接影响，但是可以通过影响蒸腾作用和光合作用间接影响根系对养分的吸收和运输。温度对根系吸收养分的影响，首先表现在温度对根系的生长和根系活力的影响。而根系吸收养分与根系活力密切相关，植物种类不同，适宜的温度范围也不同。

3. 土壤水分与通气性 水是根系生长的必要条件之一，养分的稀释、迁移和被植物吸收等无不与土壤、水有密切关系。土壤含水适宜时，土壤中养分的扩散速率就高，从而能提高养分的有效性。在干旱地区，采取保墒措施可增加根部对养分的吸收。

植物吸收养分与供养情况有密切关系。根系进行有氧呼吸，取得吸收养分的能量，养分的吸收量才会显著增加。

4. 土壤酸碱性　介质 pH 的高低直接影响根系对阴、阳离子的吸收，还会影响土壤养分的有效性。

5. 营养介质中离子间的相互作用　离子间的相互作用包括离子间的拮抗作用和协同作用。离子间的这种对抗关系在指导施肥上有很大帮助。离子间的协同作用，是指介质中某一离子的存在能促进植物对另一离子的吸收或运转的作用。离子间相互作用的原因有的还不是十分清楚。在生产实践中考虑离子间的相互关系，是充分发挥有利因素、克服不利因素的途径。这不仅是合理施肥的要求，也是降低成本、提高肥效的有效措施。

二、植物各生育期的营养特性

1. 植物营养期　植物从种子到种子的一世代间，一般要经历不同生育阶段。在这些生育阶段中，除前期种子自体营养阶段和后期根部停止吸收养分阶段外，其他生育阶段中都要通过根系从土壤中吸收养分。植物吸收养分的阶段称为植物的营养期，植物营养期中，有不同的营养阶段，每个阶段又有其吸收特点，主要表现为对营养元素的种类、数量和比例等方面有不同的要求。

2. 植物营养临界期　植物营养临界期是植物对养分浓度非常敏感的时期，多在生长前期。这时植物对养分的需要量在绝对数量上并不特别多，但要求很迫切，如某种营养元素缺乏或过剩时对以后生长发育和产量影响特别大，以致在后期即使大量补给或减少这种养分亦难以纠正。

3. 植物营养最大效率期　植物营养最大效率期是指植物需要养分最多，且施肥能获得植物生产最大效率的时期。植物营养最大效应期往往在植物生长最旺盛的时期，这时植物吸收养分的绝对量和相对量都最多。如能及时满足作物对养分的需要，产生的增产效果非常显著。因此，为争取植物高产，应及时施用肥料来补充养分。但植物各种营养元素的最大效率期不一，如一年生何首乌生长初期，氮素营养效果较好，而在块根膨大时，则磷钾效果较好。了解植物营养最大效率期，可以指导合理施肥，特别是肥料的施用时期。

三、矿质营养与药用植物品质的关系

1. 氮素与药用植物品质关系　植物体内与品质有关的含氮化合物有蛋白质、必需氨基酸、酰胺和环氮化合物（叶绿素 A、维生素 B 和生物碱类等）、NO_3^-、NO_2^- 等。

蛋白质是一些药用植物的重要质量指标。增施氮肥能提高药用植物蛋白质含量，籽粒中蛋白质的积累主要是营养器官中氮化物再利用的结果。通过施肥能够提高蛋白质的含量，但是很少能够影响蛋白质的组成，因为蛋白质组成主要受遗传基因控制。但施氮也能改变植株的某些营养成分，氮肥还会影响含油类植物、含糖类植物的品质。

2. 磷肥与品质的关系　与植物产品品质有关的磷化物有无机磷酸盐、磷酸酯、植酸、磷蛋白和核蛋白等。适量的磷肥对作物品质有提高产品中总磷量，增加药用植物绿色部分的粗蛋白含量，促进蔗糖、淀粉和脂肪的合成，改善药用植物外观及味道等作用。

3. 钾肥与品质的关系 钾肥增加作物籽粒中蛋白质含量，提高籽粒中胱氨酸、蛋氨酸、络氨酸和色氨酸等人体必需氨基酸的含量，可改善作物产品的品质。钾可使豆科作物根瘤数增多，固氮作用增强，从而提高籽粒中蛋白质含量。同时钾肥有利于蔗糖、淀粉和脂肪的积累，改善叶片颜色、光泽度等。

4. 钙、镁、硫与品质的关系

（1）钙 钙既是细胞膜的组分，又是果胶质的组分。缺钙瓜果类植物出现脐腐病、苦痘病和水心病等，极大地影响产品品质。

（2）镁 作物的一个重要的品质标准。施镁肥可提高植物产品的含镁量，还可提高叶绿素、胡萝卜素和碳水化合物含量，防治缺镁症。

（3）硫 合成含硫氨基酸，如胱氨酸、半胱氨酸和甲硫氨酸所必需的元素。缺硫会降低蛋白质的生物学价值和食用价值。

5. 微量元素与品质的关系 微量元素影响着植物体内许多重要代谢过程，但它同时又是易于对植物产生毒害等不良影响的元素，因此，微量元素的供应必须适度。

（1）铁 植物体内80%的铁含在叶绿体中，可见植物缺铁影响叶绿素的合成，进而影响植物光合作用。铁与核酸、蛋白质代谢有关，铁缺乏还将影响糖、有机酸、维生素等代谢。

（2）锰 施用锰肥可提高胡萝卜素、维生素C等含量，可防止裂果及提高种子含油量等。

（3）铜 铜对于提高植物产品蛋白质含量、改善品质、增加与蛋白质有关物质的含量都有积极作用。

（4）锌 缺锌时生长素和色氨酸的含量下降，使植物成熟期推迟，从而影响作物品质。另外，锌与植物氮代谢有密切关系，缺锌使细胞内RNA和核糖体的含量降低，抑制蛋白质的形成。

（5）硼 硼充足时，能促进植物体内糖的运输，改善植物各器官有机物质的供应，提高作物的结实率和坐果率。缺硼抑制核酸的生物合成，进而影响蛋白质的合成。植株缺硼会出现"花而不实""穗而不实""蕾而不花"等现象。

（6）钼 缺钼土壤上施钼肥可增加种子的含钼量，提高植物蛋白质含量，改善其品质。

6. 矿质营养与种子活力和品质的关系 籽粒中养分的缺失会降低种子的活力和后代抗养分胁迫的潜力。种子中养分储存越多，其活力越大，种子萌发能力也越强，幼苗生长也越苗壮。养分的缺乏会影响种子中其他物质的化学组成，间接地影响种子的活力。这种间接影响往往是通过种皮结构、种子饱实率和激素水平的影响造成的。

四、合理施肥技术

1. 肥料种类与施肥方法 常用的肥料主要是无机肥料和有机肥料，无机肥料即化学肥料，有机肥料包括厩肥、堆沤肥、绿肥等。有机肥与化学肥料相比，各有特点。有机肥和化学肥料各有优势，田间施肥时，在养分需求与供应平衡的基础上，坚持有机肥料与无机肥料相结合，坚持大量元素与中量元素、微量元素相结合，坚持基肥与追肥相结合，坚持施肥与其他措施相结合。

2. 肥料施用量 不同植物、同一植物不同生长环境对肥料需要量均不同，不同季节、不同土壤状况肥料的利用率差异较大，本节仅以配方施肥技术介绍肥料施用量。

配方施肥的技术方法有很多，目前在我国推广应用的配方施肥技术有养分平衡配方施肥法、土壤肥力指标法、植物营养诊断法、肥料效应函数法等，根据目前生产实践，主要介绍养分平衡法配方施肥技术。

养分平衡法配方施肥技术是根据计划产量需肥量与土壤供肥量之差计算施肥量。

施肥量（kg/hm^2）=［计划产量需肥量（kg/hm^2）－土壤有效养分测定值（mg/kg）×0.15×校正系数］/［肥料中养分含量（%）×肥料利用率（%）］。

公式中的肥量是指 N、P_2O_5、K_2O 量，需要作物产量指标、百千克经济产量作物需肥量、土壤供肥量、肥料利用率、肥料有效养分等 5 大参数。

（1）药用植物计划产量指标 计划产量亦称目标产量，是施肥欲达目标之一。计划产量指标拟定的恰当与否，是关系到所确定的施肥量是否经济合理的关键所在。

（2）药用植物单位产量吸收的养分量 所谓药用植物单位产量吸收的养分量是指每生产一个单位（如 100kg）经济产量吸收了多少养分。在药用植物成熟期，将茎叶籽粒收集起来，分别称重和分析养分含量，并计算出各部位的养分绝对量，然后累加得到每公顷吸收的养分总量，再除以每公顷经济产量，所得的商就是该药用植物的单位产量养分吸收量。一般用 100 千克经济产量吸收的 N、P_2O_5、K_2O 来表示。

（3）土壤供肥量 根据养分平衡法原理，土壤供肥量以田间不施该种养分肥料区的药用植物吸收量表示，称为生物法，即土壤供肥量（kg/hm^2）=无该肥料区产量/100×100kg 籽实的需养分量。

（4）肥料利用率 肥料利用率是指当季药用植物从所施肥料中吸收的养分占施入肥料总养分量的百分数。肥料利用率不是恒值，因作物种类、土壤肥力、气候条件和农艺措施而异，也在很大程度上取决于肥料用量、施用方法和施用时期。

（5）化学肥料中有效养分含量 在养分平衡法配方施肥中，肥料中有效养分含量是个重要的参数。常用化学的有效养分含量在肥料包装袋上均有标识。

第五节 有害生物防控技术

药用动、植物在生长发育过程中会遇到各种各样的挑战和威胁，受有害生物的侵袭与破坏，可能导致其不能正常生长发育，严重时可能死亡，进而影响产量与品质，降低利用价值。中药材基原种类繁多，有害生物种类也多，如人参有 40 余种侵染性病害，太子参、白术主要病虫害约 10 种，因病害一般损失 20%，严重时可达 80%，甚至绝收。

一、病虫害的综合防控技术

（一）病虫害的发生特点

病虫害的发生、发展与流行取决于寄主、病原、虫原及环境因素之间的相互关系。由于栽培（养殖）技术、生物学特性和生态条件特殊性，决定了中药材病虫害的发生有其自身特点，主要表现在以下 4 个方面。

1. 道地药材病虫害的发生危害严重　由于长期自然选择的结果，药材道地产区相应病原、虫源必然逐年累积，病虫害的发生较为严重。如人参锈腐病原菌习居于东北森林土壤中，其生长条件与人参的相符，是人参的重要病害，也是老参地再利用的最大障碍。

2. 害虫种类复杂，单食性和寡食性害虫相对较多　由于药用植物往往含有特殊的化学成分，某些害虫喜食或趋向在其植株上产卵。因此药用植物单食性和寡食性害虫相对较多，如白术籽虫、金银花尺蠖、黄芪籽蜂等，只食用一种或几种近缘植物，且中药材生长周期较长，害虫种类繁多。

3. 药用植物地下部病虫危害严重　土壤中病原菌、害虫种类繁多，如蝼蛄、金针虫等侵害植株后造成的伤口，会导致病菌侵入，因此药用植物地下部分易遭受危害。

4. 无性繁殖材料是病虫害初侵染的重要来源　无性繁殖材料基本是植物地下部分，常携带大量的病菌、虫卵，是病虫害初侵染的重要来源，种子、种苗频繁调运，加速了病虫传播蔓延。

（二）病虫害的诊断与综合防治

1. 病害诊断　药用植物感病后，在外部形态上往往呈现一定的症状，其类型如下所示。

（1）变色　细胞内色素发生改变。

（2）斑点　造成局部细胞坏死。

（3）腐烂　可分干腐、湿腐、软腐、根腐、茎基腐、果腐等。

（4）萎蔫　有的是全株性的，有的是局部性的。

（5）畸形　受病毒、线虫、细菌等病原物的刺激，生长过度或抑制，引起畸形。

2. 虫害诊断　药用植物害虫种类繁多，主要有以下类型。

（1）鞘翅目　咀嚼式口器。前翅革质可盖住腹部和后翅，厚且坚硬；后翅膜质。身体肥，触角 10 ～ 11 节，如蛴螬、金针虫、象甲等。

（2）直翅目　咀嚼式口器。后翅膜质扇状，翅脉多呈直线，如蝼蛄、蟋蟀、蝗虫等。

（3）鳞翅目　虹吸式口器。翅上鳞毛组成复杂的花纹，如地老虎、斜纹夜蛾、粘虫等。

（4）半翅目　刺吸式口器。两翅平伏于身体背面，前翅基部革质坚硬，端部膜质透明柔软，体腹面有臭腺，主要有细毛蝽、稻绿蝽、赤须蝽、绿盲蝽等。

（5）同翅目　刺吸式口器。前翅质地均匀，休息时翅呈屋脊状。身体有腺体，可分泌蜡丝或蜡粉，如蚜虫、叶蝉、粉虱和蚧虫等。

（6）膜翅目　咀嚼式口器。翅膜质，翅上有各种图案和脉纹，包括各种蜂类和蚂蚁。

（7）双翅目　刺吸或舐吸式口器。前翅膜质，后翅退化成平衡棒，包括各种蝇、蚊等。

（8）缨翅目　刺吸式口器。体形微小，狭长略扁。翅狭长具长缘毛，脉纹只有两条，主要有蓟马。

（9）软体动物　身体可分为头、足、内脏囊三部分。头部发达，有两对可翻转缩入的触角，前对触角小，具嗅觉功能，后对触角大，其顶端各有一只眼，雌雄同体。常见的有蜗牛等。

（10）螨类　体形微小，无头、胸、腹之分，无翅，足多为4对，如麦圆叶爪螨等。

3. 病虫害综合防治　目前，中药材病虫害的防治研究工作明显滞后。应改变使用化学农药的观念，采取综合防治的策略，是从生物与环境的整体观点出发，本着预防为主的指导思想和安全、有效、经济、简便的原则，因地制宜，合理运用农业的、生物的、化学的、物理等生态手段，把病虫害危害控制在经济阈值以下，以达到提高经济效益、生态效益和社会效益的目的。按照病虫害防治原理和技术，可分为5大类。

（1）植物检疫法　依据国家法规，对调出和调入的植物及其产品等进行检验和处理。

（2）农业防治　改进耕作栽培技术，如轮作、间套作、深耕细作、清洁田园、合理施肥、选育和推广抗病虫品种等，调节有害生物、寄主及环境之间的关系，创造有利于药用植物生长发育，而不利于有害生物生长发展的环境条件。

（3）生物防治　利用有益生物及其代谢产物防治有害生物的方法，具有无残毒、不污染环境、效果持久等特点，目前主要是利用以虫治虫、以菌治虫和以菌制菌的方法，如利用苏云金杆菌防治鳞翅目幼虫。

（4）物理防治　利用各种物理因子、人工或器械清除、抑制、钝化或杀死有害生物的方法，包括捕杀、诱杀、驱避、阻隔和汰除、趋性利用、温湿度利用、热力处理等。

（5）化学防治　利用化学农药防治病虫害的方法。其优点是能在短期内消灭或控制有害生物大发生。但化学防治存在明显的缺点，如长期使用病虫害易产生抗药性，同时杀伤天敌，污染环境，影响人畜健康。应遵守国家有关规定，严禁使用剧毒、高毒、高残留或具三致的农药。

二、药用植物草害与安全防控技术

杂草一般是指非栽培的野生植物或对人类无作用的植物。其具有传播方式多、繁殖与再生力强、生活周期短、种子随熟随落、抗逆性强、光合作用效益高等特点。中药材种植过程中，不同于农作物，除草剂施用不当，可能会伤害药材植株。

（一）杂草主要类群及危害

常见的杂草有稗、狗尾草、画眉草、马唐草、牛筋草、看麦娘、白茅、反枝苋、马齿苋、小鸡冠、蓼藜、猪毛菜、独行菜、荠菜、水花生等。杂草危害主要表现在以下几方面：争夺养料、水分、阳光和空间，妨碍田间通风透光，从而降低药用植物的产量和质量；许多杂草是致病微生物和害虫的中间寄主或寄宿地，导致病虫害的发生。此外，有的杂草含有毒素，能使人畜中毒。

（二）杂草防治技术

人工清除杂草费力费时，难以保证除草质量。选用化学药剂除草能收到较好的效果，但能否在药材生产中大量使用的除草剂仍处于试验阶段，严禁违规使用国家明令禁止使用或限制使用的农药。根据现有的生产实践经验，杂草的防治主要在播种前、出苗前、出苗后的三阶段进行。

第六节　药用植物规范化种植技术

一、药用植物种植制度与土壤耕作

（一）种植制度

种植制度是指一个地区或生产单位的药用植物组成、配置、熟制与种植方式的综合，有净作、间作、套作和轮作等。

1.净作与间、套作　净作又称单作，是指在同一块田地上一个完整的生育期内只种植一种药用植物的种植方式。间作是指在同一田地上于同一生长期内，分行或分带相间种植两种或两种以上植物的种植方式。套作是指在前季植物生长后期的株行间播种或移栽后季植物的种植方式，又叫套种。

（1）技术原理　①选择适宜的植物种类和搭配品种，如高秆与矮秆、圆叶与尖叶、深根与浅根植物搭配。②建立合理的密度和田间结构：主要植物应占较大比例，其密度可接近单作时的密度，次要植物占较小比例，密度小于单作，既要通风透光良好，又要尽可能提高叶面积指数。③栽培管理措施：实行精耕细作，合理增施肥料、科学灌水和中耕除草等管理工作。

（2）间、套作类型　①粮－药、菜－药间作：一类是在作物、蔬菜中间种药用植物，如玉米间种麦冬。另一类是在药用植物中间种其他作物，如芍药间种豌豆。②果药间作：幼龄果树可间种红花、菘蓝、地黄等；成龄果树可间种喜阴矮秆药用植物，如辛夷、福寿草等。③林药间作：幼树阶段可间种龙胆草、桔梗等；成林阶段可间种人参、西洋参等。④棉药套作：以棉为主的套作区，在棉田可套种王不留行、莨菪等。⑤玉米与药用植物套作：以玉米为主的套作，有玉米套种半夏、郁金、川乌等。

2. 轮作与连作　轮作是在同一田地上有顺序地轮换种植不同植物的栽培方式。连作是指在同一田地上连年种植相同植物的种植方式。而在同一田地上采用同一种复种方式称为复种连作。

（1）轮作　轮作的优势：①减轻药用植物病虫草害，如大蒜、黄连等根系分泌物有一定抑菌作用，把它们作为易感病害的药用植物的前作，可以减少甚至避免病害发生。②协调、改善和合理地利用茬口：合理搭配不同类型的药用植物，如根及根茎类药用植物需 K 较多，叶及全草入药的药用植物，需 N、P 较多，可搭配种植。③合理利用农业资源：根据药用植物的生物学特性，前后轮作植物茬口应紧密衔接，既充分利用资源，又能错开农忙季节。

（2）连作　在栽培的药用植物中，根类占 70% 左右，并且存在着一个突出问题，即绝大多数根类药材"忌"连作。为了充分利用优势资源，不可避免地出现最适宜药用植物的连作，如有些不耐连作的药用植物但由于种植的经济效益高，也免不了连作。连作应用的可能性：某些药用植物耐连作特性允许连作；新技术推广应用允许连作，采用先进的植保技术，有效地减轻病虫草的危害，合理的水肥管理可以减轻土壤毒素。

3. 复种　是指在同一田地上一年内接连种植两季或两季以上药用植物的种植方式。复种方法有两种，可在上茬植物收获后，直接播种下茬植物，也可在上茬植物收获前，将下茬植物套种在株间。单独药用植物复种的方式少见，一般都结合粮食作物、蔬菜等进行复种，常把药用植物作为一种作物搭配在复种组合之内。

复种的条件：①热量条件：决定能否复种的首要条件。一般 ≥ 10℃ 的日数超过 180 天，或者 ≥ 10℃ 的有效积温超过 3600℃ 的地方才可能复种。②水分条件：决定复种可行性的关键。在没有灌溉条件的地方降水量大于 800mm 才能复种。③地力与肥料条件：复种产量高低的主要影响因素。④劳力、畜力和机械化条件：决定复种的主要依据。⑤技术条件：一套可以克服季节与劳力矛盾，平衡各作物间热能、水分、肥料等关系的耕作栽培技术。

（二）土壤耕作技术

土壤耕作是农业生产最基本的措施。它对改善土壤环境，调节土壤中水、肥、气、热，增加土壤孔隙度，利于接纳和蓄积雨水，改善通气状况，促进好氧微生物活动，促使有机质矿化为速效养分，为充分发挥土地的增产潜力起着主要作用。

1. 土壤耕作的技术原理

（1）土壤耕作与土壤、气候、植物关系　气候条件直接影响土壤结构，从而影响植物根系的生长发育。采取相应的土壤耕作措施，调节土壤内部的生态平衡，促进药用植物生长发育，达到稳产、高产和全面持续增产的目标。

（2）土壤耕作任务　①创造和维持良好耕层构造：土壤过松，通透性强，但水肥保持能力差，不利于药用植物生长；土壤过于紧实，通透性差，影响土壤微生物活动和养分有效化，根系伸展受阻，影响药用植物尤其是深根性药用植物的生长。②创造深厚耕作层和适宜播床：耕作层的深度通常为 15 ～ 25cm，在条件容许的情况下尽量加深耕作层。一般要求播种区地面平整，土壤松散，无大土块，表土层上虚下实，为播种和种子的萌发出苗创造适宜的土壤环境。③翻埋残茬和绿肥混合土肥：播种前在地表常存在前作的残茬、秸秆和绿肥及其他肥料，需要通过耕作，将它们翻入土中，通过土壤微生物的活动，促使其分解，并通过翻地、旋耕等土壤耕作，将肥料与土壤混合，使土肥相融，调节耕层养分状况。④除杂草和防病虫害：药用植物收获后，翻耕可以将残茬和杂草以及表土的害虫虫卵、病菌孢子翻入下层土内，使之窒息，也可以将躲藏在表土内的地下害虫翻到地表，经曝晒或冰冻而消灭。同时，将地表的杂草种子翻入土中，将原来在土层中的杂草种子翻到疏松、水分适宜的土表，促进杂草种子发芽，再采用相应的措施去除。此外，药用植物生育期间的中耕，也是防除杂草的主要措施。

（3）土壤耕性与耕作质量　土壤耕作质量的好坏，取决于土壤特性、耕作机具与操作技术三方面。采取正确的耕作措施，是土壤耕作质量的保证。一般太干或太湿的土壤都不适宜耕作。

2. 土壤耕作措施及其作用　根据对土壤耕层的影响范围及消耗动力，将耕作措施分为基本耕作和表土耕作两大类型。基本耕作会影响全耕作层，对土壤的各种性状有较深远影响；表土耕作一般在基本耕作基础上进行，是土壤基本耕作的辅助性措施，主要影响表土层。

（1）土壤基本耕作　包括翻耕、深松耕和旋耕3种方法。

（2）表土耕作措施　包括耙地、镇压、开沟、作畦、起垄、筑埂、中耕、培土等作业。

3. 抗旱保墒土壤耕作

（1）拦水增墒　采用沟垄、坑田、深翻、带状间作及水平防冲沟等耕作方法，就地拦蓄天然降水，增加土壤水分。

（2）增肥蓄墒　半干旱半湿润地区的土壤比较瘠薄，容易板结和跑墒，需要增施肥料。以有机肥为主，结合施用氮、磷、钾化肥，改善土壤性状和结构，提高土壤肥力和蓄水保墒能力。

（3）抗旱播种　一般利用夏秋雨水较多时节，重点抓深翻，蓄积降水，采用耙耱保墒、镇压提墒、适时抢墒等抗旱播种方法。

（4）选用抗旱作物　适当的抗旱作物及其优良品种可以有效地提高有限土壤水分的利用率，确保增加药用植物产量。

（5）合理灌溉　尽可能利用各种水源，注意切实加强合理灌溉。

（6）减少水分蒸发　利用地膜和其他覆盖物增加地面覆盖，减少土壤耕作次数，减少水分蒸发。

4. 坡地土壤耕作　坡地土壤可以通过坡改梯工程改变坡度和坡长，也可以通过改良土壤以改变通透性和结构性。可以采取带状种植、等高耕作、沟垄种植、增加牧草比例、多种密植作物、实行间套作等措施。

二、草本药用植物种植

(一) 间苗、定苗与补苗

1. 间苗与定苗　间苗是下调种植密度的措施，除去过密、瘦弱和有病虫的幼苗，选留生长健壮的苗株。间苗目的是为植株生长提供更多的空间和光热等环境条件，另外还可防止病虫害的发生。间苗宜早不宜迟，幼苗生长过密会引起光照和养分不足，通风不良，造成植株细弱，易遭病虫害；苗大根深，间苗困难，也易伤害附近植株。一般大田直播需间苗 2～3 次，生产上将最后一次间苗称为定苗。

2. 补苗　补苗是上调种植密度的措施。补苗目的是充分利用土地空间和光热资源，另外还能防止缺苗地方生长杂草。播种后出苗少、出苗不整齐，或遭受病虫害，造成缺苗，必须及时补种和补苗。大田补苗与间苗同时进行，即从间苗中选生长健壮的幼苗进行补栽。补苗最好选阴天或晴天傍晚进行，并浇足水，保证成活率。

(二) 中耕除草与培土

1. 中耕　是在药用植物生长期间对土壤进行的表土耕作。中耕可以减少地表蒸发，改善土壤的透水性及通气性，为大量吸收降水及加强土壤微生物活动创造良好条件，促进土壤有机质分解，增加土壤肥力，还能清除杂草，减少病虫危害。中耕深度一般为4～6cm，对于浅根药用植物中耕宜浅，深根药用植物中耕可适当加深。中耕次数根据气候、土壤和植株生长情况而定。幼苗阶段易滋生杂草，土壤易板结，中耕次数宜多；成苗阶段，枝叶生长茂密，中耕除草次数宜少，以免损伤植株。天气干旱，土壤黏重，应多中耕；雨后或灌水后应及时中耕，避免土壤板结。

2. 除草　杂草与药用植物竞争光热及空间等资源，同时也是病虫滋生和蔓延的场所，对药用植物生长极为不利，必须及时清除。杂草可以人工拔除，也可采用机械或施用化学除草剂去除。人工拔除可以将杂草连根除掉，缺点就是速度慢，劳动力人工成本高，适用于杂草少的情况。机械除草与化学除草效率高、劳动力人工成本低，但机械除草容易误除药用植物，化学除草使用不当也会对药用植物造成伤害，导致农药残留，影响药材品质，长期使用除草剂还会致土壤生产力下降。

3. 培土　是将土壤覆在植株根际的措施，具有保护植物越冬过夏、保护芽头、促进生长、多结花蕾、防止倒伏及减少土壤水分蒸发等作用，提高药材产量和品质。培土时间视药用植物而异。1～2 年生草本药用植物培土结合中耕除草进行；多年生草本和木本药用植物，培土一般在入冬前结合浇防冻水进行。培土厚度随药用植物生长发育、培土目的、气候条件等而变化。

(三) 灌溉与排水

灌溉与排水是调节植物对水分需求的重要措施。要根据药用植物种类、生长发育时期、土壤质地和结构等因素综合考虑。

1. 灌溉 灌溉应在早晨、傍晚进行，减少水分蒸发，避免土温发生急剧变化而影响植株生长。灌水常用的方法是沟灌和浇灌，还有喷灌和滴灌等。沟灌省力，床面不板结。浇灌省水，灌溉均匀。喷灌不择地形，节水省力高效，还可兼喷药、施肥、调节小气候的方法，减少田间沟渠，提高土地利用率。滴灌给根系连续供水，而不破坏土壤结构，省水、省工。喷灌和滴灌一次性投入较大。

2. 排水 当地下水位高、土壤潮湿，或雨季雨量集中，田间积水时应及时清沟排水，减少植株根部病害，防止烂根，改善土壤通气条件，促进植株生长。排水方式主要有明沟排水和暗管排水。明沟排水是传统的排水方法，主要排地表径流。若沟深，可兼排过高的地下水。暗管排水是在地下埋暗管或其他材料，形成地下排水系统，将地下水降到要求的高度。

（四）植株调整

植株调整是通过一定的措施作用于植物的有关器官，以控制植株生长，利于通风透光，促进早熟，减少损耗和病虫害，提高光能利用率、结实率和生产效益。

1. 矮化 使植株生长变慢、降低株的措施。矮化可增加植株抗倒伏能力和单位面积的株数，获得高产。

2. 打顶 打顶又称摘心，即摘除生长点的操作，促使其早分枝、早开花。

3. 割藤 割去一部分藤蔓的操作，以促进地下部分生长，利于通风透光，获得高产。

4. 摘叶 摘除病叶、黄叶及植株下部无法进行光合作用的老叶，利于通风透光，减轻病害的发生和蔓延，减少养分消耗，促进植株良好发育。

5. 疏花 以营养器官为入药部位的植株，应及早除去花器，减少养分消耗。

6. 疏果 以大型果实为产品的植株，选留少数优质幼果，提高单果质量，改善品质。

7. 修根与亮根 为了促进以根或根皮入药的植株根的生长而进行处理，以提高产量。如附子修根指用特制铲将植株旁泥土刨开，剥去较小的块根，母根两侧各只留一个较大生块根。芍药生长两年后，清明节前后，扒开根部土壤，使根露出一半，晾 5～7 天，再培土壅根，此法俗称"亮根"，这不仅能起到提高地温、杀虫灭菌的作用，而且能促进主根生长，提高产量。

8. 搭架 常搭建篱笆架、棚架、人字架或锥形架，促进藤本或茎秆柔弱药用植物的生长或留种。

（五）人工授粉

用人工方法把花粉传送到柱头上，提高结实率，是以果实或种子入药植株增产的一项重要措施。

1. 授粉方法 由于植物生长发育的差异，最适授粉方法不同，但均要选择活力高的花粉，才能取得较好的效果。如：薏苡可采用绳子振动植株上部，使花粉飞扬，达到传粉的目的；天麻可采用小镊子将花粉块夹放在柱头上。

2. 授粉时间 由于植物开花授粉习性不同，以柱头上有分泌黏液为最佳授粉期。低温和干热风等直接影响授粉的效果，一般选择晴天上午 10 点后，下午 4 点前进行。气温在 18～25℃的晴天上午授粉最好；气温低于 15℃授粉效果不理想；授粉后 2 小时内遇雨，需要重新授粉。

（六）覆盖与遮荫

1. 覆盖 将草类、树叶、厩肥、草木灰或塑料薄膜等撒铺于畦面或植株上，调节土壤温度、湿度，防止杂草滋生和表土板结。覆盖厚度因覆盖植物的种类、覆盖时间及覆盖目的差异较大，需灵活掌握，结合实际需要进行运用。

2. 遮荫 在喜阴的药用植物栽培地上设置荫棚、遮蔽物或种植植物，调节光照、温度、水分的措施。应根据药用植物种类、生长发育期及对光的反应，采取相应遮荫措施。

（七）逆境管理

1. 抗旱 根据干旱发生的原因，分为土壤干旱、大气干旱和生理干旱。由于土壤耕层水分含量少，根系难以吸收到足够的水分补偿蒸腾消耗，使植物体内水分失去平衡而不能正常生长发育，此为土壤干旱。由于大气蒸发使植物蒸腾过快，根系从土壤吸收的水分难以补偿，为大气干旱。由于土壤环境不良而使植物生理活动发生障碍体内水分失衡，为生理干旱，如缺氧、土壤溶液浓度过高、土壤冰冻等。

对于干旱通常采用的措施为减少土壤水分蒸发，如覆盖薄膜或干草秸秆等，中耕松土切断土壤毛细管，减少植物蒸腾的措施有喷施抗蒸腾剂以抑制植物气孔开放，减少水分丧失，也可适当去掉部分叶片以减少蒸腾。对于生理干旱采取的措施主要是改良土壤环境，如提高地温，多使用有机肥增加土壤孔隙度，降低地下水位来降低土壤溶液浓度。

2. 抗涝 涝害是指田间水分过多积水，或突然水分长期处于饱和状态，使植物根系缺氧，生长发育不良。发生涝害一般是深挖排水沟，排走过多水分，坡地种植要按与坡交叉方向起厢或开沟，及早预防。地下部分入药的植物应防止腐烂，可在排水的同时亮根。

3. 抗冷与防冻 农业上将 0℃以上的低温下生物受到的伤害或不利影响称为冷害，将 0℃以下强烈的低温受到的伤害称为冻害。冷害可造成植株生长发育延迟，甚至停滞，使其生理功能紊乱，如发生烂种、提前开花抽薹，抗病能力下降，导致减产或绝收。冻害可导致植株细胞结冰，破坏细胞结构，引起植株死亡。冷害和冻害以预防为主，在冷害和冻害前采取保温措施，提高地温和气温。常用的方法有覆盖白色地膜、稻草等以保温增温，增施有机肥和磷钾肥可增强抗逆性，提高植物细胞液浓度，防止结冰。

4. 抗热 热害指高温天气引起药用植物生长发育周期缩短，提前倒苗成熟，造成减产等不利影响。热害一般又与干旱或强光照结合起来，形成干热风或日灼。干热风是指高温、低湿和风三因子复合作用导致植物蒸腾加速，植株体内缺水，造成灾害。日灼是由于强烈太阳辐射，加之温度过高，造成叶片或果实形成斑痕等不良现象。热害一般通过浇水、覆盖、遮荫等措施来降低局部气温，或喷施生长调节剂也会提高植物的抗热能力。

三、木本药用植物种植

（一）林地整理

木本药用植物栽培必须实行集约经营管理，对林地整理要求较为严格。林地整理包括造林地清理和整地两道工序。造林地清理可从两个层面考虑，营造喜光、生长快的树种采用全面清理的方式劈山炼山，但易造成水土流失，有坡长和坡度的限制；营造耐荫、生长慢的药用植物树种宜采取带状清理或块状清理方式，带间适当保留一些植被，为栽植幼苗创造庇荫环境，待苗木适应造林环境，不需要遮荫后砍除。如在贵州山区由于很多地方坡度较大，采用带状整地和块状整地，坡度在 10º 以上，梯土整地，减缓坡度；坡度陡、地势复杂的山沟、山腰、"四旁"以及岩石裸露的地方，采用鱼鳞坑或穴状整地。整地时间多在春季和秋冬季，规格因树种应视不同药用植物树种苗木大小而定，如杜仲一般为 70cm×70cm×70cm，厚朴为 40cm×40cm×30cm。

（二）栽植时间和栽植技术

恰当的栽植时间是确保栽植成活的关键。适宜的栽植季节应是温度适宜、土壤含水量较高、空气湿度较大，符合树种的生物学特性，自然灾害发生可能性较小。适宜的植苗造林季节应该是苗木地上部分生理活动较弱，根系生理活动较强的时段。一般来说，落叶树种从秋季落叶到翌春发芽前、常绿树种自进入休眠到翌年抽新梢前，这一段时间均可栽植。春、冬季干旱严重，雨季明显的地区，利用雨季栽植的效果良好。如贵州的黔西南地区春旱严重，常在雨季造林，避开晴天并加强苗木保护。一般在下过 1 ～ 2 场透雨后，出现连阴雨天为最佳造林时机。切忌栽后等雨。

药用植物树种栽培多采用植苗造林，可分为裸根苗栽植和容器苗栽植两类，要求必须用国标或地标规定的合格苗造林。

确保栽植成活率，应做好苗木保护与处理，保持苗木体内的水分平衡，尽可能减少根系失水，缩短根系恢复时间。如适当剪除枝叶，喷洒蒸腾抑制剂，根系浸水、修根、蘸泥浆、蘸保水剂、接种菌根菌、蘸激素或其他制剂等。

木本药用植物均采用穴植法。深度根据树种特性、气候、土壤条件和季节等确定。一般栽植深度应在原根茎处以上 3cm 左右，保证栽植后土壤经自然沉降后，原土印与地面基本持平。土壤湿润地区在保证根系不外露的情况下宜浅栽，干旱地区宜深栽；黏重的土壤宜浅，砂质土壤宜深；秋栽宜深。要求"穴大、坑深、苗正、根舒（不窝根）、踩实"，在条件好的地方，随挖坑随栽植是比较好的方式，可节约成本、有效保持土壤水分。

（三）林地土壤管理

"三分造林，七分管护"。药用植物林地土壤管理的根本任务，在于创造优越的环境条件，满足林木对水、肥、气、光、热的要求，提高造林成活率和保存率，并达到速生、丰产、优质的目的。

1. 松土除草 目的是减少土壤水分的蒸发，改善土壤的通气性、透水性和保水性，排除杂草避免竞争水分和光照。松土除草的年限应根据树种特性、立地条件、栽植密度和经营强度而定。一般定植后到郁闭前如未间作，则每年春夏之交应中耕除草一次；如间作，则每次为间作作物翻地时，可在药用林木旁锄土，深 7～10cm，郁闭后，每隔 3～4 年，在夏季中耕 1 次，将杂草翻入土中，增加土壤肥力。

2. 灌溉与排水 南方木本中药材栽培一般不考虑灌溉问题。但在冬春干旱严重地区、缺水的喀斯特地区，灌溉成为木本中药材林地管理的一项重要措施。是否需要灌溉从土壤水分状况和林木对水分的反应判断，方法可采取引水灌溉、提水浇灌等。土壤干旱的情况下灌溉可以迅速改变林木生理状况，维持较高的光合和蒸腾速率，促进干物质的生产和积累，提高林木生长量。多雨季节或低洼地块，可采用高垄、高台等整地方法造林，修挖排水沟。

3. 林农（牧）间作 利用未郁闭前幼林株行间空隙栽种作物，结合农作物的抚育管理，对林地进行抚育。林农（牧）间作应以抚育药材幼林为主，间种作物为辅。根据木本药材树种特性和年龄、立地条件等选择间种作物。如厚朴生长发育较慢，林间空隙较大，可与禾本科作物、豆类、观赏作物间作，既可以增加收益，又利于林木的管理。枸杞定植后的 1～3 年，树冠小，株行间空地面积大，可以种豆类、蔬菜类、瓜类和其他草本类药材，不宜种植高秆类粮食作物。从立地条件看，在土壤水分充足的林地上可选择小麦、蔬菜；在干旱地区选玉米、土豆等作物。在土壤贫瘠地区可选择豆类、牧草及其他绿肥植物；在土壤疏松的砂质土壤上可选择花生、薯类等。

4. 林地施肥 施肥具有增加土壤肥力，改善林木生长环境、养分状况的良好作用，通过施肥可以达到加快药用植物幼林生长的作用，根据药用部位不同，施肥应有所侧重，施肥量随着树龄的增加而增加。如枝、皮、叶入药的，应多施多尿素、复合肥、农家肥等肥料。

木本药用植物林地施肥具体应视土壤肥瘠状况、中药材自身的需肥特性以及药用部位的不同而定。大多数木本中药材都喜肥，宜选择肥力条件好的立地造林。栽植时施足底肥。底肥以腐熟农家肥和磷肥为主，栽植前可穴施 10～20kg 腐熟农家肥以及 0.5kg 钙镁磷肥或过磷酸钙，回填土壤盖住肥料，再栽植树苗。定植后 1～3 年内应追肥 1～2 次，中耕除草后进行，施肥量和施肥时间应通过试验确定。一般春季施过磷酸钙和尿素，秋季以农家肥为主，每亩施堆肥或厩肥 1000～1500kg。采取穴施或环状沟施，如土壤过酸，每亩可兼施 15kg 石灰。

（四）密度控制

合理的栽植密度可协调光、热、水和土壤的养分，确保每个个体都有适宜的生长空间。初植密度的大小与药用植物树种的喜光性、速生性、树冠特征、根系特征、干形和分枝特点等一系列生物学特性有关，栽植时应确定。一般喜光而速生的树种宜稀，耐荫而初期生长较慢的宜密；树冠宽阔而且根系庞大的宜稀，树冠狭窄而且根系紧凑的宜密。如杜仲喜光，冠幅相对较小，主根性强，栽植密度宜较大，一般为 1.5m×2m、2m×2m 或 2m×3m；经营目的不同，栽植密度也不同，如杜仲以剥皮为主的乔木林，株行距为 2.5～3m，以采叶为主的矮林株行距为 1.5～2m。

随着林木年龄的增长，植株冠幅扩大，应根据去密留疏、去劣留优的原则调整密度。

（五）树体管理

树体管理是木本药用植物优质丰产的关键措施之一。整枝修剪的主要作用是调节其生长与结果的关系，调节群体结构，改善光照条件，提高光能利用率。整枝修剪的时期一般分为休眠期（或冬季）修剪和生长期（或夏季）修剪。休眠期主要修剪主、侧枝，剪去病虫枝、纤弱枝等；生长期主要除赘芽、摘梢和摘心等。

（1）果实入药的乔木类药用植物　幼年植株一般宜轻剪，以培育成一定的株型；成年植株应维持树势健壮和各部分相对平衡，使每年都有强壮充实的营养枝和结果枝，控制树体高度；而衰老植株应着重老枝更新，恢复生长。

（2）树皮入药的乔木类药用植物　应培养使其主干粗壮，幼树剪去下部下垂枝，成龄树剪去多余的萌蘖枝、病虫枝、过密纤弱枝，促使主干挺直粗壮、通风透光。

（3）灌木类药用植物　宜将植物高度降低成矮秆，多发新枝，修剪去徒长枝，促使多开花、结果，以提高产量。

四、真菌类药材培育

（一）菌种的分离与培养

菌种生产是药用真菌子实体或菌核栽培、菌丝体发酵生产的第一道工序，又称种子制备。

1. 菌种分离　为分离培养、提纯获得纯菌种的过程。菌种来自孢子、菌体组织或生长基质。分离工作要根据药用真菌的特性，从分离方法、培养基的种类等综合考虑。纯菌种分离方法一般分为组织分离法、孢子分离法和寄生分离法三种。

（1）组织分离法　指通过药用真菌菌体组织分离提纯菌丝的方法。选取新鲜、个大、壮实、中龄、无病虫害的植株作为分离材料。子实体取菌盖或菌柄组织；菌核取全部或部分菌核；菌索取部分根状菌索。用 75% 乙醇溶液表面消毒两分钟后用无菌水漂洗数次，切成小块放入盛有 PDA 培养基上，24～26℃培养 5～7 天，出现白色菌丝时，及时将菌种移至斜面试管培养基上，24～26℃下培养7～10天，即得纯菌种。

（2）孢子分离法 利用药用真菌的孢子，在适宜培养基上萌发长成菌丝体以获得纯菌种。可分为多孢子分离法和单孢子分离法。常用多孢子分离法，操作如下：选择个大、肉厚、饱满、味浓和色鲜的子实体作为分离材料，采用褶上涂抹法、孢子印采集法或空中孢子捕捉法采集孢子，在显微镜下挑取大而饱满的孢子进行培养。褶上涂抹法是将接种钩插入褶片之间，轻轻地抹取子实体上尚未弹射的孢子，接种于培养基上培养；孢子印采集法是取已灭菌的载玻片、试纸或黑布，置于新鲜、未开伞或未开裂的子实体菌褶的下方，待孢子落下（约24小时）形成孢子印，用接种环蘸取孢子，接种于培养基上培养；空中孢子捕捉法是指孢子大量弹射时，在子实体周围可呈现"孢子旋风"或"孢子云"现象出现随气流飘动的大量孢子，在孢子云飘动的上方倒放琼脂平板，使孢子附在培养基上培养。

（3）寄主分离法 对于木腐真菌，可以从其寄主段木上分离出菌丝做菌种，或直接做原种和栽培种。操作方法：锯一小段菌丝生长旺盛、短龄的段木，用0.1%升汞溶液洗涤1～2分钟，取带菌丝的段木小片，接入母种试管的中央培养，待菌丝蔓延到培养基表面，挑取新生的健壮菌丝移植到另外的母种试管中培育。本方法培育的菌种，有时不能得到很纯的菌种，因此应多接种几份，以便萌发后进行进一步的分离，得到纯的菌种。

菌种分离常用的培养基为PDA培养基。菌种分离后需要出菇鉴定，常采用瓶栽法、袋栽法、箱栽法、段木栽培法等，进行各项生理和栽培性状的测试、检验和评价，选育出优良品种。再按照UPOV植物新品种保护的原则和现有菌类种性研究报道，进行形态、生理、栽培、商品、遗传等种性测试。

2. 原种、栽培种生产 在生产工艺上是基本一致的，一般包括配料、装瓶（袋）、灭菌、接种、培养等生产流程。

（1）培养基的种类与配方 因菌种而异，常用的有：①木屑培养基：阔叶树木屑78%、米糠（或麦麸）20%、蔗糖1%、碳酸钙（或者石膏粉）1%，料：水 = 1：（1.3～1.0），适于木腐药用真菌的菌种生产。②棉籽壳培养基：棉籽壳88%、碳酸钙（或石膏粉）2%、麦麸（或米糠）10%，料：水 =1：（1.7～2.0），适于木腐、草腐等药用真菌的菌种生产。③甘蔗渣培养基：甘蔗渣79%、米糠（或麦麸）20%、碳酸钙（或石膏粉）1%，料：水 =1：（1.1～2.0），适于木土腐药用真菌菌种的生产。

（2）培养基制作与灭菌 依据菌种差异，按照不同碳源、氮源、植物生长调节剂、酸碱值，配置培养基，灭菌后培养。①接种：每支试管可接5～8瓶原种，每瓶原种可接60～80袋栽培种。②培养：在最适培养温度23～26℃条件下，避光培养12小时，菌种恢复生长萌发；2～3天后，菌丝逐渐伸入培养基内；20～50天即可长满。有的菌种出现红褐色、褐色、黄色分泌物或分化形成原基，均可用于生产。原种菌龄不宜太长，栽培种也不能过于老化，原种老化后将形成一层厚菌皮，活力显著下降，还会增加后期污染的可能性。培养基灭菌有高压蒸汽与常压蒸汽灭菌两种，高压蒸汽灭菌在121℃，0.14MPa下保持1.5～2小时；常压蒸汽灭菌在100℃左右，常压保持8～10

小时。

（二）菌种的保藏

一个优良菌株常常会因内、外因素，性状发生变异，引起衰退。因此，菌种保藏过程中，除了使其不死亡绝种外，还要尽量保持菌种原有的优良生产性能。不论何种保藏方法，原则上要创造一个特定环境条件，使其处于休眠状态。常用的保藏方法有以下几种。

（1）斜面低温保藏法　利用低温对微生物生命活动抑制作用的原理进行保藏，具体操作：将菌种接种在斜面培养基上，待菌丝充分生长后，置于4℃环境保藏，每隔3～4个月继代1次，是一种最简便、最普通的保藏方法，保藏时间短，继代次数多，菌种易退化。

（2）蒸馏水保藏法　将待保藏的菌丝体悬浮在蒸馏水中，密封即可。这是一种最简单直接的保藏方法，一般可在1～2年转接1次。

（3）矿油保藏法　取石蜡油100mL，装入250mL的三角瓶中，塞上棉塞，121℃灭菌1小时，60℃烘烤使水分蒸发，然后用无菌吸管将石蜡油注入要保藏的菌种斜面试管内，使菌种与空气隔绝，直立放置于低温干燥处保存。可2～3年转接1次，采用此法保藏的香菇菌株20年后仍全部存活。

（4）液氮超低温保藏法　将菌种密封在有保护剂的安瓿管内，置入慢速冻结器内，以1℃/分降温至-40℃，再以10℃/分降温至-90℃，并立即放入液氮罐中保藏。保护剂一般用10%（V/V）甘油蒸馏水溶液或10%二甲基亚砜蒸馏水溶液。

（5）滤纸条保藏法　取白色或黑色滤纸，切成0.5cm×（2～3）cm的纸条，平铺在培养皿内，灭菌烘干，放入孢子采集器内让孢子弹射到滤纸条上，将附有孢子的滤纸条放入装有干燥剂的保藏试管内，2～10℃下保藏。

（6）固体保藏法　采用小麦、麸皮、米糠、高粱等原料与一定比例水做成固体形状培养基，灭菌后接入菌种，经培养成无混杂菌种。然后置干燥、阴凉、通风处保存，注意保持环境清洁，做好防霉、防螨工作。

（7）砂土保藏法　将药用真菌孢子保藏在干燥无菌砂土中。保藏时间可达数年乃至数十年。

（三）菌种的衰退与复壮

1.菌种的衰退　菌种在生产保藏过程中经多次无性繁殖和培养条件的影响，接菌后出现菌丝纤弱、长速缓慢、不均一、菌落稀疏、颜色变化、子实体变形，甚至无法分化出子实体等衰退现象，这对生产极为不利。

2.菌种的复壮　为了保持菌种的优良性状，针对菌种衰退的原因，调整培养条件和保藏方法，使菌种保持原有的优良性状。常采用的措施有：①边缘脱毒法：将菌种转接到平板培养基上，菌丝萌发后，挑取边缘菌丝转接到另一个平板上，如此重复2～3次，直到长出的菌落浓密、菌丝粗壮为止，此法能获得纯的菌株。②更替培养基传代培养：经常更换培养基，如蛋白胨培养基、马铃薯综合培养基、麦麸培养基三者可交替使用，此法可使菌株的某些优良性状表达出来。③子实体诱导法：诱导子实体的发生，或每年选择个体大、生长正常、健壮无病虫害的子实体进行组织分离或孢子分离，再从中选优去劣并扩大培养。

（四）药用真菌的人工栽培及管理

因真菌的种类、营养类型、环境条件及栽培料的不同有多种人工栽培方式。主要有段木栽培和代料栽培两种。

1. 段木栽培　模拟野生药用真菌生长的一种培养方法：以原木为材料，人工接种。其工艺流程包括场地的选择、段木的准备、接种、管理、病虫害防治与采收加工等，适用于林区。

（1）栽培场地的选择　根据药用真菌的栽培习性，选择场地。如灵芝、银耳等要选半山腰、有适当的树木遮荫、背风、湿度大、经常有云雾的地方。

（2）段木的选择与准备　①树种的选择：应因菌种选择菌材，灵芝、银耳需要栎树、枫杨、柳树、悬铃木等树种作段木。一般除茯苓外，不能用含有松脂、醇、芳香类等杀菌物质的树种。②段木的准备：砍伐后按整材要求，进行去枝、锯段、削皮、灭菌及堆土等。一般茯苓宜在秋冬树木处于休眠状态，贮藏的养料最为丰富，树皮与木质部结合也最为紧密时进行砍伐；灵芝、银耳则在春季当树木吐出新芽时为好，可提高接种成活率。

（3）接种　根据真菌的生物学特性，选择适宜的接种时间。为减少杂菌污染，可根据菌丝生长的最低温度适当提早接种时期。做到稀不浪费林木资源，密不影响菌体发育。如树径粗的接种口应密一点，树径细小的可稀一点；木质硬的密一点，木质软的稀一点；气温低的地区密一点，气温高的地区稀一点。段木过干、过湿对发菌都不利。接种应选阴天进行。

（4）管理　栽培场地要保持清洁，防止杂菌侵染。在栽培期间，根据药用真菌对光照、温度、湿度等要求，通过搭棚遮荫、加温、降温、喷水等方法进行调节。

（5）采收　收获时间及次数因菌种而异，如灵芝接种后4个月即可收获，一年可收2～3次。

2. 代料栽培　又称袋料栽培，是利用各种农林废弃物或农副产品，如木屑、秸秆、甘蔗液、麦麸、米糠、棉籽壳、豆饼粉等为主要原料，添加一定比例的辅料制成培养基，或将培养料装入塑料袋来代替传统的段木栽培。

（1）工艺流程　菌种准备（母种→原种→栽培种）→备料→配料→装袋→灭菌→接种→菌丝培养→出菇管理→采收→加工。

（2）技术要点　①栽培材料：主要材料是阔叶树的木屑和农业废料为辅料，如棉籽壳、玉米芯、甘蔗渣等。木屑的粒度要适宜，细木屑会降低培养料的空隙度，菌丝生长缓慢，推迟菌丝成熟的时间；木屑过粗水分难以保持。辅料要新鲜，不能变质、腐败。②栽培方式：有瓶栽、袋栽、箱栽、菌柱栽培、床栽、阳畦床栽及室内层架式床栽等。

③栽培场所：有条件可用专业菇房，或清洁、通风、明亮的场所，使用前必须消毒。④栽培与管理：要按生产季节安排，做好母种、原种和栽培种的准备。培养基按常规配制与灭菌，发菌阶段一般在 20～24℃温度下培养，必须根据品种各生长发育阶段的要求控制好温度、湿度、光线等，如培养室的温度超过 30℃时菌丝生长会受到影响，在菌丝扭结到子实体形成阶段，温度要适当调低，提高相对湿度和一定的散射光，促进子实体的形成。⑤采收与加工：采收时应去除残留的泥土和培养基，按产品质量标准进行加工。

第七节 药用动物规范化养殖技术

药用动物指以其身体的全体或局部（含脏器等）可供药用的动物，它们所产生的药物即称之为动物药或动物药材。按入药部位一般分为两大类：一类是全身入药，如地龙、全蝎等；一类是动物以器官、组织、分泌物、衍生物、病理产物、排泄物或加工品入药，如熊胆、龟甲、麝香、鹿茸、五灵脂、牛黄、蟾酥、阿胶等。

药用动物养殖是根据药用动物的生物学特征及生存环境要求，创造其生存适宜的环境条件，通过相应的饲养管理、繁殖、培育等技术手段繁衍后代，获取为人类健康、防病治病的动物药材的过程。在野生药用动物日渐减少甚至濒临灭绝，而用量日增的情况下，应规范化养殖和管理，以达到动物药材优质高产的情况。

一、药用动物养殖特点

药用动物调查在整个习性调查中处于重要基础地位。调查主要内容为：栖息环境及范围、海拔、地貌、气候条件、自然景观、同类动物分布状况及生物群落等，并通过观察、分析、记录其觅食活动规律，确定食物种类、营养成分及结构等，掌握活动规律、交配季节、行为活动、单独活动或社群结构等，为制定和完善人工养殖的日周期、年周期饲养管理制度提供科学依据。

在药用动物养殖的研究与生产实践中，应注意以下药用动物养殖的 4 大特点。

1. 遵循"原地复壮" 药用动物在长期的物种进化过程中适应了环境，能够通过自然选择、生存竞争，保存种族并繁衍后裔。环境条件均与其形态结构、生理功能、遗传性状等有着密切关系。特别是对珍稀名贵药用动物原种和生存等环境的保护极其重要，必须遵循"原地复壮"的原则加以保护和繁育，严禁超限掠夺，以防产量下降。

2. 合理"引种放养" 引种是对药用动物的人工迁移，是野生变家养的第一个重要环节，包括药用动物习性调查、捕捉、检疫、运输与迁移等一系列引种放养过程。确保引入的药用动物在新的环境能顺利成为优势种，获得较高生产量，达到养殖投资少、见效快及收益大的目的。

3. 正确"变野生为家养" 目前人工饲养的药用动物，多为野生或半驯化的动物，其养殖即为"野生变家养"的过程。这一过程，涉及适宜生活环境创设、食物供应、场舍建造、疾病防治以及合理管理等全生产过程。必须抓好"野生变家养"的五个关键环节：引种→驯化→饲养→繁殖→育种。动物行为与生产性能关系极为密切，可按人们意愿与要求，通过引种、驯化，定向驯化，控制其行为的方式，提高其生产性能，获得优质高产。

4. 切实"保护种源" 由于生态环境恶化与人为因素，不少物种灭绝趋势日益严重。我国濒危动植物已达1400种，其中被列入珍稀濒危保护名录的野生药用动物则达162种。因此，要加强生物多样性保护，特别是珍稀濒危野生药用动物及具有药用价值的动物物种的保护，应严格贯彻执行国家及地方野生动物保护法规，将保护、发展与合理利用相结合，以生产性保护手段，切实发展药用动物养殖业。

根据药用动物生存环境、食物、行为特点及对环境的适应能力等，确定相应的养殖方式和方法，制定的养殖规程和管理制度，切实引种、驯化、规范化养殖与管理。

二、药用动物的饲养方式与饲料供给

1. 饲养方式 药用动物养殖的饲养方式大体可分为散放饲养和控制饲养两大类。

散放饲养是传统饲养方式，个体饲养多予采用。其又分为全散放和半散放饲养类型。全散放的放养区内，地势、气候、植被、动物群落等条件均适宜该药用动物野生环境，不影响种群发展敌害，利于饲养与发展；是限制该动物扩散的天然屏障，基本上为处于野生状态下散养，故又称之为"自然散养"。半散放型的放养区比全散放型小，将药用动物基本置于野生环境下，但其饲养密度比全散放型大；一般是在限制饲养动物水平扩散的天然屏障基础上，配合适当人工隔离（如土木围墙），并适当补充人工食料和有计划地采取措施，改善其生活环境，清除敌害，保证正常繁育和养殖发展。

控制饲养是将药用动物基本置于人工环境下进行养殖。其养区较小，密度较大，单产较高，投资也较散放饲养大。养殖无脊椎药用动物要注意控制密度，一般无需分群；养殖高等脊椎药用动物，初引进时必须单个笼（圈）养，经过一定时间后再合理群养。控制饲养对自然环境的气候和食料等可人工控制及补充，具有较大饲养独立性。但其养殖药用动物，需要的驯化程度较高，养殖技术要求也较高，应予认真研究与实践，根据不同阶段的生理要求，给予稳定的最佳养殖条件。

2. 饲料供给 药用动物人工饲养的关键在于对不同养殖对象，能适时、适宜、适量地供给不同饲料，维持动物生命所需能量，调节生理功能，促进动物的生长发育和繁殖等。不同药用动物都有其特殊食性，有肉食性、草食性、杂食性之分；在食物范围上有广食性、狭食性之分；而且不是一成不变的，很多药用动物在野生环境下，其食性可因不同季节、不同生长发育阶段等而异。因此，根据野生药用动物的食性特异性和相对性，人工养殖中应综合考察所供给饲料的作用、组成、配比、调供与饲喂方式等。正确认识与处理"食物链"对药用动物养殖业、规范化养殖均有着重要指导意义。

药用动物养殖中，在充分认识与掌握动物食性基础上，根据其营养要求及摄食方式，在食物链指导下对药用动物的饲料种类组成、饲料加工调制、饲养工具配备，以及饲料调供、饲喂方法、饲养制度的建立等方面均应认真研究，以期获得药用动物的最佳饲料组合和饲料供给，并在饲养实践中不断研究改进与完善，全面切实地做好药用动物的饲料供给工作。

药用动物饲料的种类很多，组成复杂，按其来源、性质和营养特性，一般分为植物性饲料、动物性饲料、矿物性饲料及添加剂饲料 4 大类，均提供水分、矿物质、蛋白质、脂肪和碳水化合物等 5 类营养物质。植物性饲料主要有青绿茎叶为主的青绿饲料及青贮饲料。动物性饲料主要为鱼、肉类加工副产品及其他动物加工饲料，富含蛋白质（60% ～ 80%）、钙磷充足、比例合适、利用率高，并是维生素 D 等物质的重要来源。矿物性饲料主要有食盐、石灰石粉、贝壳粉，以及骨粉、蛋壳粉、白垩粉、石膏粉等，其用量很少，应粉碎后与精饲料充分拌匀后饲用。添加剂饲料包括营养物添加剂和生长促进剂，前者有维生素添加剂、微量元素添加剂及氨基酸添加剂；后者有抗生素、激素、酶等生长促进剂，具有刺激药用动物生长，提高饲料利用率和增进动物健康等作用，亦可根据需要适当配给。在药用动物饲养中，必须注意水的合理供给，给水的时间、次数、质量等，对其各种生理过程都有直接影响，而且通过给水也能摄取维生素、矿物质及各种微量元素等。生产实践证明，天然水的成分对很多动物药的质量都有明显影响，是道地药材形成的重要因素，也是人类影响动物的一种手段。从动物对水分的摄取来看，以通过采食青绿多汁的新鲜饲料而吸收水分和通过对营养成分的分解而同时获取水分最为理想。

在药用动物规范化养殖中，应根据药用动物的季节活动、昼夜活动规律及不同生长周期和生理特点，科学配制饲料，定时定量投喂。适时适量地补充精料、维生素、矿物质及其他必要的添加剂，不得添加激素、类激素等添加剂。饲料及添加剂应无污染。至于药用动物饲料合理配给的具体方案，应结合具体养殖的药用动物及其养殖方式、密度、环境等实际情况研究设计，制订效果检查，并在不断实践中注意观察、分析，及时调整饲料配给方案，使饲料供给和饲养水平符合不同药用动物养殖的需要。

三、药用动物的繁殖与育种

研究动物的繁殖规律和繁殖技术，可有效提高动物的繁殖率与繁殖质量。以鹿、麝等哺乳类药用动物为例，当生活条件不能满足基本需求时，会出现性腺发育不良，发情和配种能力下降，受精率降低，产后哺乳不足和后代生活衰弱等。故需要深入研究生殖生态学以指导药用动物的繁殖与育种。

1. 繁殖　一个理想的具优良繁殖力的药用动物，应有健康、活力旺盛、母性好、繁殖力强的特点。繁殖过程中，遗传因素和环境因素是决定动物特性的关键。动物受遗传支持的特性，如身躯大小、生长速度及体形等，可通过选育获得；而受环境因素直接影响的特性，如活力旺衰、受孕率高低、乳汁分泌多少等，不易改变。

环境因素对动物繁殖有直接或间接的影响，环境因素的改变具有季节性，其活动规律则有着明显季节性。如春季来临，昆虫从越冬的卵中孵化或从蛹中羽化而出，冬眠的动物开始苏醒，迁徙鸟类和洄游鱼类开始回归。

在影响药用动物繁殖的环境因素中，以光照、温度及食物为最重要的三个因素。光照能促进动物的各种生理活动，季节性生殖周期活动更是其主要内容。春夏配种的动物，是日照增长刺激生殖功能的结果，如昆虫类、鸟类、食虫兽类和食肉兽类以及一部分草食兽类则属此种类型，常称之为"长日照动物"；秋冬配种的动物，日照缩短而促进其生殖功能，如鹿、麝等野生反刍兽类则属于此种类型，常称之为"短日照动物"。若人工控制光照改变，可诱使春季动情的动物，提前于冬季配种。另外，光照变化还因随纬度改变而不同，可使不同纬度地带的同一动物生殖周期不同。温度的季节变化也可影响动物的生殖活动，如昆虫的交配、产卵及发育。食物与动物生殖也关系密切，不论肉食性、草食性或杂食性动物，繁殖期都在食物条件最优越的时期，利于觅食、交配、产仔、育幼等，维持种族生存繁衍。

2. 育种　药用动物育种主要研究如何运用生物学的基本原理与方法，特别是以遗传学、繁殖学及发生学等理论和方法来改良动物的遗传性状，培育出更能适应人类各方需求的高产类群、新品系或新品种。目前，我国药用动物育种可归纳为4种情况：已成功培育一些优良品种，如乌骨鸡、蜜蜂等；已发现一些优良野生种群并进行了引种驯化，如长白山地区的哈士蟆体大油多，内蒙古阿尔山地的马鹿种群鹿茸特大等；已培育一些优良种群，如吉林双阳鹿、龙潭山鹿和东丰兰杠鹿等；对大多数的药用动物仅进行初步驯养，与其野生型无明显差异。

在药用动物的科学育种工作中，除了合理选种和选配的作用外，对于子代的后天培育也非常重要，其基因型的表现可因后天营养条件而变化。因此，在育种过程中还应特别注意掌握药用动物基因型、环境型及表现型三者之间的关系，切实搞好科学育种工作。

四、药用动物的疾病防治与防疫

1. 疾病分类与致病因素　饲养药用动物疾病繁多，按疾病发生原因分为传染病、寄生虫病和非传染病3类。传染病系指致病微生物侵入机体繁殖引起的疾病；寄生虫病系指寄生虫寄生在药用动物的体表或体内，致毒或与动物争夺营养等所引起的疾病；非传染病系指由一般性致病刺激物的作用或某些营养缺乏等所引起的疾病。按疾病发生部位分为消化系统疾病、呼吸系统疾病、内分泌系统疾病、泌尿系统疾病、生殖系统疾病、神经系统疾病等。按治疗疾病方法常分为内科疾病、外科疾病、传染病、寄生虫病、皮肤病及产科疾病等。

药用动物疾病致病因素的研究，探明疾病发生原因，对认识疾病、防治疾病有着重要意义。致病因素一般分为体内因素和体外因素两类。致病内因最为关键。若致病因素侵入体内，机体抵抗力较强，则不易致病；反之，则易致病。致病外因也应高度重视，如温度、湿度变化等物理因素，争斗、意外伤害等机械因素，营养缺乏或配调不当的营养因素等均是常见致病外因。同时，不同种类、不同个体也与疾病的发生有着密切关系。

2. 疾病防治原则与防疫　药用动物常见疾病的防治，是养殖工作的重要环节。应严格贯彻"预防为主""防重于治"的原则，定期接种疫苗，合理划分养殖区，根据养殖计划和育种需要，确定动物群的组成、结构与适时周转。如发现患病动物，及时隔离，传染病患动物应处死、火化或深埋。对发生疾病的病原、病因、症状、病变及诊断方法等应认真分析，针对疾病采取有效治疗措施并合理处方用药。

在药用动物疾病防治中，还应特别注意传染病的流行特点和传播危害程度，采取综合防疫措施，查明和消灭传染病源，切断传染途径，提高疫病的抵抗力。注意养殖药用动物的健康检查，随时观察食欲、粪型、精神状态、被毛营养状态等，注意及早发现疾病，并根据不同情况而采取有效措施进行切实防治，防患于未然。

五、药用动物的饲养制度与管理

在药用动物规范化养殖过程中，饲养制度的建立与饲养管理实施乃是养殖关键技术的重要环节，必须紧紧结合不同药用动物养殖的实际，严格饲养制度的建立与管理，切实处理好有关事宜。

1. 饲养制度　药用动物养殖是一个新兴而重要的特殊养殖业，必须建立健全合理而完善的饲养制度，根据药用动物的种类、特性、设备等实际条件来综合考虑与研究制定。首先，养殖人员应严格挑选，必须是掌握药用动物基本知识，热爱动物，忠于职守，并经一定训练的合格者。其次应当创设与养殖动物相适应的设施条件，建立健全切合实际的养殖操作规程，并严格监督执行。在具体制定饲养制度与操作规程时，要根据动物的季节活动和昼夜活动规律来确定。药用动物在野生状态下繁殖，生长发育、蜕皮、换毛和休眠等周期性季节的活动规律，是划分每年生产期的基本依据；野生状态下的摄食、饮水、排泄等周期性的昼夜活动规律，是建立饲喂制度的重要依据；还应充分考虑如何提高劳动生产率，发挥人的主观能动性。如药用动物在野生状态下，多为夜出性活动或晨昏活动，而人的社会性活动却是白天进行的。所以在制定每天的饲喂制度时，可适当改变饲喂时间与驯养方法是必要的，以利生产实施。严格药用动物养殖全生产过程的生产管理与质量管理。

2. 饲养管理　在药用动物饲养管理技术上，必须特别注意防止逃逸、自残和冬眠处理等有关管理事宜。防止逃逸，无论是散放饲养或控制饲养都是要特别注意的。防止自残，药用动物自相残害现象是一种自然生态规律的反映，表现为甲动物嚼食乙动物（如兽类以强凌弱），或通过争斗使一方或双方致残。这些现象产生的原因非常复杂，如食物和水缺乏，居住空间不足，外激素的干扰以及性活动期体内的生理变化等。应据其自残现象，针对自残原因采取相应措施，加强饲养管理，防止或减轻自残。冬眠处理，两栖纲和爬行纲等变温药用动物都有冬眠习性，能否使其习性以很好地度过冬眠，也是药用动物养殖的技术关键之一。在临近动物冬眠时，要投足饲料，使其积极进食，积累能量，以最佳状态进入冬眠。同时在快要进入冬眠前，应再进行一次检查，将受伤、染病或瘦弱者淘汰以作药用或他用。药用动物的冬眠地，应选择在朝南向或朝东南向的干燥地带，挖好一个凹窝，堆放适量砖石并砌成多个洞穴，内垫适量干土等，并在其地面留一些出入口以便药用动物自行进出。冬眠期间应避免北风吹入洞穴，要求湿度适中，并以阳光照射到的地点为佳。如果是在室内养殖，将门窗关闭，在其圈内堆放些碎土、干草之类或木板、砖石等并做成适宜缝隙的洞穴即可。在南方，如室温稍高于药用动物入眠温度时，可导致其冬眠不深，甚至出穴活动。遇此情况，则应设法降温而使其进入冬眠。因为冬眠不深的药用动物，外出活动消耗能量，但又不进食，则可造成其体质变得衰弱，次年出蛰时则可常因过度衰弱而死亡。药用动物经冬眠后，在惊蛰前后气温回升时，应将堵塞的洞口及时扒开，以利出蛰；同时做好药用动物养殖准备，以利出蛰生长发育。

另外，药用动物养殖环境应选用适当消毒剂对药用动物的生活场所、设备等进行定期消毒，随时保持清洁卫生，建立严格消毒制度，切实加强出入养殖场所人员的卫生管理工作，确保药用动物养殖安全，保证优质高产。

第三章　中药材规范化采收、产地加工、包装与储运

第一节　中药材的采收

中药材采收的合理性，主要体现在采收的时间性和技术性，时间性是指采收年限、采收月份等采收期的合理性，技术性是指采收药用部位、采收方法等的合理性。合理性的确定均与中药材的形态特征、组织结构、药效成分、性味功效等质量以及生物量（产量）有关。中药材的采收是否适宜合理，直接影响着药材的产量和质量，也是中药生产中的关键技术之一。为了获取药材的优质丰产，应当根据药用植（动）物的生长发育状况和药效成分在体内消长的变化规律，以及自然条件等因素，确定适宜的采收期和采收方法。

一、中药材适时采收的基本原则

在中医药与中药材生产长期实践中，对于药用植物或药用动物药用部位及器官（包括分泌物等）的成熟程度和中药材适时采（捕）收标志，都积累了极其丰富而宝贵的经验，总结出了合理适时采（捕）收具有明显季节性以及实用性的中药材的基本原则。

1. 植物药材的采收

（1）根和根茎类药材的适时采收　主要来源于草本植物，多在秋冬季植物地上部分枯萎时，或初春发芽前，或刚露芽时采收最为适宜。这时药用植物已完成了年生育周期，进入了冬眠状态，根和根茎生长充实，积累贮藏的各种营养物质或药效成分最丰富，药材质量产量最高。例如天麻于冬季至翌年春前未出苗时采收的为"冬麻"，体实色亮，质量为佳，天麻素等药效成高，而春后出苗采收的"春麻"，体轻色暗，质量较差，天麻素等药效成也较低；丹参于秋末采收的丹参酮等含量较其他季节采收的高2～3倍；石菖蒲于冬季采收的挥发油等含量高于夏季采收药材；又如桔梗、葛根、党参、天花粉等也均宜在秋末春初采收。但也有例外，有些植物生长期较短，地上部分枯萎较早，其地上部分虽枯萎，而地下部分的各种营养物质或药效成分却仍很活跃，正值增长期，如半夏、太子参宜在倒苗后的夏末或秋初采收；浙贝母、延胡索宜在倒苗后的初夏或夏季采收。

（2）全草类药材的适时采收　多为草本植物的地上部分或带根全草，一般在花蕾将

开的花前叶盛期或正当花朵初开的枝叶繁茂期采收最为适宜花。这时药用植物生长正进入旺盛阶段，药效成分含量高，生物量及折干率亦较高。若在花蕾出现前，植物组织幼嫩，营养物质尚在不断积累时采收，其药材品质、产量均较低；若在花盛期或果期，其植株体内营养物质已被大量消耗，此时采收的药材品质、产量均有所下降，如益母草、淡竹叶、穿心莲、薄荷、青蒿、荆芥、紫苏、藿香等，均宜在生长旺盛、植株健壮、枝叶繁茂及营养充沛的花蕾将开放或花开初期采收。但亦有例外，如茵陈、白头翁须在幼苗期采收，现蕾前采收则为次品，甚至不堪入药；蒲公英宜于初花期或果熟期采收；石韦一年四季均可采收药用等。

（3）叶和花类药材的适时采收　这类药材多是草本植物药材。叶类药材宜在植物枝叶繁茂、色泽青绿的花前叶盛期或正当花朵盛开期采收最为适宜。因这时植物光合作用旺盛，分批采叶对植株生长影响不大，且可保证其药材品质及产量。若花前期，其叶片尚在生长，营养物质及药效成分积累较少；若花后期，其叶片生长又停滞，质地苍老，营养物质及药效成分亦将下降。如荷叶，当荷花含苞欲放或盛开时采收，其颜色绿，质地厚，气清香，质量佳。但叶类药材的生物量及药效成分的积累，不仅随其生长发育产生变化，有的还要受到季节、气候等因素的影响，甚至一天内都有不同变化，如银杏叶、薄荷叶等；有的叶类药材一年各季均可采收，如枇杷叶、侧柏叶等；有的叶类药材可与其主产药材的采收期同时采收，如三七叶、人参叶、紫苏叶等；有个别叶类药材甚至还必须经霜后方能采收，如霜桑叶。

花类植物药材多宜在含苞待放或花苞初放时采收，这时花的香气未逸散，药效成分含量高，并多宜于晴天清晨分批采集。但花类植物药材的采收，也因植物种类和具体药用部位不同而具有差异。大多数花类药材如金银花、山银花、辛夷花、厚朴花、合欢花等，多在春夏季采收；少数花类药材如菊花等在秋季采收；而款冬花、蜡梅花等却宜于冬季采收。若以花蕾、花朵、花序、柱头、花粉或雄蕊入药，其采收时应注意花的色泽及发育程度，因为花的色泽及发育程度是花的质与量发生变化的重要标志。如以花蕾入药的金银花、山银花等，测定其同种同朵数的花蕾与开放花之重量和绿原酸含量，结果均为花蕾的重量重且绿原酸含量高；以花朵入药的月季、芙蓉、蜡梅花等，宜于花初放时采收，若花盛开时采收，其花瓣易散开、脱落、破碎，且色泽、香气均不佳；又如红花采收期于北方为 6～7 月，南方为 5～6 月，其采收标志以花冠顶端由黄变红为宜，质与量俱佳，若过早采收则花嫩色淡，若过晚采收则花带黑色而不鲜，其质与量俱受影响；若以花序、柱头、花粉或雄蕊入药的蒲黄、西红花等，则宜花盛开时采收；但也有少数花类药材须在花开放后期采收，如洋金花在花开放后期生物碱含量才高，质量方佳。

（4）果实和种子类药材的适时采收　果实类药材一般均在已经充分长成或完全成熟时采收。这时果实所积累的淀粉、脂肪等营养成分及生物碱、苷类、有机酸等药效成分，尚未用于种子供应有性繁殖营养的消耗，从而此时的果实类药材则品质好且产量高，但其采收期尚应随植物种类和药用要求而异。一般干果多于果实停止增大，果壳变硬、颜色褪绿而呈固有色泽时（7～10 月）采收，如薏苡仁、连翘、马兜铃、巴豆、使君子及阳春砂仁等；若以幼果入药的，则于未成熟时（5～10月）采收，如枳实、乌梅等；若以绿熟果实入药的，则于果实不再增大并开始褪绿时（7～9月）采收，如枳壳、瓜蒌、木瓜、青皮、香橼、佛手等；若以完整果实入药的，则多于果实成熟时（8月开始）采收，如枸杞子、山茱萸、五味子、陈皮、龙眼、枣等。

种子类药材一般均在果皮褪绿呈完全成熟色泽、种子干物质已经停止、达到一定硬度并呈现固有色泽时采收，如决明子、白扁豆、王不留行等。但种子类药材的采收期还应因播种期、气候条件与入药使用等差异而有所不同，如春播和多年采收的赤小豆、地肤子、决明子、望江南等，宜于8～10月采收；秋播二年采收的续随子、白芥子、葶苈子、王不留行等，宜于5～7月采收；入药使用种子一部分的龙眼肉（假种皮）、肉豆蔻（种仁）、莲子芯（胚）等，则宜于其果实或种子成熟时采收。另外，有的果实外果皮易爆裂的种子则应随熟随采。

（5）皮类药材的适时采收　皮类药材一般宜在清明到夏至间采剥茎皮，或在秋末冬初采挖根后收取根皮。尤其是前者如杜仲、黄柏、厚朴、秦皮、川楝皮等多年生木本药用植物，应在春末夏初树木处于年生长阶段初期采剥，因此时正值植物体内水分、养分输送旺盛，形成细胞分裂快，皮部营养和树皮内液汁增多，植株的浆液开始移动，皮部与木质部易于分离剥取，伤口也易于愈合，可环剥、半环剥、条状剥等。但也有例外，如肉桂则宜于寒露前采剥，因此时肉桂皮含油量最为丰富。而如牡丹皮、远志、昆明山海棠等根皮类药材，则须待其年生育周期的后期方能采收，若采收过早，根皮的生物量及药效成分积累则受到影响。

（6）茎藤木类药材的适时采收　茎木类药材如苏木（心材）、木通等，一般多在秋冬落叶后或春初萌芽前采收，因此时植物体的营养物质及药效成分大都在树干茎本贮藏。而藤木类药材如钩藤、鸡血藤等，则宜在植物生长旺盛的花前期或盛花期采收，此时植物从根部吸收的养分或制造的特殊物质，通过茎的输导组织向上输送，叶光合作用制造的营养物质及药效成分由茎向下运送积累贮存，其藤木含营养物质及药效成分则最为丰富。若系木质藤本植物如忍冬藤、络石藤等，宜于在全株枯萎后或秋冬至早春前采收；若系草质藤本植物如首乌藤（夜交藤）、银花藤等，宜于开花前或果熟期后采收。

（7）藻、菌、地衣类和孢粉类药材的适时采收　这类药材的采收，随不同植物和采收部位等不同而各自不一。如茯苓宜在立秋后采收，质量较好；马勃宜在子实体刚进入成熟期及时采收，若过迟则子实体破溃，孢子飞散；麦角宜在寄主（黑麦等）收割前采收，其生物碱等药效成分含量方高。

（8）树脂和液汁类药材的适时采收　这类药材的采收，亦随不同植物和不同的采收部位等而各自不一。如血竭，若从龙血树中提取时，则取其木质部含紫红色树脂部分，粉碎后分别用乙醇和乙醚提取，浓缩后即得血红色的血竭粗制品或精制品；若从麒麟竭中提取时，则取其成熟果实，置蒸笼内蒸后使树脂渗出，或将果实充分晒干，置笼中加贝壳强力振摇，松脆的树脂即脱落，筛去果实鳞片杂质，用布包好置热水中使软化成团，取出冷却即得。

2. 动物药材捕收　药用动物的捕捉采收，应据其生长习性、活动规律并结合其药用部位与捕收目的（药用或引种驯化养殖等）而采取有效措施进行合理而适时的捕收。由于药用动物种类繁多，生长习性及活动规律各异，因此不同药用动物的捕收时间、捕收方法不尽相同。药用动物的合理捕收应坚持以下原则。

（1）全身入药的动物药材　如昆虫类药材，必须掌握其孵化发育活动季节。以卵鞘入药的如桑螵蛸，宜在9月至翌年2月捕收，过时其虫卵孵化为成虫则影响药效。有翅昆虫如九香虫、斑蝥等，宜在春、夏或秋季清晨露水未干时捕收，并及时用沸水烫死。环节动物如地龙，生活在有机质丰富、湿润的土壤中，一般宜于7～10月时捕收。节肢动物如蜈蚣，宜在春末至夏初时捕收，此时蜈蚣结束冬眠不久，刚刚开始活动，大部分移到地面浅层或地面，活动迟缓，易于捕捉；同时蜈蚣尚未进食或进食较少，捕捉后加工的商品药材质量好并利于贮藏保管。爬行动物如乌梢蛇、蕲蛇等，其活动与季节气温关系密切，头年11月至翌年4月为其入洞冬眠期，5月开始出洞，且白天一般不出来，多在晚上（19～22时）方外出于水田梗、沟溏边和房前屋后等处活动寻食，因此乌梢蛇、蕲蛇等宜于夏、秋晚间捕捉。对于全身入药的动物药材，一般均在其活动期捕收，如蛤蚧宜于5～9月捕收；水蛭宜在夏、秋季捕收；海马宜于每年8～9月捕收，此时海马个体较大，鲜干比高。

（2）组织或器官入药的动物药材　如鹿茸须在清明后40～50天锯取头茬茸，采后50～60天锯取二茬茸，三茬茸宜于7月下旬采集1次。锯茸时应迅速将茸锯下，伤口即敷上止血药。鳖宜在夏季（6～8月）捕收，龟宜以秋季捕收为好，然后及时依法加工即得鳖甲或龟甲药材。若以动物肝、胆等器官入药，多主张现采现用，或采集后立即加工为药材贮藏备用，如水獭肝为水獭的肝脏，全年均可采集；蛇胆为乌梢蛇、金钱白花蛇等蛇类含胆汁的胆囊，宜于夏秋季现捕现采；狗鞭（亦名狗肾）为雄性黄犬（或各色家犬）的阴茎和睾丸，全年均可采集。

（3）分泌物、排泄物入药的动物药材　如雄麝以3～7岁为产香旺期，每年5～7月为分泌盛期，一般历时3～9天（有的可达14天以上），盛期后1～2月香囊内的麝香质量最好，因此，每年秋末冬初或冬末春初宜于进行人工取香。大灵猫或小灵猫全年均可活体取香，其喜在饲养箱侧壁或通道边突出处涂擦分泌物（即灵猫香），应及时采集。蟾蜍宜在4～9月捕收，其高峰期为6～7月；蟾蜍捕捉后应及时采集其浆液依法制成蟾酥，或制成干蟾、蟾皮。夜明砂为蝙蝠的排泄物粪便，全年可采，但以夏季为宜。五灵脂为鼯鼠的粪便，全年可采，但以春季采得者为宜。望月砂为华南兔等野兔的粪便，全年可采，但以9～11月为宜。

（4）生理或病理产物、动物制品入药的动物药材　如牛黄、马宝等动物生理、病理产物，可根据生长发育习性采集，或在宰杀牛、马时发现获取。又如以驴皮熬胶制成的阿胶，宜在每年冬至以后冷天采集驴皮熬制。

二、中药材合理采收的常用方法

在中药材合理适宜采收期确定的基础上，还必须注意不同药材、不同药用部位的合理采收方法及其有关要求，以植物药材为例，重点加以介绍。

1. 挖掘法 主要用于根或地下茎的采收。挖掘时要选择适宜时机与土壤含水量，若土壤过湿或过干，不但不利于采挖，而且费力费时，还易损伤地下药用部分，降低中药材质与量；且若加工干燥不及时，尚易引起霉烂变质，如太子参、半夏、天麻、党参、何首乌等。

2. 收割法 主要用于全草、花、果实及种子等的采收，且多用于成熟程度较一致的草本药用植物。可根据不同药用植物及药用部位的具体情况，或齐地割取全株，或只割取其花序或果穗；有的全草类一年两收或多收的药用植物，第一、二次收割时应留茬，以利萌发新的植株，提高下次的产量，如头花蓼、淫羊藿、艾纳香、益母草、薄荷、瞿麦等。而对待花、果实及种子等的收割，应因不同品种与需要等而具体进行。

3. 采摘法 主要用于成熟不一致的花、果实及种子等的采收。因其成熟不一，只能以人工分期分批采摘，以确保其质与量；并应注意保护植株，不要损伤未成熟者，以免影响其继续生长发育；也不要遗漏，以免其过熟脱落或枯萎、衰老变质等，如金银花、山银花、吴茱萸、刺梨、菊花等。另外，对有些果实、种子等个体较大或枝条质脆易断，其成熟虽较一致但不宜采用击落法采收者，亦可采用本法采收，如栀子、枳壳、连翘、佛手、龙眼及香橼等。

4. 击落法 主要用于树体较高大，以人工采摘较困难的木本或藤本药用植物果实、种子的采收。但对用竹竿等器械击落易致严重损伤者，在击落时宜于其植株下铺上草垫和置以布围等物，以利减轻损伤和收集，同时还应尽量减少对植物体的损伤或其他危害。如米槁、川楝子（果实）、乌梅等。

5. 剥离法 主要用于以树皮或根皮入药的药材采收。

（1）树皮剥离法 本法分为伐树剥皮法、伐枝剥皮法及活树剥皮法，主要用于乔木树皮剥离，如杜仲、黄柏、厚朴、川楝皮、肉桂等。

伐树剥皮及伐枝剥皮法一般系将树砍伐后，先按规定长度要求剥下树干基部的树皮，其长度为 60 ～ 100cm，宽度依树围而定。剥离方法：先按规定长度用利刃（如嫁接刀，下同）上下环状切割树皮后，再从上圈切口垂直纵切至下圈切口，并用刀从纵切口处左右拨动，以使树皮与木质部有效分离；亦可将伐下的树干一节节地依上法剥离树皮。被砍伐的树枝，亦可依上法将其树枝的皮剥离供用，即为伐枝剥皮法。但在伐枝剥皮法中，对轮伐大树或经修剪形成矮主干树型者则不必砍伐，可有计划地轮伐其部分树枝，依上法将其树枝皮剥离即可。

活树剥皮法又可分为环状活树剥皮和非环状活树剥皮。前者可简称为环状剥皮法或环剥法，特点是在活树干上用利刃进行环状剥下树皮；其环宽须适宜，依树围而定。后者可简称为带状剥皮法或带剥法，特点是在活树干上用利刃进行上下交错地带状剥下树皮；其条长一般为 60 ～ 100cm，带宽须适宜，依树围而定（一般不超过树围的 50%）。两者的剥离技术关键在于：①选择树干直径 10cm 以上的植株为剥离对象，要生长正常，枝叶繁茂，叶色深绿，树皮表面皮孔较多，并无病虫害。②选择适宜的剥离季节和天气条件，以夏初阴天为宜，此时树干形成层活动能力旺盛，树皮易剥；并在剥皮后可赖于残存的形成层细胞和恢复了分裂能力的木质部细胞分生新细胞而产生愈伤组织，以促使新的再生皮形成与生长。③剥皮时，用力不能过猛，手和工具勿触伤剥面，切口斜度以 45°～ 60°为宜，切口深度要适当，以能切断树皮又不割伤形成层、韧皮部和木质部为度。④剥皮后，注意剥面保护，防止污染，剥面可喷以 100ppm 的吲哚乙酸（IAA）液等以促进愈伤组织形成，提高愈合率，促进再生皮的生长等。

（2）根皮剥离法　本法可用于乔木、灌木或草本根的根皮剥离，如杜仲、黄柏、厚朴、桑白皮、昆明山海棠、牡丹皮等。对杜仲、黄柏、厚朴等林木伐树不留茬（桩）者，可掘取根部剥皮入药。其剥皮方法与树皮剥离法相似，只是其皮的长度、宽度乃依树根实际情况而定，往往长短不一。对桑白皮、昆明山海棠、牡丹皮灌木或草本根的剥离，与树皮剥离法略有差异，一是用刀顺根纵切根皮，以使根皮剥离；一是用木棒轻轻捶打根部，以使根皮与其木质部分离，然后再抽去或剔除木质部即得。

6. 割伤法　主要用于以树脂类药材的采收，常采用割伤树干收集树脂，如松香、白胶香、阿魏、安息香等。一般是以利刃在树干上适宜位置割切"▽"形伤口，让树脂从伤口渗出，流入其下端安放的容器中，收集起来再经加工处理即得。亦可以割伤果实，使其脂汁渗出并收集处理即得，如血竭、鸦片等。

第二节　中药材的产地加工

一、中药材合理产地加工的基本概念与要求

中药材产地加工，系指药用部位收获至形成商品药材而进行的药材初步处理和干燥等加工的全过程，是中药材生产与品质形成的重要环节。我国长期的药材生产实践和经验积累形成了独具特色、内容丰富的药材加工方法和技术体系。中药材产地加工历史悠久，最早见于《神农本草经》，其云："阴干、曝干、采造时日、生熟土地所出。"《千金翼方》亦载："夫药采取不知时节，不以阴干曝干，虽有药名，终无药实。"《新修本草》载有大黄"二月、八月采根，火干"。《本草纲目》载有"凡采得玄参后，须用蒲草重重相隔，入甑蒸两伏时，晒干用。勿犯铜器，饵之噎人喉，丧人目"等。

中药材的加工应符合 SB/T 11183-2017《中药材产地加工技术规范》的要求。其中：产地加工基地应与中药材产区的仓库设施配套、衔接，并纳入中药材物流基地的信息系统管理；应建立专业团队，提供中药材净选、切分、干燥与包装等服务，并具备相应的质量控制能力；根据每种中药材特性，制定加工工艺与操作规程，明确各关键工序的技术参数并进行文字记录。产地加工后的中药材质量应符合现行《中华人民共和国药典》规定。所用水源、器具应清洁、无毒、无污染，且器具不能与中药材发生有毒有害和降低其有效成分的反应。不应使用磷化铝熏蒸，亦不应滥用硫黄熏蒸。污水与非药用部分的处理应符合国家相关法规的规定。应结合中药材的特性与当地自然环境，选择科学、经济、环保、安全的加工设备、技术与方法。中药材干燥热能传递介质应洁净，由煤、柴等作为热源的烘干方式，烟气不应直接与中药材接触；不得在马路上晾晒。有毒性中药材产地加工过程中应确保人员和药材安全，加工场所、设施以及设备等不应与其他中

药材共用，加工废弃物应经过处理并符合相关规定。

中药材品种繁多，药用部位多样，根据药材形、色、气味、质地及所含药效成分等不同，其产地加工要求、任务则各不相同。一般而论，中药材产地加工应达到形体完整，含水分适度，色泽好，香气散失少，不变异味（有的药材如黄精、玄参、生地黄等须加工变味者例外）及药效成分与生物量破坏少等要求。为此，中药材产地加工应完成以下主要任务：一是清除非药用部位、杂质、泥沙、烂坏变质等，以纯净药材；二是按照《中国药典》或有关标准（均应为现行版）规定，产地加工成符合规定的原药材；三是剔除有毒物质等非药用不良物质混入，保证药效成分不受破坏；四是确保干燥符合有关标准（均应为现行版）规定要求，合理包装成件，以利贮藏与运输；五是严格按照有关规定要求，做好中药材产地加工全生产过程的各项记录（如产地加工时间与方法、数量、批号、质量合格证及包装工号等标志）与生产质量管理，这对于保证中药材质量，建好中药材产业具有重要意义。

二、中药材合理产地加工的常用方法

中药材产地加工方法多样，往往因药材类别、来源不同或同一药材因产地不同，加工方法也多种多样，并直接与中药材所含有关药效成分密切相关。若就药用植物、药用动物及药用矿物不同类别、不同来源及不同产地药材等而言，产地加工所涉及的内容更加复杂。根据植物药材的产地加工方法，可分为拣选、洗涤、去皮、修整、蒸、煮、烫、漂、浸、熏硫、发汗、鲜切、干燥及揉搓等。这里仅对植物药材常用产地加工方法，以干燥为重点进行概要介绍。动物药材及矿物药材的产地加工方法，以及产地加工与药效成分的相关性等请参阅有关文献。

（一）拣选与洗涤

1. 拣选　拣选又称清选，是指清除药材杂质，进行初步分级，以利分别洗涤、干燥等的操作过程；此为中药材产地加工十分重要的基本操作。其通过人工或工具进行剔除、挑选、风选、水选等操作，以清除药材采收时混入的非药用部分等杂质。例如，根与根茎类药材的去泥沙、污垢、残留根基等；鳞茎类药材的去须根、残留茎基等；全草类药材的去非药用部分（若用地上部分尚需去根及根基等）；花类药材的去残留花梗、花萼等非药用部分；叶类药材的去叶柄、叶鞘等非药用部分（有的叶类药材，如枇杷叶尚需去毛）；果实、种子类药材以风选去果皮、果柄、残叶及不成熟种子等（有的种子类药材，尚可用水选法去除泥沙及干瘪种子或其他杂物等）。另外，有的既是药用部位又作为繁殖材料的，还要在清选时注意将作繁殖材料者分开，并妥善处理。

2. 洗涤　洗涤是指以符合饮用标准要求的清洁水（如河水、井水、自来水），洗除药材表面泥沙、污垢与部分粗皮、须根等操作过程。洗涤时，应将拣选并初步分级的药材，分别置于清洁无污染的塑料筐或竹篓等容器内流水清洗，并要注意合理洗涤方法、时间等方面的掌握，以免影响药材洗涤效果，或者造成其药效成分流失。

（二）修整与去皮

1. 修整　是指运用修剪、切削、整形等法，去除非药用部位或不符合药材商品规格的部分，或者使药材整齐，以便分级、捆扎及包装等过程。修整工艺应根据药材商品规格、质量要求来制定；有的药材如需趁鲜剪切芦头、侧根等，则在干燥前进行，而有的药材如需剔除残根、芽苞或切削不平等情况却在干燥后完成。

2. 去皮　去皮是指对果实、种子或根、根茎类药材，去除果皮、种皮、根皮等表皮，以使药材表面光洁，内部水分易于向外渗出而加速干燥等操作过程。去皮的要求要力达外表光滑，无粗糙感，厚薄一致，并应去净外皮。

去皮方法有手工去皮法、工具去皮法、机械去皮法及化学去皮法之分。手工去皮法，只适于产量小且无法采用工具或机械去皮的药材，如形状不规则的根及皮类药材（如桔梗、白芍、杜仲、黄柏）；或者需趁鲜而易于去皮且效率高的药材（如陈皮）。工具去皮法，多用于干燥后或干燥过程中的药材（如黄连），将药材置于如竹制撞笼、木桶、麻袋等传统工具中，再用人力摇动、推送使药材互相冲撞、摩擦而去皮去根须等。机械去皮法，多适于产量大、形状规则的药材（如半夏），其一般使用小型搅拌机或专用机械去皮，具有工效高、成本低及避免中毒等优点。化学去皮法，是采用适宜浓度石灰、烧碱等化学药剂，腐蚀药材表皮以达去皮目的，如以石灰水浸渍半夏，可使表皮易于脱落等。但此法目前很少使用，因为化学药剂易污染药材。

对于果实、种子类药材可先将果实晒干后，再去壳取出种子（如车前子、菟丝子）；亦可先去壳取出种子后再晒干（如杏仁、白果）。但有的药材也可不去壳，将果实和种子一起晒干（如豆蔻、草果）。另外，有的药材尚须去节（如麻黄）、去核（如山楂）等处理。

（三）蒸、煮、烫

蒸、煮、烫是指在药材干燥前，将鲜药材于蒸汽或沸水中进行不同时间热处理等操作过程。其目的在于驱逐药材中的空气，破坏氧化酶，阻止氧化，避免药材变色；减少药材药效成分损失，保证药材性味不致发生质的变化；促使药材细胞中原生质细胞凝固，产生质壁分离，利于水分蒸发，以便干燥迅速；通过高温破坏或降低药材中的有毒物质，或使一些酶类失去活性而不致分解药材的药效成分，或杀死虫卵，或不致剥皮抽心；有的药材经熟制后，能起到滋润作用；有的药材所含淀粉经糊化后，能增强其角质样透明状等。

蒸的具体操作，是将药材盛于笼屉或甑中置沸水锅上加热，利用蒸汽加热处理。其蒸的时间长短依其处理目的而定。若以干燥为目的，则应以蒸透心，蒸汽直透笼（或甑）顶为度，如天麻、天冬等；若以除去毒性为目的，则其蒸的时间宜长，如附片需蒸 12～18 小时。

煮、烫的具体操作，是将药材置沸水煮熟或熟透心的热处理，其煮、烫的时间亦依处理目的而定。一般来说，煮比烫的时间要长。烫在贵州省等西南地区民间又习称之为

"潦"，即在沸水中适当潦一潦，便可达迅速干燥目的。而煮、烫是否熟透心的判断，可从沸水中捞取一两支药材，向其吹气，如外表迅速"干燥"者则示熟透心；若吹气后其外表仍潮湿而"干燥"很慢者，则示未熟透心，须再继续适当煮或烫。

（四）漂浸

漂浸是指将药材在水中进行的漂洗或浸渍等操作过程，目的是减除药材毒性或不良气味，或抑制氧化酶活性，以免药材氧化变色等。一般来说，漂比浸的时间要短，需勤换水；浸需时较长，有时尚需加入一定辅料（如白芍浸渍时加入玉米或豌豆粉浆，以有效抑制氧化变色）。在漂、浸过程中，要随时注意药材在形、色、味等方面的变化，要掌握好漂浸时间，换水要勤而清洁；要注意辅料的用量和添换时机等，以免浸液发臭而引起药材霉变等变化。

（五）发汗与鲜切

1. 发汗　发汗是指鲜药材或其半干燥后，停止加温，而将药材堆积密闭使之发热；亦将药材微煮或蒸后堆焖起来发热，使药材内部水分向外蒸发、变软、变色、增加香气，当堆内空气含水量达到饱和，遇堆外低温，水气则凝结成水珠附于药材的表面，如人体出汗，故对这一产地加工的操作过程习称为"发汗"。发汗是中药材产地加工常用而独特的工艺，能有效地克服药材干燥过程中常产生的结壳现象，可促使药材内外干燥一致，加快其干燥速度，并能使某些挥发油渗出，化学成分发生变化，可使药材干燥更显得油润、有光泽，或使其香气更为浓烈。如厚朴、玄参等必须通过发汗才能具有特殊色泽；川芎、白术等经发汗才易使其内外干燥一致，光泽好而油润。

在发汗方法上，一般尚分为普通发汗法和加温发汗法。普通发汗法是将鲜药材或半干燥药材（如大黄）堆积一处，再用草席或麻袋等物覆盖任其发热；亦有将药材（如薄荷）于白天晒（晾）干，晚上如上法堆积发汗，以达发汗目的。此法简便，应用广泛。加温发汗法是将鲜药材或半干燥药材加温后堆积密闭使之发汗，其加温方法有用沸水烫淋数遍加温（如杜仲），再堆积密闭使之发汗，此习称"发水汗"；亦有用柴草将药材烤热加温后，垫草一层，再相间铺上药材和草，最后盖草密闭使之发汗（如茯苓），此习称"发火汗"。在具体发汗操作中，要注意掌握好发汗的时间和次数。一般情况下，鲜药材、含水量高的肉质根或地下根茎类药材发汗时间宜稍长，次数可增加；气温高的季节，发汗时间宜短，以免霉烂变质；反之，气温低的季节，发汗时间宜稍长，并注意检查，要发汗适度，严防沤烂质变。而半干燥或基本干燥的药材，一般发汗1次即可。

2. 鲜切　鲜切又称切制，是指对一些较大的根及根茎类鲜药材趁鲜切制成片状或块状等操作过程。其目的在于以利药材发汗、干燥等，如大黄、何首乌等，但此法不适于含挥发油的鲜药应用。鲜切除人工手切外，还多应用剁刀式或旋转式切药机等机械切制。

（六）干燥与揉搓

1. 干燥　干燥是指对药材中所含水分进行有效蒸发等操作过程。干燥是中药材产地加工中最为重要的关键技术环节，除药材鲜用外，绝大多数药材都必须进行干燥处理。《中国药典》中药材产地加工的干燥方法分为晒干、阴干、烘干，不宜用较高温度烘干的，则用晒干或低温干燥（一般不超过 60℃）；烘干、晒干均不适宜的，用阴干或晾干；少数药材需要短时间干燥，则需"曝晒"或"及时干燥"。而具体干燥方法的应用，可因气候条件、药材品种与药用部位的不同而不同，按采用热源不同可将干燥方法分为自然干燥法和人工干燥法。

2. 搓揉　搓揉是指对一些药材（如党参、天冬、玉竹、麦冬等）在干燥过程中，所出现的易于皮肉分离或空枯等现象进行搓揉处理的产地加工，以达油润、饱满及柔软等目的。

（七）分级

需分级的中药材，应根据相关药材等级标准进行分级操作。分级后的药材应分区存放，并做分级记录。

第三节　中药材的包装

一、中药材合理包装的基本概念与重要意义

包装是在生产流通过程中，为了保护产品，方便储运，便于流通而选用保护性、装饰性的包装材料或适宜容器，并借助适当的技术手段进行包装作业，以达到规定数量和质量的操作活动过程。《中华人民共和国药品管理法》（2021 年 12 月 1 日施行）第四十六条明确规定："直接接触药品的包装材料和容器，必须符合药用要求，符合保障人体健康、安全的标准，对不合格的直接接触药品的包装材料和容器，由药品监督管理部门责令停止使用。"第四十八条明确规定："药品包装应当适合药品质量的要求，方便储存、运输和医疗使用。发运中药材必须有包装。在每件包装上，必须注明品名、产地、日期、供货单位，并附有质量合格的标志。"

由于历史原因及种种客观因素，长期以来中药材包装简陋，包装材料性能较差，包装质量不高与管理不力，造成药材从产地加工至贮运养护等过程中出现了药材撒漏、丢失、变色、霉变、占用仓容面积大、堆码保管困难，以及耗损大、费用高、劳动强度大等问题，不利于保障药材质量安全、有效、稳定与商品安全。因此，加强中药材合理包装，规范中药材包装材料及包装工序，搞好中药材合理包装全过程各项工作，是实施中药材规范化生产与 GAP 的重要环节之一，对于中药材质量的保障及商品安全，药材贮存、运输、装卸及识别、计量等都有着重要意义。

二、中药材包装的分类与要求

随着中药材生产发展、购销业务扩大与时代进步，中药材的包装应符合 SB/T 11182-2017《中药材包装技术规范》的要求，其中：中药材包装作业应当在中药材产地加工基地进行，并纳入中药材物流基地的信息系统管理，应保护药材品质、便于流通，同一包装内的中药材品种、产地、生产时间、等级应一致，所用材料应符合包装材料的安全卫生要求，直接接触中药材的包装材料应符合《食品安全国家标准食品接触材料及制品通用安全要求》（GB 4806.1—2016）规定，包装封口应采用规定的封口方式，满足中药材流通追溯需求，毒性药材包装容器上必须印有毒药标志。

中药材包装可根据包装材料性质和流通领域范围进行分类。

1. 根据包装材料性质分类与要求　现常用的包装材料主要有塑料制品（如塑料编织袋、塑料袋等）、纸制品（如纸板箱、纸盒等）、竹制品（如竹篓、竹箱等）、木制品（如木板箱、木桶等）、藤制品（如藤箱、藤筐等）、纺织制品（如麻袋、布袋等）、金属制品（如铁箱、铝盒等）和其他制品（如苇草制品、玻璃制品等）。在选用上述各类包装时都必须考虑其包装材的性质（如透气性、避光性等）、耐磨力、承压力，还要考虑包装的形态、结构、容积、标志等，使之适合各种药材的特性。并特别要以保证中药材质量和商品安全为重中之重，对于传统包装的继承或改进，也要从药材质量与商品安全全面考虑，必须以质量第一，切忌只图降低成本劣质包装或不顾成本而追求包装的所谓"豪华""时尚"。

2. 根据流通领域范围分类与要求　现常有贮运包装和销售包装之分。运输包装主要用以保证药材商品在贮运养护过程中的安全与有效，要适应搬运送与保管需要。这类包装从产地加工到流通环节，据各类药材性质与贮运养护保管要求选用。如整体包装的塑料编织袋、纸箱、木箱、竹篓、藤筐等，这种包装又称为外包装。在销售包装上，多包括内包装和中包装。内包装是直接用来盛装药材商品的包装用品；中包装是一定数量的内包装之外再加上的相适应的包装，以利保护药材品质，保证商品质量，便于零售计量、点验、售出与携带等。

根据上述中药材包装的分类与要求，以袋装、箱装、筐装为主，结合药用部位提出如下产地加工的药材包装举例，以供参考。

（1）**根及根茎类药材**　①袋装：天麻、白芍、太子参、半夏、天南星、何首乌、黄连（也可筐装）、山慈菇、白芷、白术、白及、天冬、黄精、射干、玉竹、丹参、续断、龙胆、独活、山豆根、苍术、山药、天花粉、百合、玄参、仙茅、干姜、板蓝根、南沙参、南板蓝根、草乌、狗脊、生地黄、川芎、泽泻、姜黄、延胡索、甘遂、巴戟天、川牛膝、黄芪、金果榄、莪术、高良姜、云木香、麦冬、大黄（也可筐装）、甘草、葛根、防己、乌药、薤白、香附、附子、川乌、白药子、商陆、狼毒、远志等。②箱装：三七、西洋参、人参、牡丹皮、党参、怀牛膝等。③筐装：桔梗、赤芍、当归、藁本、羌活、秦艽、白前、生姜、威灵仙、防风、百部、茅根、山豆根、苦参、黄芩、地丹皮、紫草、柴胡、石菖蒲、紫菀、甘松、白薇、升麻、五加皮、白鲜皮、生姜、芦根等。

（2）全草类药材　①袋装：益母草、头花蓼、淫羊藿、艾纳香、茵陈、荆芥、薄荷、紫苏、灯心草、谷精草、石韦、白花蛇舌草、藿香、泽兰、佩兰、通草、香薷、伸筋草、仙鹤草、鱼腥草、金钱草、蒲公英、海藻、昆布等。②箱装：金钗石斛、铁皮石斛、鼓槌石斛、环草石斛等。

（3）花、叶类药材　①袋装：金银花、山银花、红花、凤仙花、厚朴花、辛夷花、玫瑰花、月季花、代代花、菊花、槐花、杜仲叶、枇杷叶、大青叶、桑叶、艾叶、淡竹叶、荷叶、薄荷叶、紫苏叶等。②箱装：西红花、三七花、款冬花等。

（4）皮、藤木类药材　①袋装：杜仲、厚朴、黄柏、秦皮、桑白皮、陈皮、合欢皮、海桐皮、钩藤、鸡血藤、首乌藤、忍冬藤等。②箱装：沉香、桂皮等。

（5）果实、种子类药材　①袋装：薏苡仁、吴茱萸、米槁、乌梅、刺梨、山苍子、金樱子、山桃仁、川楝子、栀子、山楂、瓜蒌仁、决明子、连翘、莱菔子、地肤子、酸枣仁、莲子、蛇床子、女贞子、花椒、车前子、枳壳、枳实、胖大海、南五味子等。②箱装：枸杞子、化橘红等。

（6）菌类及其他类药材　①袋装：茯苓（也可箱装）、灵芝（也可箱装）、猪苓、五倍子、海金沙等。②箱装：冰片、艾片、薄荷脑、樟脑、马勃、银耳等。

三、中药材的打包捆扎与要求

中药材包装时，可采用机械或人工打包捆扎，避免包件不规范不标准，以提升运输载重量，减少浪费，节省费用，提高效益为目的。

药材机械压缩打包，应根据不同药材特点而进行压缩、打包与捆扎成件，达到包装规格化、标准化。特别要注意打包前的药材要严格检查，控制其质量，无泥沙杂物，严禁超过安全水分标准，并要求装入药材净重准确。要合理选用打包机，合理选择打包压力（一般不宜低于15吨），要求货箱开关灵活，关扣牢固，货箱上下压板及备用板的板形必须呈圆凸形，并使装入货箱的药材两边填实，四角贴紧，中间空松，尽量均匀平放，以使压缩打包的机械下压时边角紧实，避免包件出现"龟背形"或"斧头形"，在打包机压缩打包脱机回松后，能有效保持其扁平方正，成为"衣箱型"。

人工筐篓包装时，必须根据药材特性而采用合适的捆扎方式。多捆扎为"十字形""井字形"或"纵横交叉形"等，亦要求捆扎包装前严格检查与控制药材质量，装量净重要准确，装物要贴实，切忌捆扎不牢。

中药材压缩打包捆扎所用物料应符合有关规定要求，应根据包装药材特性合理使用。如"全包"，是指对药材进行"全包全缝全捆"袋包，并外多加竹夹包装（如荆芥等）；"夹包"，是指对药材只进行上下两面袋包，并多以竹夹包装（如桑白皮等）。至于捆扎绳索，宜用棕、麻质绳或塑料带、铁丝等，并符合有关规定要求。

四、特殊中药材的包装与要求

遵照国家规定，对于性质特殊，需司专职管理的特殊中药材，在其储藏运输中，应予特殊包装和储运管理，以保证其储藏运输与应用的人身和财产安全。特殊中药材一般分为细贵药材、毒麻药材、易燃药材及鲜用药材等类别。细贵药材，是指我国中药材之珍品，其功效显著，药源稀缺，价格昂贵的药材（如野山参、冬虫夏草、西红花、麝香、蛤蟆油及蛤蚧）；毒性、麻醉药材，是指药性走作剧烈，储藏运输或应用不当极易引起严重伤害事故，甚至危及生命，或引发犯罪等社会治安问题的药材（如砒石、川乌、马钱子、半夏及罂粟壳）；易燃药材，是指在热和光的适宜条件下，当达到本身燃点后则会引燃烧的药材（如硫黄、干漆、生松香及海金沙藤）；鲜用药材是指在中药配伍时鲜用，为区别于其他中药材在临床应用的一种独特方式（如鲜石斛、鲜生地黄、鲜藿香、鲜芦根、鲜茅根、鲜荷叶及生姜）。

上述特殊中药材应予特殊包装，以适应其储藏运输与应用的需要和管理。细贵药材，应从商品价值和功效价值之双重意义出发，进行其"内包装"及"外包装"的精密设计，要设计出既适宜临床应用，又适宜储运养护的特殊包装，以防包件破损后而致药材受害，但其"外包装"不应标明品名，以保证商品安全。毒麻药材及易燃药材，均应用按其不同性质设计相适宜的特殊包装，并应按照有关规定（如国务院发布的《医疗用毒性药品管理办法》第六条规定："毒性药品的包装容器上必须印有毒药标志。"《药品经营质量管理规范细则》第二十九条第（三）款规定："特殊管理药品、外用药品包装的标签或说明书上有规定的标识和警示说明。"）在包装特定位置印制或粘贴毒药、麻醉或易燃等明显标志，加封，以引起储藏、运输与使用各环节工作人员的注意。鲜用药材，由于含水量高、易腐烂，又因受到保鲜方法和包装形式的局限，现鲜用药材商品流通很少，若需保鲜短期供用，多用砂藏、冷藏、罐藏、生物保鲜等法，既要注意避免过于干燥而枯死，也要注意防止过于潮湿而腐烂，冬季还要注意防冻结冰。另外，如鸡内金、银耳等药材，因其质脆而易碎者，在包装储运中则宜采用坚固箱（盒）等包装及相应措施，以防破损。对于出口中药材的包装，除应注重其外观和内在质量应保证符合相应要求外，还应研究与制定符合国际药材市场的中药材合理包装，以更好开拓国际市场。

五、中药材包装的标识与要求

中药材包装在贮运流通领域内，为便于贮藏、运输、装卸、堆码、交接、养护等过程的商品安全与质量保证，必须切实加强中药材包装的标识工作。

中药材包装的标识，即指中药材包装的标志或标记。这是根据所包装商品药材的特性，在其包装上用文字所标明的一定记号，这种标记一般都是印刷或书写在其外包装上。商品标记的主要内容为：药材品名、规格、计量单位、数量、等级等。重量和体积的标记主要用以表示包装件之毛重、净重、皮重和长度、宽度、高度及其体积等。或者根据所包装商品药材的主要性质和贮运、装卸、堆码等的安全要求，以及理货分存的需要，用文字和图像相结合标明的一定记号。这种标志常分为指示标志和危险标志，指示标志包括运输、装卸、保管人员如何进行安全操作的标志，以及用以表示商品的主要性质或商品药材的堆放、开启等方法的标志；危险标志为危险性的标志和危险品的理化性能及其危险程度的标志。

例如，中药材的运输包装标志是准确标明反映中药材商品性质及作业要求的图示标志，应符合国家标准的规定。收发货标志应按国家标准《运输包装收发货标志》GB 6388–1986 规定办理；包装储运指示标志应按国家标准 GB 191–2000 规定办理。在每件药材包装上，必须附有质量合格的标志。运输包装标志应依法制作，并应贴在包装件显眼的部位，以利搬运、堆码等操作。制作标志的颜料应具有耐热、耐晒、耐磨等性能，以避免在储运过程中发生褪色、脱落等现象，造成标志模糊不明，导致药材发生混淆或辨别不清等。运输货签上应具有运输号码、品名、发货件数、发货站和到货达站、发货和收货单位等标志。不能印刷包装标志的容器，应选择适当部位，以拴挂不易脱落的货签等标志。袋装的包装件货签，应粘贴或拴挂在包装件的两端；压缩打包的包装件货签，亦应粘贴或拴挂在包装件的两端；瓦楞纸箱的包装件货签，应粘贴或拴挂在瓦楞纸箱的指定部位等。同时，为了方便中药材堆码转运，在同一包装上必须制作两个相同的标志，以备储运人员在一面无法看到或模糊不清时，可从另一面清晰辨认。

第四节　中药材的储藏养护

中药材包装后，必须经过储藏养护与运输的过程，在此过程中，因受周围环境和自然条件等因素影响，中药材常会发生霉烂、虫蛀、变色、泛油等现象，导致药材变质，影响或失去疗效。因此，中药材合理储藏养护对其生产与流通应用非常重要，是保障中药材质与量必不可缺的技术和管理关键环节之一。随着我国中药材生产发展与规范管理，加强中药材的合理储运养护，改善储运养护条件，对于中药材产业发展具有十分重要的意义。

一、影响中药材的质变因素

中药材储藏期间，受到多种因素的影响。其影响中药材质变的因素，总体看可分为内在和外在因素。内在影响因素，主要指药材的所含化学成分和水分等；外在影响因素，主要指空气、温度、湿度、日光、微生物及昆虫等。例如，含生物碱类药材，长时间与空气、日光接触后，部分生物碱则会发生氧化、分解而变质；含油脂类药材，经与空气中的氧和水分长时接触，并在日光及高温影响下则会发生酸败，产生臭气和难以接受的气味；含挥发油类药材，气温升高时则会使挥发油挥散损失等。外在影响因素中温度、湿度是影响药材质量极为重要的因素，其不仅可引起药材的理化变化，而且对微生物及害虫等生长繁殖的影响极大。

危害中药材的害虫也很多，常将中药材仓储过程中危害药材的害虫，称之为"药材仓虫"。而药材仓虫与危害其他种类商品的仓虫相比，有其自身的特殊性和复杂性。据调查，药材仓虫约有 50 多种，以甲虫类为数最多，其次为蛾类和螨类。中药材所含淀粉、蛋白质、脂肪、糖类等，都是药材仓虫的良好食料，当温度、湿度等条件适宜时，药材就会成为药材仓虫滋生蔓延的场所，例如党参、薏苡仁、白芷、白芍、桔梗、山药、瓜蒌、莲子、甘草等。

二、中药材储藏养护的常见质变

1. 发霉 发霉是中药材储藏养护过程中最常见而危害最大的质变现象之一。因大气中存在着很多霉菌孢子，若散落在中药材上，当温度、湿度等条件适宜时，则会萌发菌丝，分泌出酶来溶蚀药材的内部组织，并促使其药效成分发生变化，失去药用价值。霉菌喜温喜湿，而且还耗氧，发生霉变不仅与环境温度有关，而且与药材自身含水量及空气中含水量密切相关。

2. 虫蛀 虫蛀是指药材仓虫蛀蚀药材所产生的现象。虫蛀后，有的药材可被形成蛀洞，有的甚至被完全毁坏为蛀粉或将药材蛀成空壳。药材仓虫来源主要是来自中药材采收等过程中被污染；或在产地加工干燥时未能将药材仓虫的虫卵彻底消灭而被带入仓储处；或储藏容器与储藏处本身不清洁，其内有害虫附存；或在药材储存过程中有害虫从外界带入等。药材虫蛀后，可受虫体及其排泄物的污染，药材组织会遭破坏，重量减轻，害虫在其生活过程中所分泌的水分等物质及其所产生的热量，可促使药材产生发霉、变色、变味等质变，从而影响药材质量。虫蛀也是中药材储藏养护过程中，最常见而危害最大的质变现象之一。

3. 变色 变色是指药材原具天然色泽发生异常变化的现象。各种药材都有其固有的色泽，是鉴别药材质量的主要标志之一。变色原因多种，有的是因药材本身所含化学成分结构中有酚羟基，在酶的作用下，经过氧化、聚合作用形成了有颜色的大分子化合物，于是可使药材颜色发生变化或色泽加深，如含羟基蒽醌类、鞣质类药材则易于变色；有的是因药材储存过久或虫蛀发霉，以及经常日晒也会氧化变色；有的是因药材干燥温度过高而变色；有的是因某些药材产地加工或储存养护过程中若用硫黄熏蒸时，所产生的二氧化硫遇水则生成亚硫酸，具有还原作用，从而使药材变色。变色也是中药材储藏养护过程中，最常见而危害极大的质变现象之一。

4. 泛油 泛油又称"走油"，是指药材所含挥发油、油脂、糖类等成分，因受热或受潮而在其药材表面出现油状物质和返软、发黏、颜色变深、发出油败气味等现象。药材泛油是一种酸败变质现象，能影响中药材疗效，甚至可产生不良反应。中药材泛油的原因很多，有的是因高湿时，药材所含油脂往外溢出引起，如含油脂较多的桃仁、杏仁等；有的是因储存过久，药材所含某些成分自然变质引起，如天冬、玉竹等。泛油也是中药材储藏养护过程中，最常见而危害极大的质变现象之一。

5. 气味散失 气味散失是指药材固有气味在外界因素或储存过久的影响下，气味散失或气味变淡等现象。中药材的气味，特别是芳香性药材的气味，是各种挥发性组分等所固有的，而这些组成成分大多是其防治疾病的主要药效物质，如艾片、樟脑、荆芥、薄荷、细辛等。气味散失也是中药材储藏养护过程中，最常见而危害极大的质变现象之一。

6. 其他变异 有的药材，可因储存过久而致其药效成分自然分解或发生化学变化，如贯众、火麻仁、鸡冠花等；有的药材，可因与干燥空气接触日久逐渐脱水，使其所含结晶水风化而变成粉末状态，即"风化"，如硼砂、芒硝等；有的药材，可因湿热气候影响而吸收潮湿空气中的水分，造成其外部慢慢溶化而变成液体状态，即"潮解"，如青盐、秋石等；有的低熔点固体树脂类或胶类药材，可因潮湿而造成其发生结块粘连，如乳香、没药、阿魏等；有的鲜药材或含水量高的药材，储藏保管不当而发生腐烂等，如鲜石斛、鲜芦根、鲜生地等。

三、中药材储藏养护的质变防治

千百年来，广大劳动人民对药材储存养护的质变防治，有着丰富经验，传统方法很多，并具经济、有效、简易而可行等优点，仍是目前中药材储藏养护保管与质变防治工作中，有着实用价值与综合防治作用的重要方法，下面予以简述。

1. 霉变的常用防治方法 预防药材发霉变质的方法很多，最基本而重要的是清洁卫生养护法。从药材采收、产地加工、包装到收购、入库、储藏、调运等各个场所和所接触的器材、用具、设施等，都必须保持清洁卫生。仓库必须创造既通风又密闭，既控温、防潮又利降温、降湿等的储藏条件，因经常翻堆倒垛、敞晾，需保持仓库周围及仓坪洁净，以杜绝污染源，彻底控制传播。必要时，还可采用安全药剂熏以抑制霉菌等方法。

若药材发生霉变，尚不严重的药材可据其性质与霉发程度，采用撞刷法、淘洗法、醋洗法和油擦法等进行处理。如撞刷法是先将药材晾晒或烘干透后，再放入撞笼或麻袋、布袋内来回摇晃，通过相互撞击摩擦而将风霉去掉。若为长条状等不宜撞击的药材，则于晾晒或烘干透后用刷子等物将风霉除去。淘洗法用水洗时要快，不能久泡。醋洗法不能沾水。油擦法只能用食用植物油搓擦，除去霉迹。但上述除霉法，只能起到除去风霉，而不能完全挽回药材质量上的损失，仍应以预防药材霉变为重。

2. 虫蛀的常用防治方法 预防虫蛀的方法很多，但最基本而重要的仍是上述的清洁卫生养护法。因为虫蛀之源——害虫的滋生条件为需要一定温度、湿度和喜阴暗、肮脏、不通风等，所以只有切实抓好上述清洁卫生养护法的落实工作，保持药材仓储环境卫生与环境消毒方为上策。特别是在每年春天气温上升至15℃以上时，趁越冬害虫刚一露头呼吸时就对有关药材产地加工、储运养护等环境（包括仓库、货场药材垛下、走道、仓顶及一切建筑物角落、砖石缝隙、器材用具等）进行彻底清洁与消毒，这样每消灭1只害虫，就等于消灭其几代之成效。同时，尚应注意随时恶化害虫生活环境，创造有利于药材储运输养护的条件。

若仓储发生药材虫蛀，可采用密封法防治。因为在密封条件下，药材自身、微生物及仓虫休眠体的呼吸会受到抑制，密封环境中的氧气被逐渐消耗，使二氧化碳的含量增加，隔阻了外界湿气的进入，并有避光及降低温度的作用，从而起到有效防治药材仓虫，防止虫蛀的作用。传统密封法是使用泥头、熔蜡等将盛有药材的缸、罐、瓶、箱、桶等容器密封，或以地窖密封之。也可在传统密封法基础上，对储藏性能较好的仓库等进行密封防虫蛀。现代新技术的密封法，可采用塑料罩帐密封药材堆垛，或用适宜材料与工艺改造药材仓库或新建密封库，以适应大批量药材储藏养护需要。但对于使用密封防治的药材，必须是未生虫、发霉（若曾有轻微虫害、霉变发生须预先妥善处理）并确保其在安全水分以内，或经密封并加上其他防潮措施后才能密封，以达预期目的。同时，还可采用对抗驱虫法（如用樟脑、山苍子、吴茱萸、花椒、大蒜、白酒、冰片等与适宜药材同贮）、低温防治法（害虫一般在环境温度为 –4～8℃时进入冬眠状态，低于 –4℃可致死）、高温防治法（害虫一般在环境温度为 40～45℃时停止发育、繁殖，45～48℃时可呈热昏迷状态，48～52℃时可致死）、吸潮防治法（如用石灰、氧化钙等吸湿剂或用空气去湿机械吸潮）、化学防治法（如用硫黄、氯化苦、磷化铝等化学药剂，应特别注意有关残毒、公害、抗性和人员健康影响等）防治虫蛀。

3. 变色的常用防治方法 对易变色药材宜选择干燥、阴凉、避光等贮存条件进行储藏养护，并加强必要的"专库专储、易变先出、先进先出"管理，以及适宜温度湿度、防止受潮、阳光直射等综合措施防治变色。

4. 泛油的常用防治方法 药材泛油虽然决定于药材内在因素，但外在因素是促使走油的条件，应严格控其外在因素（如温度、湿度对走油影响最大）以预防走油。要以保持低温低湿环境和减少药材与空气接触为基本防治措施，并可适当结合采用密封、吸潮、晾晒、烘烤、熏蒸、热蒸、炒炙等法防治泛油。

5. 气味散失的常用防治方法 药材气味散失也与外因如环境温度增高、湿度增大或药材受潮等密切相关，应以减少和控制药材挥发散失，以及营造低温、低湿、避光环境等综合措施，并可适当结合密封、吸潮等法防治气味散失。

6. 其他质变的常用防治方法 其他易致药材风化、潮解、溶化、粘连及腐烂等质变，可针对其质变原因，多采用密封、吸潮、晾晒、通风、冷藏等法并结合实际加以防治。

总之，中药材合理储藏养护方法必须从具体品种出发，紧密结合实际与社会经济等客观条件，通过以药材药效（指标）成分与储藏养护环境因素相关性的实验研究，以研究确定不同药材、不同环境的合理储藏养护与防治质变的方法。

四、中药材仓储养护与管理要求

1. 仓储类型与技术要求 中药材合理储藏养护的实施，必须按照药材性质与产供销实际需要，切实建立与中药材产业发展相适应的必备仓储设施，并达到《中药材仓储管理规范》SB/T 11094–2014 与《中药材仓库技术规范》SB/T 11095–2014 的要求，其中要求如下。

中药材仓储管理应具备 SB/T 11095 所规定的条件，并根据中药材的特性分别选择中药材常温库、阴凉库、低温库进行储存。中药材不应露天储存；仓储管理应具备中药材验收入库、在库管理、在库养护、出库发货等服务功能。仓储管理应以保障中药材质量为目的，建立仓储质量管理体系，健全仓储作业流程与操作规范，使用仓储管理系统（WMS）对中药材仓储的全过程实施管理，并配备培训合格的从事中药材仓储管理的专业技术人员。中药材在储存过程中不应使用磷化铝熏蒸、不得滥用硫黄熏蒸，储存 30

天以上的中药材应采用气调储存等养护方法。

中药材仓库应根据中药材物流体系建设的总体规划，依据中药材主产地与交易市场集中储存中药材的需求，选择交通便利的地点进行合理规划、集中建设。规划建设中药材仓库，应依据各类中药材的不同理化特性与气候条件选择合适的专业仓库类型，并依据储存中药材的种类、批量、周转频次，并考虑物流效率与效益等因素，选择合适的仓库建筑类型。库区道路及功能布局参见《通用仓库及库区规划设计参数》（GB/T28581–2012），库区内应设立初加工、检测、验收等功能区。中药材常温库与阴凉库的地面、墙体等应有防潮、隔热、通风等设施与技术措施。仓库的消防、给排水、照明等应符合相关国家标准或行业标准的要求。库房应采用无毒、环保的建筑材料，库房地面平整、耐磨、耐冲击、不起砂。

根据中药材储藏养护传统经验与中药材生产发展实际，中药材仓储类型可分为露天库（货场）、半露天库（货棚）、平面库、立体库、地库和密闭库；也可据其应用要求的不同，分为普通库、专用库（又可分为凉阴库、冷藏库、毒麻药材库、特殊药材库、细贵药材库等）等。如露天库、半露天库一般仅作临时的堆放或装卸，或作短期贮存用，而密闭库却具不受气候影响、不受贮存品种限制等优点。其中东北、华北、西北、中部地区宜建中药材常温库，长江流域宜建中药材阴凉库，东南沿海地区宜建中药材阴凉库与低温库。储存不易虫蛀、霉变、泛油的药材，宜建中药材常温库；储存容易挥发、升华、泛油的中药材，宜建中药材阴凉库；储存贵细（稀）药材、动物类、子仁类中药材，宜建中药材低温库。品种单一、批量小、储存时间较短的中药材，宜建平房库；品种多、批量大、储存时间较长的中药材，宜建楼房库；标准化包装、品种多、批量小、进出快的中药材，宜建立体库。

不论何种类型的中药材仓储及其必备设施，都应符合中药材储藏养护的技术要求。首先，在中药材仓储库房及相关建筑的规划设计、选址规模和建筑要求上，要符合现代中药产业发展与生产实际需要的要求，应地基坚实，干燥平坦，交通方便，运输通畅，防火防污，供水充足，排水通畅，电力保障及环境安全等。为了达到坚固实用、经济质优的目的，在建筑材料、仓库地面、房柱仓顶、墙壁门窗、通风照明，以及通风、防湿、控温、防虫、防鼠和防污染等方面，要符合国家医药管理等部门的有关规定，如具体建库要求可参照《药品经营质量管理规范》（GSP）实施细则设计建设。在性能与库容及其必备设施上，则要求仓库的地板和墙壁应是隔热、防湿的，以保持库房室内干燥，减少库内温度变化；要求仓库通风性能良好，以散发药材自身产生的热量，且是保持控温干燥、防潮防虫等要求的重要条件。并要具备有关空调机、抽风机、抽湿机、温度计、干湿计，以及叉车、堆码机、拖车、牵引车、衡器、电脑等仓储养护管理设备、消防安全设备和安保防护设备等。另外，还可建造高架仓库等现代化仓储库，并配备符合现代企业管理的有关设施，以实现定位储藏、机械装卸、合理养护、严格保管和电子化仓储养护作业与仓储经济管理等。

2. 养护控制与管理要求 中药材储藏过程中的养护控制与管理要求，应重点注意如下两个方面的工作：一是中药材在储藏中的水分控制与管理。药材水分的含量测定和控制，是中药材储藏养护过程中对药材质量检测及监控的主要指标，在仓储管理中正确有效地控制药材水分，则可基本解决中药材在储藏养护过程中出现的霉烂变质等问题。由于各地气候、环境的仓储条件有所不同，在一般条件下，温度与水分成反比。中药材安全水分的具体控制，应在遵循《中国药典》及有关标准的水分规定基础上，结合实际研究各种药材安全水分的控制限度。二是中药材在储藏中的虫害控制与管理。据调查鉴定，我国药材仓虫多达两纲 14 目 200 多种，因而对种类繁多的药材仓虫的杀灭工作，对药材虫害防治难度情况均甚大。对于不同药材的虫害控制，必须在掌握各药材特性，应用有效方法，紧密结合实际地在药材采收、产地加工、包装至仓储管理的全过程中，全面加强虫害的控制与管理。既要合理应用简易快捷、有效可行的传统方法与经验（如自然干燥法、草木灰或木炭贮存法、石灰贮存法、多层不同材质袋装法及适量硫黄熏蒸法等），又要合理应用现代法新技术与新设施（如气调养护法、气幕防潮法、辐射灭菌法等）。

五、特殊中药材的储藏养护与管理

根据药材特殊性质，可分为毒麻药材、易燃药材、细贵药材、盐腌药材、鲜活药材等类型。毒性药材具有使用和保管的危险性，易燃药材具有造成火灾的可能性，细贵药材具有高昂的经济责任性，盐腌药材具有品质变化的危险性，鲜活药材具有保持鲜活的时间性等。应根据特殊中药材的特性，并结合前述的有关中药材储藏养护过程中的常见质变、质变防治方法及其管理要求进行其储藏养护与管理。

例如，生乌头、生附子、生草头、生马钱子、生天南星、生半夏、生狼毒、生藤黄、生千金子及罂粟壳、麻黄等毒麻药材，应结合其来源、性质、主要质变与质变主因，以及储藏量大小、储藏养护环境等全面考虑和实施保管。除按照国家有关规定要求建立相应管理制度、配备完善消防安全设备和安保防护设施等进行严加专管外，尚需对其养护与保管采取措施，故凡数量较大的毒麻药材则可采用密封法、吸潮法、低温法等养护，并用密闭库、冷冻库、气调库等进行保管。又如，生松香、樟脑、海金沙藤、火硝、干漆、硫黄等易燃药材，亦应同上处理，遵照有关法规、严格制度并严加专管，特别是其专管库应在仓储安全区内专设，远离火源、电源，并专人负责管理；对不同易燃药材采取必要特殊措施保管。例如，严防海金沙堆垛过高过密、通风散热不良且库温过高而引起自燃；严防干漆、火硝堆垛受到重压，或遭阳光直射而引起燃烧等。再如盐苁蓉、盐附子、全蝎等盐腌药材，因经盐腌或盐水煮过，干燥后其外表易结晶而起盐霜，当受潮后则易吸湿盐霜溶化，以致易变软、发霉或腐烂，因此盐腌药材不宜久贮，不能与其他同储药材接近，应以缸、罈、罐等容器密封并专储于阴凉干燥处等。

六、中药材储藏养护新技术与新进展

中医药历史悠久，中药材传统储藏养护经验丰富。近几十年来，我国中药材储藏养护与保管理发展迅速，成效显著。在其储藏养护新技术与新进展方面，大致经历了如下三个阶段的发展变化：一是继承与优化传统储藏养护技术阶段。如密封储存法、石灰吸潮干燥法、硫黄熏蒸法等的广泛应用与优化。二是储藏养护规范管理、进一步优化传统储藏养护技术与新方法新技术的研究应用阶段。如以化学药剂替代硫黄熏蒸，实现了大面积的防虫治虫，并较普遍地开展了储藏养护规范化规模化建设、实施专用库保管、仓储温湿度管理，以及应用远红外加热、微波干燥、除氧封存、辐射防霉、气调养护及气幕防潮等现代仓储养护新技术。三是现代中药材储藏养护技术新发展阶段。现代的贮藏新技术通过控制中药材含水量、库房温湿度、氧气含量来抑制微生物的生长、繁殖，或者利用现代技术直接杀灭害虫、霉菌。在实际应用时，可以根据库房条件及中药材特点，选择不同的方法，或几种技术联合使用，一定会使得中药材的贮藏保管进一步规范化、科学化、合理化。

1. 气调贮藏技术　气调贮藏是通过充加 N_2 或 CO_2 等气体或放置气调剂，以降低环境中氧气含量，杀灭害虫和好氧性霉菌，抑制中药材自身的一些氧化反应，来保持中药材的品质。该方法具有无毒、无污染，节能，保存质量好等优点，特别是对于易生虫中药材及贵重、稀有中药材的贮藏。

2. 低温冷藏技术　低温冷藏是利用机械制冷设备产生冷气，使中药材处于低温状态下的一种方法，能有效防止中药材的霉变、虫蛀、变色、走油等现象的发生，较好的保存了药材的品质。低温冷藏由于受到设备限制，费用较高，主要适用于一些量少贵重、受热易变质的中药材，应用范围较窄。

3. 气幕防潮技术　气幕防潮技术就是利用气幕装在库房门上，配合自动门以保证仓库内干燥冷空气不排出仓库，阻止湿热空气进入仓库，达到仓库防潮目的。即使是在雨季，气幕防潮技术也能够保证库内空气相对湿度和温度的相对恒定。另外，采用机械吸湿的方法，也能保证库房内中药材的干燥，该方法的优点是费用低，不污染中药材，操作简便。

4. 气体灭菌技术　利用环氧乙烷或环氧乙烷混合气体与细菌蛋白质分子中的氨基、羟基等活跃氢原子的加成反应，使细菌正常代谢途径受阻，达到杀灭细菌的作用。该方法灭菌效果好，操作简便，有较强的扩散性和穿透力，对各种细菌、霉菌、昆虫、虫卵等都有杀灭作用。但是环氧己烷有致突变和致癌变作用，使用时有最高允许浓度的限制。

5. 射线辐射灭菌技术　利用 60Co-γ 射线辐射穿透力强的特点，在安全辐射剂量范围内，对贮藏的中药材进行辐射处理，可以有效地杀灭中药材中各种细菌、霉菌，而且对药材成分影响较小，该方法简便、杀菌效果好，便于药材贮藏。但 60Co-γ 射线对人体有辐射作用，设备投资大，管理措施严，维护难，不容易大面积推广。

6. 中药挥发油熏蒸防霉技术　多种中药的挥发油都有一定的灭菌、抑菌作用，利用中药挥发油的挥发特性熏蒸中药材，能够迅速破坏霉菌结构，杀灭霉菌或抑制其繁殖，而对中药材表面色泽、气味均无明显影响。其中以荜澄茄、丁香挥发油的应用效果最佳。

第五节　中药材的运输

一、中药材运输特点与要求

中药材的贮运对确保中药材无损害、无污染，完好地到达企业或到达消费者手中，保障临床用药安全、有效，提升我国中药材国际竞争力，对促进中医药事业稳定、健康、可持续发展具有十分重要的意义。中药材运输具有品种繁多，区域分布广，商品规格复杂，交易量大，各品种交易数量不等，运输环节多，环境差异大及运输方式复杂等特点，给中药材运输带来了极大压力。因此应严格按照中药材GAP、GSP有关规定，从中药材运输特点出发，本着中药材"安全、及时、准确、经济"的运输原则，根据《中华人民共和国经济合同法》和有关规定，中药材发货单位、交通运输部门、收货单位本着自愿、平等、互利和有奖有罚的原则签订"中药材运输合同"，强化商品运输的责任意识与责任约束力，选择合理的运输路线与运输方式（陆运、水运、航运），尽可能减少运输环节、避免运输损失、好中求快而快中求省地将中药材安全便捷地运达其商品目的地。例如，以现代运输方式陆运（铁路、公路）进行中药材批量运输时，可用装载和运输药材的集装箱、车厢等运载容器和车辆等工具运输，并要求其运载车辆及运载容器应清洁无污染、通气性好、干燥防潮，防雨防晒或防冻（有的相反，却需冷冻）运输，且应不与其他有毒、有害、易串味的物品混装混运，以免交叉污染。

二、中药材运输标记与标志

中药材是一类品种多、易变异、具特定药效的特殊商品；在其运输过程中，更应受到时效性和安全性的限制。因此，在加强中药材运输责任的同时，还必须按照有关规定要求，切实做好中药材运输标记与标志工作。

中药材运输的标识，主要体现在中药材运输包装上的有关运输标记与标志，其包括收货发货标记和包装储运的指示标志。诸如中药材品名（贵重品可不书写品名，以商品经营目录的统一编号代替）、产地、规格、内装数量、重量、体积、批号、生产单位、到站（港）、收货与发货单位，以及怕冷、怕热、易碎等特殊标志。如毒麻、细贵、易燃、易爆炸、腐蚀等特殊药材，应按有关规定采取相应有效措施，在运输过程中严防人身伤害、盗窃、燃烧、爆炸等事故的发生，以确保中药材商品的安全。

第四章　现代生物技术和农业技术在中药材生产中的应用

第一节　现代生物技术在中药材生产中的应用

一、离体快繁育苗技术应用

植物离体快速繁殖是利用组织培养技术，使其在较短时间内繁衍较多的植株，快速繁殖植物优良品种、珍稀濒危物种，使物种得以保存。植物组织离体快繁技术不受季节等条件的限制，具有生长周期短、繁殖速度快、苗木整齐一致等优点。

植物组织培养已发展为生物科学的一个广阔领域，是生物技术的重要组成部分，其应用也越来越广泛，在植物离体繁殖、无病毒种苗生产、花药培养、单倍体育种、胚胎培养、细胞培养、植物次生代谢产物生产、植物细胞突变体筛选、原生质体培养、体细胞胚胎发生和人工种子制作、组织细胞培养物超低温保存及种质库建立等方面都有很重要的作用。

到目前为止，已报道有上千种植物的快速繁殖获得成功，培养的植物种类也由观赏植物逐渐发展到园艺植物、大田作物、经济植物和药用植物等，其中兰花、红掌、马蹄莲、甘薯、草莓、香蕉、甘蔗、桉树、非洲菊等经济植物已开始工厂化生产。植物组织离体快繁技术加快了植物新品种的推广，以前靠常规方法推广一个新品种要几年甚至数十年，而现在快的只要 1～2 年就可在世界范围内应用和普及，这对繁殖系数低的"名、优、新、奇、特"植物品种的推广更为重要。

二、内生真菌应用研究

植物内生菌是指生活史中某一阶段生活在植物组织内，对植物没有产生明显病害症状的一类微生物，主要包括内生真菌、内生细菌和内生放线菌，分布于植物根、茎、叶、花、果实和种子等器官、组织、细胞或细胞间隙。

植物内生菌在宿主植物体中的生物量极少，但可以通过自身的代谢产物或借助信号传导作用对宿主植物产生影响。内生菌对药用植物品质的影响主要表现在：①促进药用植物生长。②增强药用植物对外界环境的抵抗力。③协助药用植物应对海拔、季节、气候等的变化。④影响药用植物次生代谢产物的形成或累积。⑤内生菌自身产生与宿主药用植物相同或相似的活性成分。⑥促进新的化合物生成等。在内生菌与中药材道地性的研究中，发现道地与非道地药材内生菌种群结构存在差异性，产生的次生代谢产物种类亦不同，内生菌及次生代谢产物往往会影响药材性状、生长以及有效成分的生成积累等，最终导致道地药材与非道地药材品质存在差异。

内生真菌种类及数量庞大，分布的宿主范围广，由于宿主植物不同，其所处的微生态系统具有多样性，加上宿主植物本身所处的生态环境的多样性，因而其次生代谢产物也具有丰富的多样性，能够为天然药物的研究提供丰富的潜在资源。内生菌在药用植物领域的广泛应用，将有可能成为实现药材优质、高效、安全、稳定、质量可控的有效新技术。

三、种质资源遗传多样性应用研究

中药材种质资源是指一切可用于中药开发的动植物遗传资源，是所有药用动植物物种的总和。广义的中药种质资源不仅包括中药不同物种来源，也包括不同产地与居群的来源。就实际应用来讲，中药材种质资源指可用于中药的所有物种来源及其野生、人工培育的所有品种。近年来，中药产品的开发力度加大，中药材需求随之增加，人类采挖加剧，而一些野生中药资源需要特定的生长环境和生长周期较长，天然中药材资源量不断下降。人们观念上普遍愿意选择野生品中药资源，而野生品中药资源量有限，因此，市场上出现较多以栽培品冒充野生品的现象，使中药临床用药与中药商品的流通产生很多问题。很多中药材基原广泛，迅速准确地鉴别不同种质资源的中药材成为中药现代化的必然要求。但由于野生种与栽培种等其他种质资源来源于同一物种，或来源于同属植物，其形态特征、化学成分、生物活性等多有相似，传统鉴别方法存在局限性，而DNA分子标记技术不受药材生长环境影响，能够对不同种质资源进行遗传多样性分析，为中药种质资源鉴定、亲缘关系分析及优种良种质资源选育提供重要依据。

第二节　现代农业技术在中药材生产中的应用

中药产业链包括中药农业、中药工业、中药商业和中药服务业。其中，中药农业是中药产业的第一产业和基础，其是利用药用动植物等生物生长发育规律，通过人工培育来获得中药材产品的生产活动。中药农业包括野生资源采集、引种驯化、种子种苗繁育、野生抚育或种植养殖、采收加工等生产流程。其中，中药材野生抚育及种植养殖是中药农业的核心环节，是保障我国常用大宗中药材持续稳定供应的最重要方式，也是保护野生中药资源及其生态环境的有效方式。历年来，中药材栽培一直处于小农经济的种植模式，多数品种种植历史短、规模小，产区局限，栽培技术落后；近年来，伴随着大健康产业的快速发展，以野生或少量栽培为主的中药材开始了规模化、规范化的种植，目前，全国中药材种植总面积（含野生抚育）约7000万亩，在600多种常用中药材中，近300种已经开展人工种植或养殖。

一、药用植物无公害栽培管理技术

药用植物无公害栽培，目的是采用栽培手段调节药用植物与产地环境关系，生产无公害的优质中药材。众所周知，中药材产品中农药、重金属残留等外源性有害物质的污染是当前生产中面临的重要难题。如何在中药材生产环节中有效地防止有害物质污染，开发无公害优质生产技术，保证中药材的品质和安全性，已成为一项十分紧迫的任务。因此，为了中药材的生产优质、高产、高效、无公害化、绿色化，应从生产基地布局、生产技术等各个环节对可能产生的有害物质污染加以防范和控制。特别是在栽培过程中针对各种病虫害的危害，控制化学农药防治过程中中药材的农药残留和环境污染。

（一）无公害中药材生产的施肥技术

1. 无公害中药材生产的施肥原则　以有机肥为主，辅以其他肥料。以多元复合肥为主，单元素肥料为辅。以施基肥为主，追肥为辅。

2. 无公害中药材生产的施肥技术　主要包括以下几个方面。

（1）施肥方式　应以底肥为主的原则，增加底肥比重。生产中宜将有机肥料全部底施，如有机氮（N）与无机氮（N）比例偏低，辅以一定量无机氮肥，使底肥 N 元素与追肥 N 元素之比为 6∶4，施用的磷（P）、钾（K）肥及各种微肥均采用底施方式。

（2）肥料种类的选择　应以有机肥为主。宜使用的有机肥种类有堆肥、厩肥、腐熟人（畜）粪便、沼气肥、绿肥、腐殖酸类肥料以及腐熟的作物秸秆和饼肥等，通过增施优质有机肥料，培肥地力。农家肥以及人、畜粪便应腐熟达到无害化标准的要求。

（3）平衡配方施肥　即根据药用植物营养生理特点、吸肥规律、土壤供肥性能及肥料效应，确定有机肥、N、P、K 及微量元素等肥料的适宜用量和比例以及相应的施肥技术，做到对症配方。

3. 充分提高无机氮肥的有效利用率　氮是作物吸收的大量元素之一，生产中需施用氮肥补充土壤供应的不足。但大量施用氮化肥对环境、中药材及人类健康具有潜在的不良影响。因此，无公害中药材生产中应减少无机氮肥的施用量，尤其注意避免使用硝态氮肥。对于必须补充的无机氮肥，提倡使用长效氮肥，以减少氮素因淋溶或反硝化作用而造成的损失，提高氮素利用率，减轻环境污染。因此，在常规氮肥的使用中，应配合施用氮肥增效剂，抑制土壤微生物的硝化作用或腺酶的活性，达到减少氮素硝化或氮挥发损失的目的。

（二）无公害中药材生产病虫害防治技术

中药材的品质主要取决于其活性成分的含量，有些药用植物如人参、西洋参、金樱花、枸杞等的病虫害发生频繁，过量施用农药，使中药材中农药残留超过 FDA、WHO 或我国规定的允许标准，而且会直接损害人体健康。因此，进行中药材无污染新技术的研究，生产无公害绿色中药材，是提高中药材产量和品质的重要环节。

无公害中药材生产的病虫害防治技术，应立足于农业综合防治，减少化学农药的使用次数和用量，在关键时期，选择使用高效、低毒、低残留的化学农药，同时注意用药间隔期。无公害中药材生产中，病虫害防治应本着预防为主的指导思想和安全、有效、经济、简便的原则，采取综合防治的策略，即运用农业的、生物的、化学的、物理的方法及其他有效的生态手段，把病虫害的危害控制在经济阈值以下。生物防治技术在药用植物病虫害防治中的应用研究，是一个年轻的新领域，由于生物防治技术涉及的学科众多，药用植物病虫种类繁杂且生物学特性各异，许多工作有待今后深入开展。

（三）应用农业生物多样性原理控制植物病害

1. 农业生物多样性控制病害原理　农业生物多样性是以自然生物多样性为基础，以人类的生存和发展为动力而形成的人与自然相互作用的多样性，是生物多样性的重要组成部分，它是人和自然相互作用和相互关联的一个重要方面和桥梁。利用作物品种遗传多样性和物种多样性进行间、混、套作，能有效提高作物抗性水平和降低病虫危害。农业生物多样性能够控制病害的原理主要包括：①稀释效应：多样性种植以后把对同一作物及其品种亲和的病原生理小种的亲和寄主放大到更大的空间，使得单位面积上亲和小种的菌原量及其危害得以稀释，起到对亲和小种菌原量稀释的作用。②阻碍效应：把对病原微生物同一喜好的作物或品种分散在其不喜好的若干作物或品种间，以增加病原微生物的传播难度，起到阻碍的作用。③诱导效应：多样性优化种植能改善农田系统内居群的生态条件，促进植物生长，增强植物抗性，起到诱导作物提高抗性水平的作用。

2. 农业生物多样性优化种植的应用　药用植物栽培种类多，具有非全光照、附生、攀援等特殊习性的药用植物可考虑进行多样性种植。种植较多的模式是林下种植，如林下或果园种植黄连、石斛、天南星、防风、桔梗、柴胡。与玉米、高粱等高大农作物套种穿心莲、菘蓝、补骨脂、半夏、防风、薯蓣等药用植物。这些种植模式有利于为黄连、天南星、半夏等提供遮荫条件，为薯蓣等提供攀援条件，为石斛等提供附生条件，从而形成这些药用植物的适宜生长环境因子，促进植物生长，增加经济效益。但尚无确切的研究说明，药用植物的这种物种水平上的多样性种植对病害控制的效果。

二、设施栽培技术

设施农业是指具有一定的设施条件，能在局部范围内改善或创造出适宜的气象环境因素，为动植物的生长发育提供良好的环境条件而进行有效生产的农业。设施栽培是设施农业的一个主要内容，保护地栽培和无土栽培是现代设施栽培技术的集中体现。随着农业设施的不断发展，设施栽培应用的领域越来越广，必将为生产符合 GAP 标准的药用植物和实现中药现代化发挥重要作用。

（一）保护地栽培

保护地栽培就是在季节性、地域性低温、盐碱等障碍因素所致的不适合作物生长发育的条件下，利用保护设施，人为地创造一个适合其生长发育的环境条件，从事作物生产的一种栽培方式。简易设施、大棚、温室生产是药用植物保护地栽培的主要生产方式之一，尤其在北方地区，由于无霜期短，冬、春季节寒冷，无法从事正常的种植，而在大棚、温室等保护地条件下，能使药用作物正常生长和发育，从而获得产品和显著的经济效益。近年来，保护地栽培也被应用于药用植物栽培领域。

1. 简易设施 简易设施主要包括风障畦、冷床、温床和小拱棚覆盖等形式。其结构简单，容易搭建，具有一定的抗风和提高小范围内气温、土温的作用。

2. 大棚 大棚是一种利用塑料薄膜或碳化透光板材覆盖的简易温室。它具有结构简单，建造和拆装方便、一次性投资少、运营费用低的优点，因而在生产上得到越来越普遍的应用。

建大棚时应考虑的主要因素有：①通风好，但不能在风口上，以免被大风毁坏。②要有灌溉条件，地下水位较低，以利于及时排水和避免棚内积水。③建棚地点应距道路近些，便于日常管理和运输。④大棚框架可选用钢管结构、竹木结构或水泥材料，覆盖棚膜时应注意预留通风口，膜的下沿要留有余地，一般不少于30cm，以便于上、下膜之间压紧封牢。

3. 温室 温室是一种比较完善的设施栽培形式，除了充分利用太阳光能以外，还用人为加温的方法来提高温室内温度，供冬、春低温寒冷季节栽培。温室根据覆盖材料的不同分为玻璃温室和塑料温室。我国北方地区温室形式多样，在设施栽培育苗和冬季生产中发挥着重要作用。现代化温室是比较完善的保护地生产设施，利用这种生产设施可以人为地创造、控制环境条件，在寒冷的冬季或炎热的夏季进行药用植物生产。目前日光温室主要是以小型化为主的单层面结构。

（二）无土栽培

无土栽培是一种新型的栽培方式。它是采用栽培基质，而不用自然土壤来栽培植物的一项农业高新技术，因其以人工创造的栽培基质环境取代了自然土壤环境，可有效解决自然土壤栽培中难以解决的水分、空气、养分供应的矛盾，使作物根系处于最适宜的环境条件下，从而发挥作物的生长潜力，使植物生长量、生物量得到很大的提高。利用无土栽培技术进行药用植物生产，可以为药用植物根系生长提供良好的水、肥、气、热等环境条件，避免土壤栽培的连作障碍，节水、节肥、省工，还可以在不适宜于一般农业生产的地方进行药用植物种植，避免土壤污染（生物污染和工业污染），生产出符合GAP标准的药材。

无土栽培技术最早由德国科学家李比希（1840年）提出，经过长期的发展，形成了各种不同的形式。常用于药材生产的有以下几种形式：营养液培养（水培）技术、砂培技术、有机质培养技术等。水培一次性投资大，用电多，肥料费用较高，营养液的配置与管理要求有一定的专门知识。有机质培养投资相对较低，运行费用低，管理较简单，同时也可以生产优质药材。

1. 栽培基质 栽培基质既有无机基质、有机基质，又有人工合成基质。其中包括砂、石砾、珍珠岩、蛭石、岩棉、泥炭、锯木屑、稻壳、多孔陶粒、泡沫塑料、有机废弃物合成基质等。总的说来，栽培基质的基本要求是通气又保湿。

无土栽培基质容易引起病菌污染，要注意对其消毒，常用的几种消毒方法有以下几种。

（1）蒸汽消毒 凡有条件的地方，可将待用的栽培基质装入消毒箱。生产上面积较大时，可以堆垛消毒，垛高20cm左右，长、宽根据具体需要而定，全部用防高温、防水篷布盖上，通水蒸汽后，在70～90℃条件下消毒1小时即可。

（2）化学药剂消毒 常用的消毒药剂有以下几种。福尔马林（40%甲醛溶液）：一般将原液稀释50倍，用喷壶将基质均匀喷湿，覆盖塑料薄膜，经24小时后揭膜，再风干两周后使用。氯化钴：熏蒸时的适宜温度为15～20℃，消毒前先把基质堆放成高30cm，长宽根据具体条件而定。在基质上每隔30cm打1个10～15cm深的孔，每孔注入氯化钴5mL，随即将孔堵住。第一层打孔放药后，再在其上面同样地堆上一层基质，打孔放药。总共2～3层，然后盖上塑料薄膜，熏蒸7～10天后，去掉塑料薄膜，晾7～8天后即可使用。

（3）太阳能消毒 太阳能是近年来在温室栽培中应用较普遍的一种廉价、安全、简单实用的土壤消毒方法，同样也可以用来进行无土栽培基质的消毒。具体方法：夏季高温季节，在温室或大棚中把基质堆成20～25cm高，长、宽视具体情况而定，堆垛的同时喷湿基质，使其含水量超过80%，然后用塑料薄膜盖上基质堆。密闭温室或大棚，曝晒10～15天，消毒效果良好。

2.营养液 营养液是无土栽培的核心部分，它是将含有各种植物必需营养元素的化合物溶解于水中所配置而成的溶液。植物生长所必需的营养元素共有16种，其中C、H、O、N、P、K、Ca、Mg、S为大量营养元素，Fe、Mn、Cu、Zn、B、Mo、Cl为微量元素。除C、H、O三种营养元素可以从水和空气中获得之外，营养液配方中还必须含有另外6种大量元素和7种微量元素，分别为N、P、K、Ca、Mg和Fe、Mn、Cu、Zn、B、Mo、Cl。

迄今为止已研究出了200多种营养液配方，其中以霍格兰（Hoagland）研究的营养液配方最为常用，以该配方为基础，稍加调整就可演变形成许多的营养液配方。

（三）药用植物设施栽培的发展趋势

封闭式的强化快繁通风育苗系统和自动监测大规模培养系统是近年来农业设施的新发展，在国外已应用于花卉及农作物的生产，该系统可用于21世纪药用植物的栽培。这一栽培系统还可以和大田栽培系统结合起来，以封闭式的强化快繁通风育苗系统大量、快繁优质种苗，然后移至基地生产。日本科研人员的实验表明，用此种方式育苗，可以大大缩短育苗时间，同时所育出的幼苗质量好、成活率高。

随着保护地栽培和无土栽培技术的进一步发展，名贵中草药的栽培可以逐渐摆脱自然条件的限制而得到迅速发展。总之，现代设施农业与药用植物生产的结合可以创造出可观的经济效益，在发展农村经济、加快农业产业化进程中发挥着巨大的作用，其发展前景十分广阔。

第五章　中药材规范化生产基地建设及管理

第一节　生产基地建设

《中药材生产质量管理规范（试行）》自 2002 年 6 月 1 日起施行，2016 年 2 月 3 日，国务院印发《关于取消 13 项国务院部门行政许可事项的决定》（国发〔2016〕10 号），取消了中药材生产质量管理规范（GAP）认证，要求对中药材 GAP 实施备案管理，国家药品监督管理局将会同有关部门积极推进实施中药材 GAP 制度，制订完善相关配套政策措施，促进中药材规范化、规模化、产业化发展。为了引导中药材生产种植的规范化、规模化发展，推进道地药材基地建设，加快发展现代中药产业，农业农村部会同国家药品监督管理局、国家中医药管理局编制了《全国道地药材生产基地建设规划（2018—2025 年）》于 2018 年 12 月正式公布，意味着取消 GAP 认证并不等同于取消 GAP，国家对中药材种植的管理会越来越严格、越来越规范。中药材基地的种植和加工必须按照标准操作规程和相关管理制度的要求，保证中药材的质量，以达到药材"安全、稳定、有效、可控"的目的，提高中药材种植（养殖）规范化、规模化、产业化水平，实现产业的优化升级，满足大健康产业用药需要，通过对中药材生产质量规范管理，促进中药材生产的规范化、标准化和现代化，推动中药走国际化道路，提升我国中药材的国际地位。

中药材生产主要在生产基地中进行，所以中药材生产基地既是中药材规范化生产的主要载体，又是中药材规范化生产管理经营系统的核心。中药材生产基地可视为中药企业的第一生产车间或生产原料的分厂。通常中药材规范化生产基地（简称 GAP 基地），实践证明，建设中药材规范化生产基地既是提供优质高产中药材的最有效途径，又是把住中药材及其制品质量的第一关。建设好中药材规范化生产基地既要体现出中药材生产技术的安全性、科学性和先进性，又要体现出中药材资源的合理布局和生产力合理配置、生态环境的合理保护以及经济效益和社会效益的显著提高。中药材只有实现基地化生产，《中药材生产质量管理规范（试行）》中的各项质量管理要求才能得以有效的贯彻实施，中药材质量才能逐步做到安全、有效、稳定、可控。

一、目标任务

依照中药材 GAP 及有关规定要求，进行道地特色药材保护抚育、规范化种植（养殖）与生产基地建设。中药材 GAP 是中药材生产和质量管理的基本准则，适用于中药材生产企业生产中药材（含植物药、动物药）的全过程。生产企业应运用规范化管理和质量监控手段，保护野生中药材资源和生态环境，坚持"最大持续产量"原则，实现资源的可持续利用。中药材 GAP 要以质量为核心进行其规范生产与 GAP 基地建设，并在其生产全过程中大力推行中药材的规范化与标准化，严格控制中药材种植（养殖）、采（捕）收、产地加工和包装贮运等可能所致的农药、有害物质（重金属、有害元素等）、微生物及异物的污染与混杂，以获得符合《中国药典》及有关企业内控质量标准规定的中药材产品；也就是指按照 GAP 规范化生产的中药材，并经过专门机构认定和符合 GAP 规定的中药材产品，故亦可称之为"GAP 中药材产品"，其含义主要包括三大基本内容：一是指在生态环境质量符合中药材 GAP 规定标准的产地生产的；二是指在生产全过程中不使用超限量有害化学物质的；三是指按照中药材 GAP 要求规范化种植（养殖）、产地加工、包装、储运养护和经质量检测符合有关规定标准，并经专门机构认定的中药材产品。

二、组织管理

为了保证中药材规范化生产与 GAP 基地建设的顺利而圆满完成，应以主持单位与省内外有关科研院所共同成立"中药材规范生产与 GAP 基地建设"领导小组，并下设有关专门机构（"中药材规范化生产与 GAP 基地建设办公室""中药材规范化生产与 GAP 基地建设专家组"等）负责中药材规范化生产与 GAP 基地建设的组织管理和有关具体工作。

三、营运机制

中药材规范化生产与 GAP 基地建设应以政府为引导，市场为导向，企业为主体、科技为支撑、经济为纽带，采用"农场式""公司＋专业合作社＋药农大户"等适宜营运模式进行中药材规范化生产与 GAP 基地建设，以形成并逐步圆满实现"科研、生产、营销"三位一体的中药材生产规范化、标准化、产业化、规模化与品牌化。

四、生产质量管理体系

依照中药材 GAP 规定要求，合理区划布局，建立中药材保护、抚育与生产基地，进行中药材种质优选、良种繁育及优质种苗基地建设，规范中药材种植（养殖）试验示范与示范推广，合理采收、产地加工及包装与储运养护，研究提升中药材质量标准，建立中药材质量保障追溯监控体系，研究制订中药材科学、合理及实用可行的标准操作规程（SOP），并认真贯彻实施，以确保所产中药材达到 GAP 中药材产品标准要求。中药材规范化生产质量管理体系建设示意图，见图 5-1。

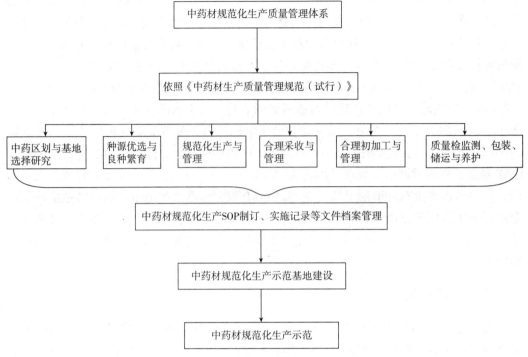

图 5-1　中药材规范化生产质量管理体系建设示意图

五、生产基地选址

选择中药材规范化生产基地首先必须遵守地区（地域）性原则，即根据中药材物种的生长发育特性选择生产地域，因地制宜，合理布局。由于中药材是药品，是防病治病的特殊商品，故其质量和安全性是必须认真考虑的重要问题。同时，中药材生产主要在农村田间实施，生产周期长，工序复杂，在建设生产基地时应充分考虑操作便利性，且降低成本，即建设中药材基地要具有可操作性。实践证明，地区（地域）性、安全性和可操作性是中药材规范化生产基地选择的三项基本原则，遵循这三项原则来选择生产基地，可获得显著的经济效益。由于中药材 GAP 的实施是一个复杂的系统工程，包含了药材的文化背景、质量系统、生物系统、环境系统、管理系统、营销系统等诸多方面，所以中药材生产基地建设也必须按照药材自身的规律和特点从多方面综合考虑。

六、技术支撑服务体系建设

中药材规范化生产的建成可为中药材产业化、规范化生产提供两方面较好的服务技术平台：一是成熟共性适用农业技术、规范化生产技术的培训、推广和应用，为中药企业和药材基地培养急需的技术人才；二是为药材生产共性技术障碍提供可行的解决方案。生产基地技术支撑服务体系可由符合主体要求的科研院所、大专院校、中药材生产科技服务企事业单位独立承建，或由产学研实体共同承建，主要包括硬件建设和软件建设两部分内容。硬件包括用于技术服务平台所在地及其分支机构的设施改造、设备及工具的配备；软件包括技术服务资料、服务机制、服务队伍建设，同时形成药材基地和服务平台互动反馈机制。

第二节　标准操作规程的研究编制

一、基本概念与目的意义

（一）基本概念

根据生产的药材品种、环境要求、技术状态、经济实力等实际，研究制订切实可行、达到中药材 GAP 要求的生产技术、操作方法和生产质量管理的有效措施等，称为中药材的标准操作规程。

中药材 GAP 与 SOP，两者是既有联系又有区别的。中药材 GAP 的制订与发布是国家政府行为。它为中药材规范化种植（养殖）与 GAP 基地建设提出了应当遵循的准则，其对所有中药材规范化种植（养殖）与 GAP 基地的要求都是一致的。各中药材规范化种植（养殖）与 GAP 基地都应遵循中药材 GAP 的统一要求，根据各自生产品种、适宜种植（养殖）区域、技术状态、科技实力等，研究制订其切实可行的实施方案并有效施行。中药材 SOP 是企业行为，它是根据各自生产品种的实际情况，通过科学的实验设计、试验研究、分析论证，系统研究总结其规范化种植（养殖）、合理采（捕）收、合理产地加工及包装储运等关键技术，并在中药材传统生产技术及经验（特别是道地特色药材产区的生产加工技术及经验）等的基础上，经生产实践而形成的具有科学性、实用性、有效性和严密性的中药材 SOP。中药材规范化种植（养殖）与 GAP 基地建设生产全过程的各项 SOP 的研究制订，是生产企业与相关科研部门协作研究的成果和财富。

（二）目的意义

中药材 GAP 是药材生产质量管理规范，适用于中药材生产的全过程，以及生产质量管理的各关键环节。中药材 SOP，是一套可供追究责任的生产质量保障体系，是实施中药材 GAP 的方法和管理。它是在符合 GAP 指导原则下制订的规范细则，即中药材 GAP 是由若干个中药材 SOP 组成的。中药材规范化生产与 GAP 生产基地建设与其 SOP 的研究制订，是中药材规范化种植（养殖）的研究成果与传统生产经验紧密结合的产物。

在中药材规范化生产与 GAP 基地建设实践中，SOP 研究制订会遇到不少问题，应将其作为实施中药材规范化生产与 GAP 基地建设的深入研究内容。

二、研究制订标准操作规程

中药材规范化生产与 GAP 基地建设专项实施方案的具体设置研究，将为建立中药材规范化生产全过程的生产质量管理及其 SOP 制订提供科学依据。当前各地正在结合实际研究摸索中药材 SOP 的研究制订与实施，尚无统一的研究与制订方法，亦无有关标准与指南，更无成熟的中药材 SOP 先例可循。下面简要介绍当前研究制订与实施的中药材 SOP 原则。

中药材规范化生产与 GAP 建设是一项系统工程，有着诸多技术环节，必须多学科协作，相互配套，联合攻关。因此，在按照中药材 GAP 要求，进行研究制订中药材规范化生产与 GAP 基地建设各项 SOP 时，应将现代农作物模式化生产试验设计，切实有效地引入到中药材 SOP 的研究制订中，并结合传统技术与经验进行研究制订。

在中药材保护抚育基地、种质资源异地种植保存基地与良种繁育技术研究及其基地建设标准操作规程的研究制订时，可参照"中药材保护抚育（含"种源地"）基地建设"及"中药材种质资源异地种植保存基地建设与研究"专项实施方案进行研究制订。

在中药材规范化种植研究及其基地建设标准操作规程时，可参照"中药材规范化种植研究与 GAP 生产基地建设"专项实施方案进行研究制订。研究制订中药材规范化种植关键技术的有关 SOP，原则上要从整地、基肥、移栽、间苗、定苗、补苗、中耕除草、水肥管理、培土、整形与修枝、人工授粉、遮荫、防霜、覆盖，以及病害、虫害、草害及其综合防治等各个环节，以及中药材实际需要对上述内容具体化，并在进行必要的对比实验观察研究的基础上，再对其各项生产关键技术与监督管理分别研究制订 SOP，特别是水肥管理和病虫草害防治的 SOP 更要高度重视，应着重从优质无公害及高产上加大研究力度，研究制订 SOP。

在中药材合理采收、产地加工及其合理包装、贮运养护等标准操作规程，可参照"中药材合理采收、产地加工及其储藏、运输"专项实施方案进行中药材合理采收 SOP 的研究制订。中药材合理包装与贮运养护 SOP 应运用现代科学技术，结合传统经验并经对比试验等对其关键技术进行研究。

总之，中药材规范化生产与 GAP 基地建设，要以质量为核心，对质量相关的关键技术及生产质量管理等措施，均要在总结研究成果与实践经验的基础上，切实做好科学实验设计，精心实验研究，做好完整原始记录和实验总结分析，并在此基础上进行操作规程（SOP）的制订及其起草说明的编制。

三、标准操作规程的审定、批准与施行

中药材标准操作规程（SOP）应分为正文和起草说明两个部分。正文部分是中药材标准操作规程（SOP）研究试验的结论性成果，规范化、标准化的操作程序，在标准操作规程中不需要任何解释与说明。起草说明部分则是对中药材 SOP 的解释与说明，以试验研究的数据和分析来说明制订其操作规程的合理性和科学性。

由于中药材规范化与 GAP 基地建设生产全过程的各项标准操作规程的研究制订是企业行为，其多是生产企业与相关科研部门协作共同研究的成果。因此，中药材规范化生产与 GAP 基地建设标准操作规程研究编写完成后，该企业有关部门或相关科研协作部门共同论证修订后，经该企业有关领导或总农艺师审定批准后正式施行（试行）。试

行中若须修订，应再论证、审核与批准施行。

第三节　规范化生产基地申报、认证检查、评定标准与实施进展

在中药材规范化生产与 GAP 基地建设中，中药材产品安全和质量乃是第一位的。其全生产过程必须以质量为核心，切实加强生产管理、质量管理与文件管理，必须具有规范化、标准化、集约化、规模化、产业化与品牌化，并切实做好药材生产质量的可追溯性与质量保障监控体系建设等。下面简要介绍中药材 GAP 基地的认证工作程序、认证检查、评定标准与中药材 GAP 的实施与发展现状。

一、中药材 GAP 认证工作程序与评定标准

（一）中药材 GAP 认证工作程序

《中药材生产质量管理规范认证管理办法（试行）》《中药材 GAP 认证检查评定标准（试行）》文件规范了中药材 GAP 认证工作程序，主要内容如下。

1. 国家食品药品监督管理局负责检查评定标准及相关文件的制定、修订及现场检查工作，并负责认证检查员的培训、考核和聘任等管理工作。

2. 中药材 GAP 认证的申请，是由中药材生产企业申报。各省、自治区、直辖市食品药品监督管理局负责本行政区域内中药材生产企业的 GAP 认证申报资料初审，并负责对通过中药材 GAP 认证企业的日常监督管理工作。

3. 国家食品药品监督管理局对初审合格的 GAP 认证资料进行形式审查（必要时可请专家论证），符合要求的予以受理并转国家食品药品监督管理局认证中心再进行认证现场检查。

4. GAP 认证现场检查工作由国家食品药品监督管理局认证中心负责组织与具体进行，根据检查工作需要，一般选派 3～5 名检查员，可临时聘任有关专家担任检查员。地方药品监督管理局可选派 1 名负责中药材生产监督管理的人员作为观察员，联络、协调检查有关事宜。

5. 经国家食品药品监督管理局认证中心组织的检查组，对申报的中药材 GAP 基地的生产质量管理进行现场认证检查合格者，再由国家食品药品监督管理局组织审查，符合规定要求者予以中药材 GAP 认证检查公告。

（二）中药材 GAP 认证评定标准

根据《中药材生产质量管理规范认证管理办法（试行）》《中药材 GAP 认证（试行）》文件要求，中药材 GAP 认证检查项目共 104 项，其关键项目 19 项，一般项目 85 项。其中，植物药认证检查项目 78 项，其关键项目 15 项，一般项目 63 项。关键项目

不合格则称为严重缺陷，一般项目不合格则称为一般缺陷。根据申请认证品种确定相应的检查项目。中药材 GAP 认证检查结果评定，见表 5-1。

5-1　中药材 GAP 认证检查结果评定

项　目		结　果
严重缺陷	一般缺陷	
0	≤ 20%	通过 GAP 认证
0	> 20%	不能通过 GAP 认证
≥ 1 项	0	

二、中药材 GAP 认证申报与认证实践

（一）中药材 GAP 认证申报与要求

根据《中药材生产质量管理规范认证管理办法（试行）》《中药材 GAP 认证（试行）》文件要求，申报中药材 GAP 认证品种，至少要完成一个生产周期。申报企业要按规定要求填写《中药材 GAP 认证申请表》，并按要求向所在地方食品药品监督管理局提交资料：①申报中药材 GAP 生产企业《营业执照》。②企业概况，包括企业概况包括组织形式（附组织机构图）、运营机制、人员结构及背景、人员培训情况等资料。③申报中药材的种植（养殖）历史和规模、产地生态环境、产地生态环境检测报告。④野生资源分布与保护抚育、品种（物种）来源鉴定报告和中药材动植物生长习性资料。⑤种质资源与良种繁育基地建设。⑥种植（养殖）流程图及关键技术控制点。⑦适宜采收时间及确定依据。⑧法定或企业内控质量标准。⑨中药材生产管理、质量管理文件目录。⑩企业实施中药材 GAP 自查情况总结资料等。

（二）中药材 GAP 认证检查与实践

自中药材 GAP 试行以来，我国中药材生产已进入以中药材规范化生产与 GAP 基地建设为特点的崭新发展阶段。据不完全统计，现阶段全国中药材种植面积达 7000 万亩（含野生抚育），在 600 多种常用中药材中，近 300 种已经开展人工种植或养殖，近百种野生中药材人工种植（养殖）成功，建成了人参、丹参、山茱萸、三七、板蓝根、金银花等道地、名贵、大宗常用药材为重点品种。不同中药生产企业将目光共同汇集到了人参、三七、丹参、山茱萸、板蓝根、麦冬、石斛、附子等品种，各自开展了相关中药材规范化生产研究与 GAP 基地建设，通过了国家认证并公告。我国通过 GAP 认证的中药基地共 167 个，覆盖中药品种 81 种，种植区域 622 处，涉及的依托建设企业 129 家。基地分布于全国 25 个省 140 个市县，在四川、河南、吉林、山东、云南等省份，构成中药材 GAP 基地建设示范区。

三、中药材 GAP 认证实施成效与存在问题及建议

(一) 中药材 GAP 认证实施成效

颁布并实施中药材 GAP 后，在政府积极引导、企业积极参与、专家积极指导下，中药材 GAP 认证实施已取得了较大的成效。其主要表现在以下方面。

1. 有力提升了我国药品管理的国际形象，政府部门对中药材规范化生产与 GAP 基地的建设加大了支持，有效保证了中药材的"真实、优质、稳定、可控"及中药产业"第一车间"的建设与持续健康发展。

2. 调动了医药企业、广大药农和相关高等院校、科研院所的积极性，促进了"产学研"结合，利于农业产业结构调整，为地方经济发展和社会主义新农村建设作出了贡献。

3. 推进了中药材生产的规范化、标准化和集约化，利于药材优质高产与稳定提高，促进了中药产品品牌树立，利于中药材生产营运和流通方式的改善，推进了中成药及保健品等大健康产业的发展。

4. 促进了生物多样性建设，利于中药资源可持续利用与可持续发展战略的实施。

5. 促进了中药农业人才队伍建设，利于中药农业技术进步，培养了一批从事中药材规范化生产与 GAP 基地建设的人才，有力推进了中药农业学科的发展。

(二) 中药材规范化生产与 GAP 认证存在问题及建议

我国中药材 GAP 认证实施虽已取得较为显著的成效，但在中药材规范化生产与 GAP 基地建设和认证实施过程中也存在不少问题，面临严峻挑战，并急需解决。

1. 中药材规范化生产与 GAP 认证存在问题

（1）中药野生资源量锐减与野生变家种还未很好研究解决 中药材野生资源量锐减、野生变家种等很多问题未研究解决，难以规范化、标准化种植（养殖），而且还有不少野生民族药材尚未按有关规定立项研究上升为国家标准，全靠野生资源提供原料生产，这必将严重影响地区乃至整个医药产业及大健康产业的持续发展。

（2）中药材生产与基地建设还多处于小农经济状态 我国中药材生产长期都处于小农经济状态，中药材生产与基地建设零星分散，落后生产方式与习惯难以改变。

（3）中药材生产关键技术亟待解决 由于中药材生产与 GAP 基地建设涉及多学科多部门，而缺乏中药材生产专门人才，尤其是既有医药知识又有药材种植（养殖）技术的高层人才更为奇缺，致使有关中药材生物特性与生态环境适应性等生产共性技术与关键技术、药材生产产量与质量相关性等研究均较为薄弱，与 GAP 技术规范要求尚存在不小差距，亟待解决。

（4）中药农业特色与优势还未真正形成 近 10 年来，中药工业发展很快，但中药农业与中药饮片生产却相对落后。中药产业发展不平衡，中药材市场亟待加强整顿，培育中药材生产龙头企业与种植大户还不够，还未真正形成中药农业产业的特色与优势。

中药材规范化生产概论

2. 对发展中药材规范化生产与 GAP 认证的建议

（1）继续认真学习中药材 GAP，积极稳妥推进中药材 GAP 基地建设 中药材 GAP 政策性、技术性和社会性都很强，必须继续认真学习，更好、更快地促进中药材规范化生产的有效实施。

（2）研究制订中药材生产与 GAP 基地规划布局，防止盲目建设发展 中药材生产与 GAP 基地建设应当按照产地适宜区优化原则，合理布局而选定和建立。

（3）进一步加强产学研相结合，强化科技支撑引领作用 要切实研究中药材生产关键技术，提高中药材生产水平，做到在优质基础上高产。

（4）充分发挥中药材生产企业和专业合作社的作用，更好促进中药材生产与 GAP 基地建设发展 建议各地要进一步加强培育扶持中药材生产企业与有丰富中药材生产经验的药农大户，更好开展中药材规范化生产与 GAP 基地建设，充分发挥中药材生产企业和专业合作社的作用，促进中药材生产的规范化、集约化、标准化、产业化、规模化与品牌化。

四、中药材规范化生产与 GAP 认证发展前景

GAP 的实施和实现，需要一个相当长且艰巨的过程，不可能一蹴而就，但随着世界经济一体化和现代医药产业的迅猛发展，国内外市场对药品的要求越来越严格，故 GAP 的实施是大势所趋，势在必行。面对世界"回归自然"热潮、中医药和大健康产业蓬勃发展的今天，以现代农业与现代中医药的视角，我们要将政府、市场、科技、企业、学者等各种优势资源加以科学合理的整合，以切实改变以散户种植为主的自然经济落后经营模式，深入探索中药材生产与 GAP 基地建设的科技创新、组织创新、机制创新、流程创新，以及如何建立激励机制、风险基金、风险防范与风险共担，以促使中药材规范化生产朝着"品牌、文化、责任、利益"同体建设的方向发展。

当前，国家已将中药产业列为高新技术产业和支助产业，国家药品监督管理局提出在提高中药品质上，全面实施中药现代化，加速中药走向国际市场的步伐中，要从高质量的种植源头抓起，制订品种、产地、施肥、采集、加工等严格的标准操作规程，实现中药产业可持续稳定健康发展，可为中药更好更快地实现优质化、标准化、现代化、品牌化与国际化作出更大的贡献。因此，中药材规范化生产与 GAP 认证发展前景是十分乐观的。

第六章　中药材质量追溯体系建设与质量监控

第一节　中药材质量溯源相关的政策法规

中药质量追溯体系，是指对中药材种植（养殖）、采收与初加工、质检、包装、储藏、养护与运输，到中药饮片、中成药等中药工业及保健品等"大健康"产业相关制品生产全过程，进行质量追溯与质量监督管理的整个工作体系。

中药材质量追溯体系，必须依托有效的生产质量管理体系的建立，对中药材生产（含现代设施中药农业）全过程的各个环节进行实时监控管理，包括种植地环境质量、种植品种、种子种苗生产及质量、种植（抚育）管理、病虫害防治、采收、产地加工、包装、储藏、养护与运输等，从源头到流通全面监控中药材的质量，分析影响中药材生产质量的关键环节和潜在缺陷，以对可能造成其潜在缺陷的不稳定因素、人为因素或其他因素等加以监控，使中药材符合国家有关质量标准规定要求，以抓好源头，建好"第一车间"，达到"安全、有效、稳定、可控"之目的，确保人民用药安全有效，切实保证中药材产业化的健康发展。

中药材是中医药事业传承和发展的物质基础，是关系国计民生的战略性资源。中药材质量直接关系到用药安全和临床疗效。同时，我国是世界上最大的中药材出口国，出口药材的质量也会影响到我国的国际形象和中医药的国际社会认可度。然而，中药材质量的现状让人担忧，出现药材采收加工不规范、以假乱真、以次充好、人为添加等问题，严重影响了中医药临床安全与疗效。发展中药质量全程溯源体系，建立中药材"从种苗到消费者"全过程质量控制、检测和反馈机制，使中药材来源可知、去路可追、质量可查、责任可追，对于保障中药质量和中医药安全具有重要意义。

近年来，指导中药材质量溯源体系建设的相关政策和意见相继出台。2012 年，商务部办公厅《关于开展中药材流通追溯体系建设试点的通知》（商办秩函［2012］881号）；2015 年，国务院办公厅发布了《关于加快推进重要产品追溯体系建设的意见》（国办发［2015］95 号）；2016 年，国家食品药品监督管理局发布了《关于推动食品药品生产经营者完善追溯体系的意见》（食药监科［2016］122 号）。特别是在 2015 年，国务院办公厅转发工业和信息化部、国家中医药管理局等 12 部门联合颁发的《中药材保护和发展规划（2015—2020 年）》，其作为第一个关于中药材保护和发展的国家级专项规划，对当前和今后一个时期我国中药材资源保护和中药材产业发展进行全面规划部署。该规划明确了七项主要任务，第五条指出要构建中药材质量保障体系，提高和完善中药材标准，完善中药材生产、经营质量管理规范；建立覆盖主要中药材品种的全过程追溯体系，完善中药材质量检验检测体系，再次强调了建立中药材质量溯源体系的重要性。2016 年国务院发布《中医药发展战略规划纲要（2016—2030 年）》，提出要构建现代中药材流通体系，其中就包括要建设可追溯的初加工与仓储物流中心，与生产企业供应商管理和质量追溯体系紧密相连，实施中药材质量保障工程，建立中药材生产流通全过程质量管理和质量追溯体系。目前，还没有出台专门针对构建中药材质量溯源体系的法律法规。

自 2016 年以来，贵州省认真落实国家对中药材等重要产品流通追溯体系建设部署，充分发挥和融合贵州省中医药（民族医药）资源优势和"大数据"高地优势，加快建设具有全国引领示范性中药材质量追溯体系建设，规范中药材及以中药材为原料的产品质量全过程管理，积极促进全省中医药产业链科学发展。2020 年 9 月，贵州省率先在全国以省级名义制定出台了《贵州省中药材质量追溯体系建设实施方案》等系列文件，全力推动中药材、中药饮片、中成药生产流通使用全过程追溯体系建设。

第二节　中药材质量追溯体系建设与实施方案

一、指导思想

坚持以习近平总书记关于中医药工作的重要论述为指导，全面贯彻党的十九大精神，认真落实国家对中药材等重要产品流通追溯体系建设部署，以落实企业质量和追溯管理主体责任为主要目标，运用现代信息技术整合中药材产业链全过程溯源资源，强化统筹规划、健全标准规范、创新推进模式、实现互通共享，加快建设具有全国引领示范性中药材质量追溯体系，规范中药材及以中药材为原料产品质量的全过程管理，提升综合监管水平，不断满足人民群众多层次、多样化健康生活的需要。

二、基本原则

1. 强化质量，协同驱动　强化中药材质量提升意识，落实企业主体责任，建立多部门联动监管机制，协同推进中药材质量追溯体系建设。

2. 统筹规划，互联互通　强化顶层设计，整合中医药产业链全过程溯源数据资源，运用大数据和物联网等信息技术，统筹推进信息数据的共享交换和应用协同工作。

3. 统一标准，规范流程　结合中药材追溯体系建设需要，科学规划制订国家尚未涵盖的中医药地方标准、行业标准和有关技术规范，确保产品全过程通查通识。

三、中药材质量追溯体系建设与实施工作目标

依据国家推进重要产品追溯体系建设和《贵州省协同推进重要产品信息化追溯体系建设实施方案》要求，对中药材种植（养殖）、仓储和流通、中药生产经营和医疗机构等主体关键信息进行电子化登记、管理，支持第三方检测平台建设。建立先进适用的中

药材生产、流通、使用全过程质量追溯体系，做到以中药材为原料的产品来源可知、去向可追、质量可查、责任可究，营造安全放心的消费环境，积极促进全省中医药产业链科学发展，树立好山、好水产好药的优质"贵药"品牌形象。

四、中药材质量追溯体系建设与实施重点任务

（一）推动中药材质量追溯平台和基础建设

充分发挥市场监督和运行调控作用，建立中药材流通全过程质量追溯体系公共管理服务平台，记录中药材在各个环节的流通信息。对以中药材为原料的产品目录进行动态管理，健全完善涵盖中药材及其产品信息编码、对象标识、信息识别和监督管理等溯源要素的技术标准。利用"互联网＋中药材质量追溯"手段，建立与认证认可相适应的标识标记制度，满足消费者查询和合理消费需求。

（二）推进种植（养殖）环节质量追溯建设

充分发挥行业协会、示范企业等组织和单位的引领带动作用，规范提升全省中药材种源采购、种植和采收等环节溯源流程，对规模化种植的中药材实行产地批次登记，将追溯范围延伸至种源培育基地、中药材产地和企业，实现对种源采购、种植（养殖）和采收中药材各个环节数据的采集和溯源。

（三）推进初加工环节质量追溯建设

按照《中药材产地加工技术规范》及相关规范标准，建立中药材产地和初加工环节的数据采集和溯源规范，对加工单位、加工方法、加工技术、加工设施设备、接货与信息收集进行全面规范，明确各关键工序的技术参数并进行记录，建立中药材初加工环节质量追溯体系，产地初加工后的中药材质量应符合现行《中国药典》等法定标准规定。

（四）推进中药材商品生产环节质量追溯建设

按照《中国药典》和《药品追溯系统基本技术要求》以及药食同源追溯等规范，建立严格的中药材商品生产数据采集和溯源规范，指导以中药材为原料的生产加工企业进行中药材商品规范化生产，做好原料来源、原料质量、原料使用、方法及流程、前总重量、后总重量、抽样检测、产品批号、生产日期等各环节记录。

（五）推进中药材流通环节质量追溯建设

按照《国家中药材流通追溯体系建设规范》，加强中药材仓储、物流、销售等流通环节的质量安全管理及质量溯源建设工作，建立中药材流通环节数据采集和溯源标准，实现对中药材市场流通环节实行索证索票、购销（出入）台账电子化管理，重点加强中药材仓储和流通环节管理。

（六）推进使用环节质量追溯建设

根据医疗机构、零售药店和超市等机构的经营特点，建立中药材使用环节数据采集和溯源标准。

（七）促进中药材质量综合治理

督促企业严格遵守追溯管理制度，建立健全中药材全过程追溯体系，开展形式多样的溯源示范创建活动。

（八）开展中医药溯源数据研究应用

建立完善中药材追溯数据共享交换机制。将中药材质量追溯信息与生产管理、大数据监管、质量监管结合起来，将中药材追溯信息用以实现产品质量安全、防伪、品牌提升、精准营销等目标。

（九）推动中医药产业融合发展

按照"融合创新、赋能发展"的思路，以推动中药材质量追溯为契机，全力促进大数据和中医药（大健康）事业深度融合。

（十）探索创建中医药综合示范区

开展中医药服务综合示范区试点建设，在中药材、中医药和产业园等重要领域，开展大数据＋工业深度融合试点示范，以中医药健康服务业创新发展为主要方向，在中医药服务数字化、协同化、标准化、公益化、国际化上实现创新突破的中医药服务综合示范区，引导中医药资源要素向示范区汇聚，推进中药材现代物流体系建设。

第三节　中药材质量追溯体系建设与实施

中药材生产，应以中药材 GAP 为主进行其全面系统的质量追溯体系建设与质量监控，切实加强中药材质量保障追溯体系建设实施与生产质量监控的生产管理、质量管理和文件管理，要全面研究确定中药材质量追踪范围与服务网络，切实抓好中药材质量保障追溯体系管理。针对中药材种植（养殖）、采收、初加工、质检、包装、储运养护等生产全过程各个环节进行质量监管，统一编制中药材生产批号，基地生产的每批次中药材产品必须检测，要逐项填写相关记录和出具质检报告（每年应送当地食品药品检验所依法复核），不合格产品不得出厂，并按照中药材稳定性要求依法对基地生产的中药材产品进行留样观察与检（监）测，其时间应延续至中药材采收（收购）后 3 年，要确保中药材达到其有关质量标准的规定要求。

中药材质量保障追溯体系建设实施与生产质量监控的主要追溯内容与方法是中药材基地环境要求与合理选择、环境质量检（监）测评价与质量保障追踪；中药材种子等繁殖材料及种子种苗标准的质量监控评价与质量追踪；中药材种植全过程的质量监控，主要包括良种繁育与定植移栽、规范化种植与林下仿野生抚育、田间管理等全生产过程的质量监控评价与质量追踪；中药材合理采收、合理初加工及生产批号的监控评价与质量追踪；中药材质量检验、合理包装、储藏及养护的质量监控评价与质量追踪；中药材调运发货过程和营销使用的质量监控评价与质量追踪；至于中药材营销、使用等过程的质量监控与质量保障追溯等，应按 GSP、GMP 规定要求进行。

中药材生产质量管理规范是为了规范中药材生产，保证中药材质量，促进中药标准化、现代化而制定的管理规范，核心是为了保证中药材质量。它全面规定了产地生态环境、种质和繁殖材料、栽培管理、采收与初加工、包装、运输与贮藏、质量管理、人员和设备、文件管理等一系列内容。中药材生产是决定中药材质量的基础，也是进行质量追溯的源头，对建立中药材质量可追溯体系至关重要。根据 GAP 的文件管理规范，各生产企业应规范生产和质量管理操作，对每种中药材的生产全过程进行详细记录，包括种子等繁殖材料的来源以及生产过程各个环节的记录，以及企业对药材质量的初步评价等，这些内容均为中药材质量的重要溯源信息。

药品生产质量管理规范（GMP）是当今各国普遍采用的药品生产全过程质量监督管理规范，是保证药品质量和用药安全的可靠措施，旨在建立高质量产品的质量保证体系。它详细规定了质量管理、机构与人员、厂房与设施、设备、物料与产品、确认与验证、文件管理、生产管理、质量控制与质量保证、产品发运与召回等相关内容，对药品生产全过程进行了严格而详细的规范。药品生产的中心环节为药厂，它既直接与药材种植基地和药材市场相关联，又通过销售环节与经销商、医院相联系，与中药材质量追溯密切相关。药厂应严格执行 GMP 文件的相关管理规定，如实记录物料和成品的基本信息、处方及生产操作等工艺规程、包装操作记录、批生产和批包装记录等全部信息，为中药产品进行质量追溯提供详细和可靠的追溯信息。

药品经营质量管理规范（GSP）是指在药品流通过程中，针对计划采购、购进验收、储存养护、销售和售后服务等环节制定的防止质量事故发生、保证药品符合质量标准的一套管理标准和规程。中药由药材种植基地到药材市场及药厂，以及从药厂到医院、药房，直至到达消费者手中，均需通过药品流通环节。药品在任何一个流通环节出现问题，均会导致药品质量事故的发生。因此，在药品批发环节，企业应当建立药品采购、验收、养护、销售、出库复核、销后退回和购进退出、运输、储运温湿度监测、不合格药品处理等相关记录规范；在药品零售环节，企业应当建立药品采购、验收、销售、陈列检查、温湿度监测、不合格药品处理等相关记录规范。做好药品流通环节追溯信息的记录，才能实现来源可追溯、去向可查证、责任可追究的追溯目的。

GAP、GMP、GSP 3 项管理规范涵盖了中药质量追溯的全过程。其中，中药材生产是进行中药质量追溯的源头，药品生产是中药质量追溯的关键环节，药品经营是联结药品从生产到消费的重要中间环节。考虑到我国药品在生产和经营阶段已具有严格规范的操作规程，其质量追溯信息可通过条形码、射频识别等技术实现真实而准确的记录，进而通过信息查询实现质量跟踪与溯源，操作性较高。在中药材种植方面，虽然 GAP 颁布实施以来，过去广种薄收、加工粗放的状况明显改善，但依然存在 GAP 基地分布不均衡、生产基地基础设施薄弱、企业投资动力不足、药材栽培技术相对落后等一系列问题，给中药材质量追溯的实施带来较大困难。因此，从源头上做好中药材质量追溯管理，是实现中药在生产和流通过程中质量跟踪与溯源的根基。

为了保证中药材及以之为主要原料制成品生产经营质量保障追溯体系的建设，可切实按照下述实施流程（图 6-1，图 6-2）开展其质量保障追溯体系的建设与实施。

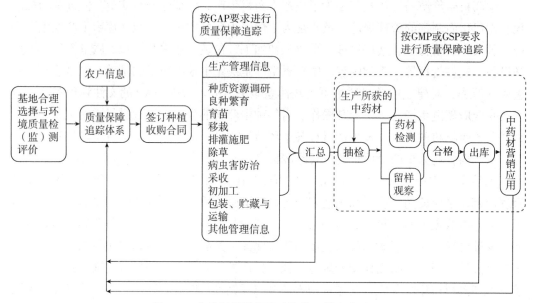

图 6-1　中药材质量保障追溯体系的实施流程

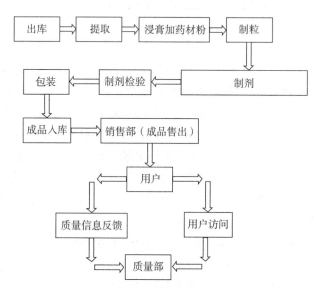

图 6-2　中药材及其制剂质量追溯体系的实施流程

中药材留样观察品应与商品药材相同的包装，在公司质检部的留样室进行了留样观察，并按常规留样考察和重点留样考察两种方式，依法进行其药材留样质量观察监控。

在留样中，每年随机选择1批或数批中药材作重点留样，其余批次药材作常规留样进行质量观察监控。其重点留样药材按现行国家标准或企业内控质量标准考察，其检测项目如性状、鉴别、检查、浸出物、含量测定等，按其质量标准依法检验，考查周期为3个月、6个月、9个月、12个月、18个月、24个月、36个月。常规留样考查周期为3个月、6个月、9个月、12个月、18个月、24个月、36个月，其中除12个月、24个月、36个月的检测项目依法全检外，其余时间的检测项目仅为性状、水分、浸出物等。

药物制剂成品销售信息化管理与质量追溯，应遵照国家进一步加强药品质量监督管理与质量追溯体系的要求，严格执行国家药品监督管理局有关"基药"电子监管相关规定要求，应积极建立从监控原料药材种植、进厂、生产加工、流通销售，到药品质量、安全、追溯的药品生产全过程电子监管链条的药品信息管理系统，以满足药品制作企业、政府部门、流通企业、公众等多方共同实现的药品全程透明化监管，即基于物联网应用的电子监管码（每件产品的电子监管码具唯一性，做到"一件一码"，简称监管码。监管码是政府对产品实施电子监管的每件产品所赋予的标识），可以实现对产品生产、流通、消费等全程监管，实现产品真假判断、质量追溯、召回管理与全程追溯等功能进行有效监控管理。

下篇　各　论

第七章　根及根茎类药材规范化生产

丹　参
Danshen
SALVIAE MILTIORRHIZAE RADIX ET RHIZOMA

一、概述

　　丹参的原植物为唇形科植物丹参 *Salvia miltiorrhiza* Bunge.。别名木羊乳、赤参、血参根等。以干燥根和根茎入药，历版中国药典均予收载。丹参味苦，性微寒，归心、肝经。具有活血祛瘀，通经止痛，清心除烦，凉血消痈的功能。用于治疗胸痹心痛，脘腹胁痛，癥瘕积聚，热痹疼痛，心烦不眠，月经不调，痛经经闭，疮疡肿痛。

　　丹参药用历史悠久，以"丹参"之名始载于《神农本草经》，列为上品。称"一名却蝉草。味苦，微寒，无毒。治心腹邪气，肠鸣幽幽如走水，寒热积聚，破癥，除瘕，止烦满，益气。生川谷"，以后历代本草均予收载，如《吴普本草》载丹参："茎华小，方如荏（即白苏），有毛，根赤，四月华紫，三月五月采根，阴干。"并言其"治心腹痛"，《名医别录》称其："久服利人。"并言："生桐柏山及泰山。"《本草图经》亦载丹参："二月生苗，高一尺许，茎干方棱，青色。叶生相对，如薄荷而有毛，三月花开，红紫色，似苏花。根赤，大如指，长亦尺余，一苗数根。"《本草纲目》尚云丹参："处处山中有之，一枝五叶，叶如野苏而尖，青色，皱皮。小花成穗如蛾形，中有细子，其根皮丹而肉紫。"综观诸家本草所述，丹参主要形态均与今用唇形科丹参 *Salvia miltiorrhiza* Bunge. 一致，并早有"治心腹邪气""治心腹痛""破癥""除瘕"等功效与临床效用。丹参确系我国中医主治心腹邪气的传统圣药，是现代临床治疗心脑血管等疾病的骨干药材，也是贵州知名大宗常用道地特色药材。

二、生物学特性

丹参为多年生宿根性草本植物，具有较强的抗寒性，于秋末冬初当平均气温10℃以下时地上部分便开始枯萎。入冬后温度至−5℃时，茎叶在短期内仍能经受住低温。当最低温度至−15℃左右时，丹参在最大冻土深40cm左右便可安全越冬。翌年初春2月下旬至3月，当5cm土层地温达到10℃时，丹参留地宿根或实生苗开始萌发返青。切根繁殖者4月上旬开始萌发出土。育苗移栽第一个快速增长期多出现在返青后的30～70天，此后有一段缓静止期。在140～200天又出现第二个生长高峰期，直到丹参进入采收期前均一直保持较快增长趋势。

丹参根系生长数量的变化，与其生长发育阶段密切相关。丹参从返青至现蕾需两个月左右，在开始形成种子时需要大量营养，促使其生长中心向繁殖器官生长转移，营养生长则稍受抑制。待80天左右丹参种子成熟后，其植株的生长又从繁殖生长转向营养生长，其叶片、茎枝的营养物质又转向根的生长发育，7～10月为丹参根的迅速增长期。一般来说3～5月为丹参茎叶生长旺季，4月开始长茎秆，4～6月枝叶繁茂，陆续开花结果，7月之后根生长迅速，7、8月茎秆中部以下叶子部分脱落，果后花序梗自行枯萎，花序基部及其下面一节的腋芽萌动并长出侧枝和新叶，此时新枝新叶能加强植物的光合作用，有利于根的生长。立冬后，植株生长逐渐趋于停止。丹参根在受伤或折断后能产生不定芽与不定根，在生产上广泛采用根段育苗。

三、适宜区分析及生产基地选择

（一）生产适宜区分析

丹参广泛分布于热带、亚热带和温带，在中国广泛分布于华北、华东、中南、西北、西南等地，尤以西南为最多。在贵州全省均有分布，主产于遵义、湄潭、凤冈、务川、七星关、金沙、大方、黔西、思南、印江、石阡、松桃、黄平、荔波、兴义、兴仁等，主产区属亚热带季风气候，东半部在全年湿润的东南季风区内，西半部处于无明显的干湿季之分的东南季风区向干湿西南季风区的过渡地带。贵州大部分地区最低平均温度为4～10℃，最高气温为22～26℃，常年降水量都超过1100mm。地带性土壤属中亚热带常绿阔叶林红壤—黄壤地带。中部及东部广大地区为湿润性常绿阔叶林，以黄壤土为主。西南部为偏干性常绿阔叶林，以红壤土为主。西北部为北亚热带成分的常绿阔叶林带，多为黄棕壤。贵州省地形、气候、土壤等生态环境多适宜丹参生长，尤其贵州北部、东部、中部及东南部等均为丹参生长最适宜区。

（二）生产基地选择

按照丹参适宜区优化原则与其生长发育特性要求，生产基地应选择丹参最适宜区，并有良好社会经济条件的地区建立规范化种植基地。如修文、石阡、松桃等县选建了丹参规范化种植基地，基地海拔为 1200 ～ 1400m，属于亚热带季风温湿气候区，年平均温度 13.4 ～ 14℃，年总积温量为 4500 ～ 5600℃，≥ 10℃的有效积温 4000 ～ 5000℃，无霜期 265 天，空气相对湿度 83%，年日照时数 1350 小时，年降雨量 1200 ～ 1300mm，以 4 ～ 9 月降水量较多，雨热同期，水质无污染，有可供灌溉的水源及设施。土壤以黄壤和石灰土为主。

四、规范化种植关键技术

（一）选地整地

1. 选地 丹参是深根植物，根部可深入土层 30cm 以上，种植地应选择肥沃、疏松、地势较高、土层深厚、排水良好的砂质壤土种植。山地，选向阳的低山坡，坡度不宜太大。前茬栽种作物为禾本科植物如小麦、玉米等，或花生等地块或闲地为好。

2. 整地 整地前，清除大田四周杂草，杂草应远离田间集中烧毁或作沤肥。结合整地，每亩施入腐熟厩肥或堆肥 2500 ～ 3000kg，过磷酸钙 50kg，均匀翻入土中作基肥。深翻土壤 35cm 以上，然后，再耙细土块。栽前起垄，垄宽 0.8 ～ 1.2m，高 25 ～ 30cm，垄间距 25cm。大田四周应开好宽 40cm、深 40cm 的排水沟，以利排水。

（二）移栽定植

1. 种子育苗的移栽定植 于 7 ～ 8 月采收丹参种子后，建立育苗圃播种培育移栽苗。丹参苗移栽可在秋季和春季移栽。秋季移栽在 10 月下旬至 11 月上旬（寒露至霜降之间）进行。春季移栽在 3 月初进行。移栽时，应选无病虫害、健壮、主根直径 4 ～ 8mm 的优质苗地，剪去基生叶片（不能伤害芦头上的芽）和根尾（保留根长 10cm 左右）。按照株行距 20cm×（25 ～ 30）cm 在垄上开穴，穴深以种苗根 30°～ 45°斜放能伸直为宜。每穴栽入幼苗 1 株，覆土、压实压紧，覆土至微露新芽即可。每亩栽 7000 ～ 8000 株。移栽定植后，应及时浇定根水。

2. 直播 在生产上还可以于 7 ～ 8 月采收丹参种子后，随采随行种子直播或于 3 月直播，并可采取条播或穴播方式播种。条播：在备好的垄上按行距 20cm×（25 ～ 30）cm 开沟，沟深 1 ～ 3cm，将合格种子均匀播入沟内，覆土 1 ～ 2cm，以盖住种子为度，轻轻荡平（因种子细小，盖土宜浅）。穴播：按行距 25 ～ 35cm、株距 20 ～ 30cm 挖穴，穴内播种 4 ～ 8 粒，覆土 2 ～ 3cm，浇水，覆盖稻草或地膜保湿。一般来说，苗高 6 ～ 10cm 时须间苗。每亩用种量 0.5kg。

3. 无性繁殖的移栽定植 ①根段繁殖：在生产上，丹参根繁殖用的种根一般都留在地里，栽种时随挖随栽，也可在丹参收获时选种根栽植。选择直径 0.3cm 左右、粗壮红色、无病虫害的一年生侧根作种根。栽种时按行距 30 ～ 45cm、株距 20 ～ 30cm 开穴，施腐熟猪粪尿等农家肥，每亩 1500 ～ 2000kg。栽时将选好的根条折成 4 ～ 6cm 长的根段，边折边栽，根条向上，每穴栽 1 ～ 2 个根段，覆土厚度 1 ～ 2cm。根段栽种要注意防冻，可盖稻草或地膜保暖。②芦头栽种：生产上，丹参芦头繁殖用的芦头一般亦留在地里，采挖丹参根时，选择生长健壮、无病虫害的植株，粗根供加工药用，0.6cm左右的细根连同根基上的芦头切下，留长2～2.5cm的芦头作种栽。按行距30～45cm、株距25～30cm、深3cm挖穴，每穴1～2株，芦头向上，浇水。

（三）田间管理

1. 查苗补苗　在移栽定植后，注意查苗及时补苗。一般在5月上旬以前，对缺苗地块进行检查，如出苗、成活率低于85%时，则要抓紧时间补苗。补苗方法：首先选择与移栽时质量一致的种苗，时间选择在晴天的下午3点以后补栽。如作补种用的种苗已经出苗或抽薹，则需剪去抽薹部分，只留1～2片单叶即可。移栽后需浇透定根水与加强遮荫等管理。

2. 中耕除草　中耕除草3次。4月幼苗8～12cm时进行第1次，用手拔除，勿伤幼苗；5～6月上旬花前后，用锄头进行第2次；7～8月进行第3次。平时做到有草就除，封垄后停止中耕。除草要及时，若不及时除草，会造成荒苗，可导致严重减产或死苗。

3. 合理施肥　结合中耕除草追肥2～3次。第一次，在返青时施提苗肥，每亩用腐熟粪水400kg兑水，或者用尿素5kg或硫酸铵10kg施入。第二次，于4月中旬至5月上旬，每亩施腐熟粪水500kg，饼肥50kg。第三次，重施长根肥，在6、7月间剪过老杆以后，每亩施入浓粪800kg，过磷酸钙20kg，氯化钾10kg。

4. 排灌　出苗前要经常保持土壤湿润，以利出苗和幼苗生长。苗期和土壤干旱时要及时浇水，并注意灌水后及时松土。雨季及时排水。

5. 摘蕾　不采收种子的丹参，从4月中旬开始，要陆续将抽出的花序摘掉。留种丹参在采收种子后，将老杆齐地剪掉。

6. 连作与轮作　丹参应实行轮作，同一地块种植丹参不宜超过2年，最好与禾本科作物如玉米、小麦等轮作。

（四）主要病虫害防治

1. 病虫害综合防治原则　①遵循"预防为主，综合防治"的植保方针：从丹参种植基地整个生态系统出发，综合运用各种防治措施，创造不利于病虫害滋生和有利于各类天敌繁衍的环境条件，保持丹参种植基地生态系统的平衡和生物多样性，将各类病虫害控制在允许的经济阈值以下。②丹参种植基地必须符合农药残留量的要求：在丹参种植示范区，应培训药农提高认识，加强监管，不得滥用或乱用农药，若丹参种植基地农药残留量超标，产量再高，质量也会降低，药材则为劣质品。必须使用时应选择高效低毒低残留的农药对症下药地进行丹参病虫害防治。禁止使用剧毒、高毒、高残留或者具有"三致"效应（致癌、致畸、致突变）的农药。采收前一个月内禁止使用任何农药。③经济阈值的设定：丹参种植基地病虫害防止控制指标，以鲜品产量损失率计算（或估评），低于15%为优等指标，15%～25%为合格指标，若高于25%需要作适度调整或改进实施的防治技术措施，这些指标是建立在农药残留量的规定标准范围内。经济阈值设定在实施过程若有不妥可做修改。

2. 病虫害防治措施　①农业防治：主要农业防治措施如合理轮作，丹参生产地必须轮作 2 ～ 3 年，不宜与茄科等易感根腐病的作物轮作，可与豆科、禾本科作物轮作倒茬。鼓励轮作期玉米间套种绿肥生态循环种植培肥土壤。秋末、初春要及时清园，铲除杂草，播种的行沟用草木灰等消毒。②物理防治：主要物理防治措施如灯光诱杀，利用害虫的趋光性，在其成虫发生期，田间点灯诱杀，减轻田间的虫害发生量。又如人工捕杀，对发生较轻、危害中心明显及有假死性的害虫，应采用人工捕杀，挖出发病中心，减轻危害。③生物防治：主要物理防治措施如保护和利用当地的有益生物及优势种群，控制使用杀虫谱广的农药，以减少虫害发生，以及提倡使用生物农药，如苏云金芽孢杆菌（Bacillus Thuringiesis，BT）、木霉菌等。④农药防治：叶斑病防治方法：剥除基部发病的老叶，以加强通风，减少病原。发病前后喷 1∶1∶150 倍波尔多液，用 65% 代森锰锌可湿性粉剂 500 倍液喷雾。菌核病防治方法：做好选种工作，发现菌核病的地块不收种苗，根茎提早收获。加强田间管理，及时清理沟道，保持排水畅通。实行轮作，发过病的地块，不宜重茬，可与水稻等进行轮作。药剂防治，初期零星发病时，用 50% 氯硝胺可湿性粉剂 0.5kg 加石灰 7.5 ～ 10kg，撒在病株茎基及周围土面，施药后要间隔 10 天以上才能翻挖根茎，以保证药用安全。根腐病防治方法：雨季注意排水。轮作，忌连作。用无病健壮株作种。发病初期用 50% 托布津 800 ～ 1000 倍液浇灌，也可喷 50% 多菌灵 1000 倍液或石硫合剂。根线虫病防治方法：水旱轮作，有利于淹死线虫，减轻危害。选择肥沃而沙性适度的土壤，提高植株抗病力。每亩用 80% 二溴氯丙烷 2 ～ 3kg，加水 100kg，在栽种前 15 天均匀施入土中，并覆土 15 ～ 20cm。地老虎防治方法：可用灯光诱杀成虫，或用 50% 辛硫磷乳油 500 倍液浇灌土壤。银纹夜蛾防治方法：可在幼龄期用 50% 辛硫磷乳油 1500 倍液喷雾。

五、采收、加工与包装

（一）采收

1. 采收时间　丹参在大田栽种生长 1 年或 1 年以上，于 11 月下旬地上部分全部枯萎后，进行丹参药材采收最为适宜。过早收获，根不充实，水分多，折干率低。过迟，则重新萌芽，返青，消耗养分，质量差。

2. 采收方法　选择晴天土壤稍干时，距地面 5cm 处割去丹参地上茎叶，按照丹参垄栽方向，分垄挖出丹参全根，小心刨去根部泥土。在采挖过程中，切忌折断和损伤丹参根条，并将挖出的丹参置原地晒至根上泥土稍干燥，减去杆茎、芦头等地上部分，除去沙土（禁用水洗）。腐烂丹参、肿瘤丹参、虫蚀丹参根条不得入药。并避免清理后的药材与地面土壤和有害物质接触，要保持清洁，避免污染。

（二）加工

将收获鲜丹参抖去泥土，仔细剔除杂质、异物以及丹参非根条部分，并将上述非根条部分运出场外集中处理。在遮荫、通风、低湿、防雨的环境条件下自然干燥，加工干燥的丹参仍禁止水洗。将丹参再次去杂清理后，置于晾筛内铺平，厚度不超过 5cm，做到厚度均匀。晾筛置于风干架上，风干架空间间距不得小于 25cm。晾晒至 5 ~ 6 成干条变软时，进一步去除芦头、尾根、须根和泥沙，继续风干至含水量 < 13% 为止。再进一步除净细根、须根及附着的泥土等。

（三）包装

干燥丹参药材，应按规格严密包装。在包装前，每批药材包装应有记录，应检查是否充分干燥、有无杂质及其他异物，所用包装应是无毒无污染的包装材料。如以纸箱包装丹参药材，纸箱包装规格为每箱 25kg，编织袋包装规格为每袋 50kg。干燥后经检验合格的产品应立即进行包装，称重装袋封口打包，包装外相应部位贴上标签，在每件包装标签上注明品名、规格、等级、毛重、净重、产地、批号、执行标准、生产单位、包装日期及工号等。然后堆于临时库房内，待登记入库。

六、商品规格与质量要求

（一）药材商品规格

丹参药材以无杂质、芦头、霉变、虫蛀，身干，外皮色紫红，质坚实，无断碎条者为佳品。外皮脱落、色灰褐色者次之。其药材商品规格分为 3 个等级。

一级：干货。呈长圆柱形，顺直，表面红棕色没有脱落，有纵皱纹，质坚实，外皮紧贴不易脱落，断面灰黄色或黄棕色，菊花纹理明显。气微，味甜微苦涩。为特制加工的选装整枝，长 10cm，中部直径不低于 1.2cm。无芦头、碎节、虫蛀、霉变、杂质。

二级：干货。呈长圆柱形，偶有分枝，表面红棕色，有纵皱纹，质坚实，外皮紧贴不易脱落，断面灰黄色或黄棕色，菊花纹理明显。气微，味甜微苦涩。多为整枝，头尾齐全，主根上中部直径在 1cm 以上。无芦头、碎节、虫蛀、霉变、杂质。

三级：干货。呈长圆形，偶有分枝，表面红棕色或紫红色，有纵皱纹，质坚实，外皮紧贴不易脱落，断面灰黄色或黄棕色，菊花纹理明显。气微，味甜微苦涩。主根上中部直径在 1cm 以下，但不得低于 0.4cm，有单枝和撞断的碎节。无芦头、虫蛀、霉变、杂质。

（二）药材质量要求

应符合现行《中国药典》丹参药材质量标准要求。其中涉及以下几方面。

1. 水分 不得过 13.0%。

2. 总灰分 不得过 10.0%。

3. 酸不溶灰分 不得过 3.0%。

4. 重金属及有害物质 铅不得过 5mg/kg，镉不得过 0.3mg/kg，砷不得过 2mg/kg，汞不得过 0.2mg/kg，铜不得过 20mg/kg。

5. 浸出物　水溶性浸出物不得少于 35.0%。酸溶性浸出物不得少于 15.0%。

6. 含量测定　含丹参酮 II_A（$C_{19}H_{18}O_3$）、隐丹参酮（$C_{19}H_{20}O_3$）、丹参酮 I（$C_{18}H_{12}O_3$）的总量不得少于 0.25%。含丹酚酸 B（$C_{36}H_{30}O_{16}$）不得少于 3.0%。

白　及
Baiji
BLETILLAE RHIZOMA

一、概述

白及原植物为兰科多年生草本植物白及 *Bletilla striata*（Thunb.ex A.Murray）Rchb.f.，别名白芨、白蔹、白根、甘根等，以干燥块茎入药，历版《中国药典》均收载。白及味苦、甘、涩，性微寒，归肺、肝、胃经，具有收敛止血、消肿生肌的功效，用于咯血、吐血、外伤出血、疮疡肿毒、皮肤皲裂等的治疗。

《神农本草经》初次记录了白及的药用、别名及生境，曰："白及（《御览》作芨）味苦，平。主治痈肿、恶创、败疽、伤阴、死肌、胃中邪气、贼风鬼击、痱缓不收。一名甘根，一名连及草。生川谷。"《神农本草经集注》称"近道处处有之。叶似杜若，根形似菱米，节间有毛。方用亦稀，可以糊"。不仅对白及的性状进行了描述，同时也发现白及具有黏合能力。《本草图经》对白及的产地及生长习性进行描述："生石山上。春生苗，长一尺许。叶似棕榈，两指大，青色。夏开紫花。二月、七月采根。"《本草纲目》对白及别名、形态特征介绍更加具体："其根白色，连及而生，故曰白及，其味苦而曰甘根，反言也……白及性涩而收，得秋金之令，故能入肺止血，生肌治疮也……但一科止抽一茎。开花长寸许，红紫色，中心如舌。其根如菱米，有脐，如凫茈之脐，又如扁螺旋纹。性难干。""白芨""白蔹""白根""甘根"等均为白及的传统称谓，1949年国家药典委员会统一规范书写为白及。

白及的道地记载源自明代《本草品汇精要》："道地兴州、申州。"即今山西兴县、河南信阳一带。明嘉靖《普安州志》收载了白及，普安州指今贵州盘州市、兴义市、安龙县、普安县等地区。《中华本草》《新编中药志》《全国中草药汇编》《现代中药材商品通鉴》《中华道地药材》等书籍均记载白及以贵州产量最大，质量最好，销往全国并出口，1989 版《中国道地药材》将白及归为"贵药"。《贵州省中药材标准规格》称："贵州各地均产，以安龙、兴义产量大，质量最好。"因此，贵州白及质优产高，是白及的传统道地产区。

白及为传统中药材，具有药用范围广、观赏性强、美容价值高等特点，是云南白药、胃康宁胶囊、复方烧伤喷雾剂等的主要成分。除临床用药外，白及还可作乳化剂、悬浮剂等，列入《可用于保健食品的物品名单》《化妆品原料目录清单》。白及价格总体上体现了市场供求关系：2013 年 1 月至 2017 年 6 月期间，白及未量产，市场价格迅速上升，最高达862.5元/千克。2017年6月后，白及规模化栽培基地开始量产，价格回落，尤其是2018年新货上市，下滑至140元/千克左右。截至2020年10月，白及价格波动趋于平稳，根据商品规格的不同，其价格稳定在100～160元/千克。

近年来，随着研究的不断深入，白及使用量逐年增加。2013年全国市场总需求量达1800吨，2015年已达3500吨，2017年市场需求量突破6000吨。长期以来，白及用药主要利用野生资源，由于白及种子发育不完全，在自然条件下很难萌发和生长，实生苗极为稀少，并且过度采挖和生态环境的破坏，野生资源急剧缩减，国家将其列为Ⅱ级保护植物，并纳入《濒危野生动植物国际贸易公约》（CITES）保护种类。优质品种及种苗质量标准的缺乏，栽培方式粗放、品种与质量控制技术研发应用滞后等问题的存在，制约了白及产业的可持续发展。因此，加强白及优良品种选育与繁殖方面的研究，积极开展白及中药材生产质量管理及规范栽培，保护白及种质资源，培育白及新品种，攻克栽培关键技术，解决白及的资源匮乏问题，有效合理综合利用白及有效成分，提高白及质量标准控制技术，开发具有市场竞争力的产品，做到质量和效益的统一，实现白及产业的可持续发展，将成为推动白及种植产业可持续发展的强大动力。

二、生物学特性

白及喜温暖、湿润、阴凉的气候环境，具有很强的耐阴能力，对光适应的生态幅较窄。不耐寒，适生温度为15～27℃，冬季温度低于10℃时块茎基本不萌发，夏季高温干旱时，叶片容易枯黄。年降雨量1100mm以上时生长良好。植株须根系，与内生真菌形成互利互惠的菌根关系。对土壤要求较严，肥沃、疏松和排水良好的沙质壤土或腐殖土更适合白及生长，或栽培在阴坡、较湿的地块也适宜白及生长。

自然条件下，白及种子萌发率极低，繁殖方式以无性繁殖为主，一年可以完成整个生长周期。2～3月逐渐开始萌发，出苗。3月下旬开始展开第一片叶。4～5月为花期，全株开花时间约40天。4～6月为白及的主要生长期，地上部分叶片数和株高均达到最大值，地下部分块茎也迅速积累营养物质；7～9月为果期；8～10月植株逐渐倒苗，地下块茎停止生长，营养物质积累达最大值；11月地下块茎开始进入休眠期。

三、适宜区分析及生产基地选择

（一）生产适宜区分析

白及广泛分布于四川、贵州、云南、河南、陕西、甘肃、山东、安徽、江苏、浙江、福建、广东、广西、江西、湖南、湖北等地。白及适生于海拔100～3200m的亚热带常绿阔叶林、落叶阔叶混交林、针阔叶混交林及亚高山针叶林带的疏生灌木、杂草丛或岩石缝中，现以人工栽培为主，贵州、四川、湖北、湖南、河南等省为主要栽培产区，如贵州省白及生产最适宜区为普安、安龙、晴隆、望谟、兴义、都匀、罗甸、惠水、独山、红花岗区、正安、绥阳、花溪、清镇、乌当、施秉、丹寨、黎平、镇远、雷山、黄平、紫云、关岭、镇宁、江口、沿河、印江、松桃、织金、黔西等地区。

（二）生产基地选择

白及多生于阳坡，对环境土壤要求不严格，以沙壤土、不积水、较为湿润的生境最为适宜，可根据白及生长习性与生境要求建设生产种植基地，如贵州现已在安龙、正安、普安、兴义、织金、黔西、平塘、罗甸、都匀、惠水、独山、江口、平塘、施秉、雷山、镇远、黄平、丹寨、黎平、松桃等地选建了白及种植基地。其中，正安县建成5000余亩白及生态高产栽培核心示范基地，年培育马鞍型白及组培种苗6000万株，优质高产，"正安白及"获得国家地理标志保护。此外，正安、施秉、丹寨、普安、乌当区、江口等地的老百姓有多年的采挖或种植白及经验，技术基础好，药农积极性高，政府扶持力度大，适宜规模化发展白及生产。

四、规范化种植关键技术

（一）选地整地

1. 选地　选择腐殖质含量高、疏松肥沃的沙质壤土，排水良好的阳山缓坡或山谷平地种植。

2. 整地　新垦地应在头年秋冬翻耕过冬，使土壤熟化，耕地则在前一季作物收获后翻耕一次，临近种植时再翻耕 1～2 次，使土层疏松细碎。栽种前翻土 20cm 以上，每亩施腐熟农家肥 1500～2000kg 及复合肥 50kg，翻入土中作基肥。栽种前，细耕整平，起宽 1.3m、高 20cm 的畦，行道宽 30cm，四周开排水沟。

（二）移栽定植

1. 种子育苗的移栽定植　南方气候相对温暖地区多于 9～10 月栽培，西北较寒冷地区适宜 3～4 月栽培。白及种苗生产方式主要为无性繁殖、种子有性繁殖及组织培养。

（1）无性繁殖　利用无性繁殖方式逐步积累种苗，又称分株繁殖，是目前种植户采用的主要繁殖方式。分株繁殖方式常用两种：一是选无破损、无虫蛀、当年生、芽眼多、大小相似的鳞茎，分切成带 1～2 个芽的小块，要求不能损伤表皮和隐芽，切面平滑，切口沾草木灰、晾干后栽种。二是将假鳞茎置于湿度 60%～80%、温度 10～20℃的透气环境中，待新芽萌发长至 5～10cm，掰下新芽作为种苗，假鳞茎可再次萌芽，待新芽长至 5～10cm，再次掰下新芽作为种苗，如此反复 3～4 次，一个假鳞茎可以获得种苗 10 株左右。但种苗基数小，繁殖系数低，积累大规模的种苗周期长，且长期多代无性繁殖可能出现种苗退化，病虫害难以防治等问题。

（2）有性繁殖　白及种子可以进行有性繁殖，但由于白及种子寿命短、非常细小且无胚乳，萌发条件苛刻、幼苗期较长，对环境敏感，生产上极少采用。

（3）组培快繁　白及组培快繁技术一是利用嫩叶或芽为外植体进行组培，容易形成幼苗，但对外植体的质量要求较高，繁殖系数较低。二是以白及成熟蒴果为材料，在培养基上进行无菌播种，种子萌发后进行组培苗增殖、组培苗生根（形成组培种球苗）、炼苗、种球苗移栽。经播种繁殖的白及组培苗，极大增加了白及种子萌发率，并且由于种子数量极大，组培效率高。组培快繁技术可以大大缩短白及的繁殖周期，加上培养材料和试管苗的小型化，可在有限的空间培养出大量种苗，远较无株繁殖法快捷高效，是目前白及繁殖的最佳方式。

2. 种苗移栽　每年2、3月种植，按株距15cm、行距26～30cm开穴，穴深10cm左右。将假鳞茎芽嘴向外放于穴底，每穴3个，呈三角形排放。栽后覆盖细肥土或草木灰，浇1次稀薄人畜粪水，盖土与畦面平齐。

（三）田间管理

1. 中耕除草　白及植株矮小，栽培地易滋生杂草，种植好后宜喷洒乙草胺封闭，每年至少除草3次。4月左右苗出齐时进行第一次除草，6月左右植株生长旺盛期进行第二次除草，10月左右进行第三次中耕除草。除草时应浅锄表土，勿伤茎芽及根，在冬季全倒苗后应清理种植地。

2. 合理施肥　白及是喜肥的植物，结合中耕除草，每年追肥3～4次。第一次于4月左右，施稀薄的人畜粪水，每亩1500～1600kg。第二次于6月白及生长旺盛期，每亩用过磷酸钙30～40kg与1500～2000kg腐熟的堆肥进行充分拌匀，撒施在畦面上，中耕混入土中。第三次于8～9月，每亩施用人畜粪水拌土杂肥2000～2500kg。

3. 灌溉和排水　白及喜阴湿怕涝，栽种地应保持阴湿，干旱时要及时浇水，尤其在7～9月应早晚各浇一次水。短时间耐涝，但雨季要及时疏沟排水，防止积水引起块茎腐烂。

4. 防护　阳光直射地区，夏天需防日灼，可在畦的两边种两行玉米，玉米株距50cm，玉米成熟后，收获果实，茎秆10月中旬后砍除。冬季应做好防寒抗冻措施，可盖农家肥、草等进行防寒抗冻达到保温作用，亦可覆盖薄膜，但要在中午温度较高时把薄膜揭开，待春季出苗时揭去覆盖物。

（四）主要病虫害防治

1. 病虫害综合防治原则　①遵循"预防为主，综合防治"的植保方针：白及的病虫害防治应该遵循"预防为主，综合防治"的原则，通过选育抗病性强品种、健康无病害和损伤的块茎作为种茎和种苗、科学施肥、科学田间管理等措施，综合利用农业防治、物理防治、配合科学合理的化学防治，综合防治白及病虫害。农药优先选用生物农药，其次选用化学农药，防治时应有限制地使用高效、低毒、低残留的农药，并严格控制浓度、用量、施用次数，安全使用间隔期遵守国标GB 8321.1-7，没有标明农药安全间隔期的品种，执行其中残留量最大有效成分的安全间隔期。②白及种植基地必须符合农药残留量的要求：国家对中药材的农药残留量已经作出了限量要求，在白及种植的整个过程中要求严格控制农药的施用。

2. 病虫害防治措施　白及病虫害防治，应以农业措施为主，物理防治和化学防治为辅的原则进行，若必须化学防治，应采取早治早预防的原则。

（1）农业防治　①选择无病虫害块茎作为种茎。②利用白及种子无菌萌发结合组培快繁技术培育出大量不带病毒的组培苗，再通过炼苗、驯化等获得大量健康的白及种苗。③加强田间管理，保持栽种地阴湿，干旱及时浇水，雨季及时疏沟排水。中耕除草减少机械损伤。发现病虫害植株及时处理。保持栽种地的空气流通，防止病原菌萌发、滋生和传播。④做好冬夏防护工作，夏季防日灼，冬季防寒。⑤改良土壤，合理施肥，增强抗病力，促进白及良好生长。

（2）物理防治　用简单工具或光、热、温度及动物的趋性来防治病虫害。利用频振式杀虫灯诱、粘虫板杀成虫，达到降低田间落卵量。利用虫对糖、酒、醋的趋性进行诱杀。在幼虫盛发期进行人工捕杀幼虫。播种前深翻晒土杀虫灭菌。

（3）化学防治　使用高效、低毒、低残留的环境友好型农药品种，禁止使用高毒、高残留等国家及行业明令禁止使用的农药。农药使用必须遵行科学、合理、经济、安全的原则，控制使用次数和用量。

五、合理采收、加工与包装

（一）采收

1. 采收时间　栽培后第 4 年 9～10 月白及茎叶黄枯时采挖。此时，地下块茎已长成 8～12 个，过于拥挤，不利继续生长。

2. 采收方法　采挖时，先割除枯黄茎叶，离植株 20～30cm 处逐步向中心处挖取，将块茎连土一起取出，抖去泥土，运回加工。

（二）加工

将采挖的块茎，拆成单个，剪去茎秆。清水浸泡 1 小时，除去粗皮，洗净泥土，放入沸水中煮 6～10 分钟并不断搅拌至无白心时取出。直接晒或 55～60℃烘干，其间经常翻动，至 5～6 成干时，适当堆放使其里面水分逐渐析出至表面，继续晒或烘至全干。去净粗皮与须根，使之成为光滑、洁白的半透明体，筛去灰渣即可。也可趁鲜切片，干燥，但本法加工的白及片色泽较灰暗。

（三）包装

将检验合格的产品进行不同商品规格分类，使用清洁、干燥、无污染、无破损的包装袋进行密封包装。每包装袋上标明品名、规格、产地、批号、包装日期等，并附上质量合格标志。

六、商品规格与质量检测

(一) 药材商品规格

白及块茎制干后,生产者一般不分等级出售,而经销商多进行拣选和包装,形成统货和选货两种。

选货:干货。呈不规则扁圆形,多有 2 ~ 3 个爪状分枝。表面灰白色或黄白色,有数轮同心环节和棕色点状须根痕,上面有突起的茎痕,下面有连接另一块茎的痕迹。质坚硬,不易折断,断面黄白色半透明,角质样。气微,味苦,嚼之有黏性。无须根,无霉变。个大坚实,均匀,色白明亮,200 个 / 千克以内。

统货:干货。须根少,无霉变。大小不一,200 个 / 千克以外,余同选货。

(二) 药材质量检测

应符合现行《中国药典》白及药材质量标准要求。

1. 水分 不得过 15.0%。

2. 总灰分 不得过 5.0%。

3. 二氧化硫残留量 不得过 400mg/kg。

4. 含量测定 按干燥品计算,含 1,4- 二［4-(葡萄糖氧)苄基］-2- 异丁基苹果酸酯（$C_{34}H_{46}O_{17}$）不得少于 2.0%。

黄 精

Huangjing

POLYGONATI RHIZOMA

一、概述

黄精原植物为百合科植物滇黄精 *Polygonatum kingianum* Coll.et Hemsl.、黄精 *P.sibiricum* Delar.ex Redoute. 或多花黄精 *P.cyrtonema* Hua.,别名:老虎姜、仙人余粮、大阳草、懒姜、鸡头参、鸡头七等。以干燥根茎入药,并按干燥根茎形状不同,将其习称为"大黄精""鸡头黄精"姜形黄精",历版《中国药典》均予收载。黄精味甘,性平。归脾、肺、肾经,具有补气养阴,健脾,润肺,益肾的功能。用于脾胃气虚,体倦乏力,胃阴不足,口干食少,肺虚燥咳,劳嗽咯血,精血不足,腰膝酸软,须发早白,内热消渴。

黄精应用历史悠久,黄精始载于魏晋《名医别录》,称其具有"补中益气,除风湿,安五脏,久服轻身延年不饥"。黄精自南北朝以来,一直认为是补脾益肺,养阴生津,强筋壮骨之佳品,将黄精列为服食要药,认为是"草芝之精",故《名医别录》将黄精列于草部之首。在古代养生学家眼中，黄精是延年益寿之佳品，如西晋张华《博物志》则借黄帝与天老的问答称："黄精，食之可长生。"唐代《日华子本草》载黄精："补五劳七伤助筋骨，止饥，时寒暑，益脾胃，润心肺。单服九蒸九曝食之，驻颜断谷。"北宋《证类本草》卷6黄精条下引《神仙芝草经》云："黄精宽中益气，使五脏调和，肌肉充盛，骨髓坚强，其力倍增，多年不老，颜色鲜明，发白更黑，齿落更生。"明代李时珍《本草纲目》除引用前人有关黄精的功效外，还特别指出："黄精为服食之药……仙家以为芝草之类，以其得坤之精粹，故谓之黄精。"并强调黄精具有"补诸虚、止暑热、填精髓，下三尸虫"等功效。黄精是我国中医临床传统常用的补脾益肺，养阴生津，强筋壮骨的圣药；黄精是贵州著名道地药材，也是贵州省民族民间常用特色药材。

二、生物学特性

黄精为多年生草本植物，其全年生长过程可分为营养生长期、营养生长和生殖生长并进期、生殖生长期和过渡期。

1. 营养生长期 在贵州区域，黄精从3月中下旬黄精顶芽开始萌动出土开始一直到4月下旬第一朵花蕾出现期间，称为黄精的营养生长期（萌动期→芽苞期→苗期）。

营养生长和生殖生长并进期：从4月下旬第一朵花蕾出现到6月初顶部最后一片叶完全展开这个阶段成为黄精的营养生长和生殖生长并进期（现蕾期→初花期→盛花期），这个时期营养生长和生殖生长旺盛，对养分需求量很大，故此应适当增施氮肥和钾肥。

2. 生殖生长期 从6月初顶部最后一片叶完全展开到11月下旬果实收获称为生殖生长期（盛花期→败花期→结果期→果实成熟期）。盛花期处于并进期和生殖生长期过渡时期，结果期和败花期部分重叠进行。

3. 过渡期 从11月末黄精地上部分停止生长到翌年收获称为过渡期，黄精地下根状茎需要完成有效成分的积累和转化，对于黄精药材的品质具有重要作用。

据观察，黄精在贵州区域的开花时间是在4月末到7月中旬。而本地区多数黄精植株四季不枯萎，保持长绿，只是在越冬期生长缓慢或停止生长。黄精从第一朵花蕾出现到顶部最后一片叶完全展开，这个时期营养生长和生殖生长旺盛，对养分需求量很大，故此应适当增施氮肥和钾肥。黄精结果期和败花期部分重叠进行。从黄精地上部分停止生长到翌年收获这个时期，黄精地下根状茎需要完成有效成分的积累和转化，对黄精药材品质具有重要作用。

三、适宜区分析及生产基地选择

（一）生产适宜区分析

黄精喜阴湿气候条件，具耐寒、怕干旱特性。在湿润荫蔽环境，土壤肥沃、土层深厚、表层水分充足，上层透光性充足的林缘、灌丛和草丛或林下开阔地带，排水和保水性能良好的地带生长良好，尤以沙质壤土或质地疏松黄壤土，土壤酸碱度适中（一般以中性和偏酸性）为宜。黄精能耐寒冻，幼苗能露地越冬；但黄精适应性较差、生境选择性强，贫瘠干旱及黏重的地块不适宜其植株生长。

滇黄精主要分布于我国西南各省区，如贵州、云南、四川、广西等地，国外如越南、缅甸也有分布；黄精主要分布于我国北方各省（如东北三省、内蒙古、河北等），以及西北的甘肃东部、华东的安徽东部、浙江西北部等地，国外如朝鲜、蒙古和俄罗斯西伯利亚东部地区也有分布；多花黄精主要分布于我国西南及南方各省区，如四川、贵州、湖南、湖北、安徽等地。

从资源的常见度和群集度来看，我国黄精资源形成南北黄精两大类。"南黄精"以云贵高原和江南丘陵地带为分布中心，其原植物主要为滇黄精和多花黄精；"北黄精"以大兴安岭南部、东北平原、内蒙古高原和贺兰山地为分布中心，其原植物主要为黄精。

黄精在贵州全省均有分布，主要为多花黄精和滇黄精。多花黄精主要分布于黔北、黔西北、黔中、黔东南、黔南、黔西南、黔西等地，滇黄精主要分布于黔西南、黔西、黔南、黔中等地。

（二）生产基地选择

按照黄精生产适宜区优化原则与其生长发育特性要求，选择其最适宜区或适宜区且具良好社会经济条件的地区建立黄精规范化生产基地。如海拔 700～1000m，土壤类型以地带性黄壤为主，土壤 pH 为 5.5～7.0，有机质含量为 2.13%～3.68%，中亚热带湿润季风气候区非常适宜黄精生长发育。

四、规范化种植关键技术

（一）选地整地

1. 选地　选择土层深厚、肥沃的砂质壤土或黏壤土，有荫蔽条件和排水条件，但上层透光性充足的林下开阔地带或有人工遮荫条件的地块进行栽培。在农田种植时，茬口选择上最好前茬为水稻、绿肥或休闲地块。若是和天冬、玉米间作，最好以水稻和油菜作为前茬。

2. 整地　秋末倒茬后，及时进行深翻，然后耙平耙细，作宽 1.0m，高 0.25～0.30m 的畦，畦沟宽 0.5m。同时，在地块四周通顺沟渠，用于排水防涝。移栽前施入充分腐熟的厩肥，结合整地按 3000kg/ 亩施入，并加入过磷酸钙 20kg。

（二）移栽定植

春季 3 月上旬或秋季 10 月下旬进行移栽。在整好的地块上做宽 1.0m，高 0.25～0.30m 的畦，畦沟宽 0.5m。按深 10～15cm 挖穴，穴底挖松整平，施入 1kg 土杂肥，每穴栽黄精苗一株，覆土压紧，淋透定根水，再盖土，与畦面齐平，移栽一周后，再浇水一次。黄精株行距为（28～35）cm×（48～60）cm，即每亩 3200～5000株为宜，若地力较差可采用高密度，即 5000 株 / 亩左右，土壤肥沃则以 4000 株为宜，间作其他高秆作物可采用低密度，即 3200 株 / 亩左右。

（三）田间管理

1. 中耕除草 黄精生长前期为幼苗期，杂草相对生长较快，要及时地进行中耕锄草，要求每年的 4、6、7、8、11 月各进行一次，具体锄草时间可酌情选定。勤锄草和松土的同时，注意宜浅不宜深，避免伤根。生长过程中也要经常的培土，可以把垄沟内的泥巴培在黄精根部周围，在加快有机肥腐烂的同时，也可以防止根茎吹风或见光。

2. 施肥 合理的施肥方案：底肥：3000kg/ 亩厩肥；种肥：尿素 50 ～ 60kg/ 亩，普钙 85 ～ 100kg/ 亩，硫酸钾 15 ～ 20kg/ 亩；追肥：土杂肥或人（动物）粪尿 1500kg/ 亩，或复合肥 45 ～ 60kg/ 亩。

施肥要结合中耕锄草进行，黄精生长前期需肥较多，4、5、6、7 月要保证黄精营养生长阶段有足够的养分吸取，根据生长情况，每亩施入人粪尿水可控制在 1000 ～ 2000kg 之间。11 月重施冬肥，每亩施土杂肥 1000 ～ 1500kg，并与过磷酸钙 50kg、饼肥 50kg 混合均匀后，在低温、阴天多云天气，最好是下雨之前，将肥料在行间或株间开小沟施入，之后立即顺行培土盖肥措施。

3. 荫蔽与套作或林下种植 黄精于 3 月下旬即将出苗，无荫蔽条件则需搭设荫棚，荫棚高 2m，四周通风，到 10 月中旬左右"秋老虎"基本消退，方可除去荫棚。但在实际生产中，宜与玉米等作物套作；更宜在杜仲、黄柏等树种林下间作，以达既发展林下经济，又使黄精获遮阴效果。无论何种荫蔽方式，对黄精均须合理荫蔽，一般以调节透光率为 30% 最佳。

4. 排灌 早春经常出现短暂干旱，黄精的苗期相对缺水，因此在雨季未来临之前，应适当采取沟灌或浇灌、滴灌、喷灌等方式保苗。并确保移栽定植时要浇足定根水（小雨后移栽最好，可不浇或少浇），保持土壤湿润，以利成活。另外，在进入雨季前要做好清沟排水准备，避免积水造成黄精烂茎。

5. 修剪打顶 黄精的花果期持续时间较长，且每一茎枝节生长多个伞形花序，导致大量的营养转移到生殖体上，故应在花蕾形成前及时将花芽除掉，以控制生殖生长，促进营养生长而使根茎迅速增长，提高药材的产量和质量。

（四）主要病虫害防治

1. 防治原则 黄精病虫害防治应遵循预防为主，综合防治，以农业防治、物理防治、生物防治为主，化学防治为辅的无害防治原则。优先采用农业措施，尽量利用灯光、色彩诱杀害虫、机械捕杀害虫等措施，尽量不用农药。若必须使用农药才能达到防治效果，也必须严格坚持"早发现、早防治"，选择高效低毒低残留的农药对症下药地对黄精主要病虫害进行防治。

2. 防治措施 ①叶斑病：收获后清洁田园，将枯枝病残体集中烧毁，消灭越冬病原；发病前和发病初期喷 1∶1∶100 波尔多液，或 50% 退菌特 1000 倍液，每 7 ～ 10 天 1 次，连喷 3 ～ 4 次，或 65% 代森锌可湿性粉剂 500 ～ 600 倍液喷洒，每 7 ～ 10

天1次，连用2～3次，注意每个季度最多使用3次。②黑斑病：收获时清理种植地块，消灭病残体；前期喷施1：1：100波尔多液，每7天1次，连用3次，注意每个季度最多使用3次。③小地老虎：及时铲除田间杂草，消灭卵及低龄幼虫；高龄幼虫期每天早晨检查，发现新萎蔫的幼苗可扒开表土捕杀幼虫；可选用每亩用2.5%敌百虫粉4.0～5.0kg，配细土20kg拌匀后沿黄精行开沟撒施防治；可用敌百虫混入香饵里，于傍晚在地里每隔1m投放一小堆进行诱杀；人工捕杀；选用健康无病植株作种栽。④蛴螬：每亩用2.5%敌百虫粉2～2.5kg，加细土75kg拌匀后，沿黄精行开沟撒施加以防治；亦可用敌百虫混入香饵里，于傍晚在地里每隔1m投放一小堆进行诱杀；设置黑光灯诱杀成虫；人工捕杀；选用健康无病植株作种栽。

上述黄精良种繁育与规范化种植关键技术，可于其生产适宜区内，并结合实际因地制宜地进行推广应用。

五、合理采收、加工与包装

（一）采收

1. 采收时间　黄精采收时间宜在12月到翌年1月。种子繁殖的黄精以4年生、根茎繁殖的黄精以2年生为合理采收年限。采收时，以黄精根状茎饱满、肥厚、糖性足，表面泛黄，断面呈乳白色或淡棕色，气味浓烈嚼之有黏性，在老根茎顶端或两侧未形成或刚刚形成新的顶芽和侧芽，茎节痕明显、凹陷为佳。

选择在无烈日、无雨、无霜冻的阴天或多云天气进行采收，如果选择在晴天，宜于下午2点以后进行，适宜采收的土壤湿度在20%～25%较好。此时，土壤容易与黄精根茎疏松分离，不易伤其根茎，根茎的颜色泛黄，表面无附着水（用滤纸粘贴试其根茎吸附着水呈微量吸附）。下雨天或土壤湿度过大，均不宜采收。

2. 采收方法　起挖根茎时，按照黄精种植垄栽的方向，依次将黄精块根带土挖出，去掉地上残存部分，使用竹刀或木条将泥土刮掉，注意不要弄伤块根，须根无须去掉，如有伤根，另行处理。注意：在产地加工以前，切不可用水清洗。

（二）加工

拣选除去黄精茎叶等地上残存部分，再使用竹刀或木条将根茎上的泥土刮掉，切勿弄伤根茎，须根无须去掉；如有伤根，另行处理。在产地进行加工以前，不可用水清洗。在产地加工时，先用流水洗净泥土，除去须根和病斑，蒸10～20分钟（以蒸透为度）；取出晾晒，揉搓，晾晒7～10天即可干燥。

（三）包装

将干燥的黄精装入洁净的无毒无污染的包装材料，内衬防潮纸（本品极易吸潮），按50kg打包成件。在包装前应检查是否充分干燥、有无杂质及其他异物，所用包装应符合药用包装标准，并在每件包装上注明品名、规格、等级、毛重、净重、产地、批号、执行标准、生产单位、包装日期及工号等，并应有质量合格的标志。

六、商品规格与质量要求

（一）药材商品规格

黄精药材以无芦头、僵皮、霉变，焦枯且身干，色黄，油润，个大，肉实饱满，体重，体质柔软，断面半透明者为佳品。黄精药材商品规格为统货，现暂未分级。

（二）药材质量检测

应符合现行《中国药典》黄精药材质量标准要求。

1. 水分　不得过 18.0%。

2. 总灰分　不得过 4.0%。

3. 浸出物　醇溶性浸出物不得少于 45.0%。

4. 含量测定　按干燥品计算，含黄精多糖以无水葡萄糖（$C_6H_{12}O_6$）计，不得少于 7.0%。

天　冬

Tiandong

ASPARAGI RADIX

一、概述

天冬原植物为百合科植物天冬 *Asparagus cochinchinensis*（Lour.）Merr.。别名：天门冬、天冬草、武竹、满冬、浣草、多儿母、儿多母苦等；历史上有过颠勒、颠棘、天棘、管松、大当门根、无不愈、万岁藤等一系列异名。以干燥块根入药，历版《中国药典》均予收载。《中国药典》称："天冬性寒，味甘、微苦。归肺、肾经。具有养阴润燥，清肺生津功能。用于肺燥干咳，顿咳痰黏，腰膝酸痛，骨蒸潮热，内热消渴，热病津伤，咽干口渴，肠燥便秘等症。"

天冬药用历史悠久，以"天冬"之名始载于《神农本草经》，列于上品，并谓："主诸暴风湿偏痹，强骨髓，杀三虫，去伏尸。久服，轻身益气延年。"其后历代本草均予收载，如陶弘景于《本草经集注》中，引《桐君采药录》曰："天冬：叶有刺，蔓生，五月花白，十月实黑，根连数十枚。""门冬蒸剥去皮，食之甚甘美，止饥，虽曝干，犹脂润难捣，必须切薄曝于日中或火烘之也。"葛洪名著《抱朴子》载："天门冬：生高地，根短味甜气香者上，其生水侧下地者，叶细似蕴而微黄，根长而味多苦，气臭者下。"唐代《新修本草》曰：天冬"有二种，苗有刺而涩者，无刺而滑者，俱是门冬。"宋代《本草衍义》亦载："天门冬、麦门冬之类，虽曰去心，但以水渍漉使周润渗入肌，俟软，缓缓擘取，不可浸出脂液。其不知者，乃以汤浸一二时，柔即柔矣，然气味都尽，用之不效，乃曰药不神，其可得乎？"明代李时珍《本草纲目》云："此草蔓茂而功同麦门冬，故曰天门冬。"从上可见古人对天冬植物来源、药材加工与应用等方面的认识是很精确的；天冬是中医临床常用的滋阴润燥要药，也是贵州著名道地药材。

二、生物学特性

天冬种子萌发，先露出初生根，随即伸长增粗，并从茎部另发不定根，长 8 ～ 13cm。以后在根先端膨大形成块根，同时在块根的顶端，伸出不定根和须根行吸收作用，根的生长过程缓慢。植株每年发根两次（春季和秋季），每次发根与植株萌芽的时间相同，可在萌芽期追肥，以促进根的生长而增产。

天冬地下茎（芦头）呈节盘状，大小随年龄增加而增大，每年长 1 ～ 2 节，抽芽两次，发育形成地上部分（蔓）。从芽露出到叶状枝展开，45 ～ 55 天，这时生长迅速。芦头发兜力强，一株四年生芦头可产生 30 多个芽，幼芽损坏或经强光照射枯萎后，可重新萌芽。早春抽芽后 4 ～ 6 周呈现花蕾，从花蕾露出到开花 10 ～ 20 天。授粉后子房膨大形成幼果，从开花到果熟需 4 ～ 5 个月。种子千粒重 45 ～ 55g（每公斤 2 万粒左右），一般无休眠期。一般贮藏条件下天冬种子寿命在 1 年左右。天冬第一、第二年生长缓慢，第三年起生长迅速，块根增多、膨大，5 年以后块根增长不大。所以，天冬药材的适宜采收时间是栽种后 4 ～ 5 年。

三、适宜区分析及生产基地选择

（一）生产适宜区分析

天冬野生资源广泛分布于东亚及我国华东、华南、华中、西南、中南、台湾等地，主要分布于贵州、四川、重庆、云南、广西壮族自治区等地。特别是贵州、四川、重庆天冬，以条大肥壮、黄白色光亮，量大质优而在国内外久享盛誉。贵州省大部分地区气候温和，冬无严寒，夏无酷暑，光照不强，雨量充沛，适于天冬生长，并使其成为我国，也是贵州的主要道地药材之一，商品销往全国各地并出口。天冬野生资源几乎在贵州全省均有分布，主要分布于湄潭、凤岗、红花岗区、务川、正安、道真、余庆、绥阳、仁怀、赤水、习水、黔西、大方、金沙、织金、威宁、水城、盘县、普安、望漠、安龙、都匀、独山、平塘、龙里、惠水、紫云、清镇、榕江、沿河、德江等地；其中凤冈、湄潭、红花岗区、务川、正安、道真、余庆、绥阳等黔北地区是天冬生长的最适宜区。

（二）生产基地选择

天冬为半阴性植物，性喜温暖湿润气候，野生于阴湿山林、山坡、山洼、山谷草丛、丘陵灌木丛。栽培于丘陵、山地，要求土层深厚、质地疏松、肥沃湿润、排水良好的腐殖土或沙质土。天冬的块根发达，入土深达 50cm，栽种时以深厚、肥沃、富含腐殖质、排水良好的中性至微酸性壤土或沙质壤土较好，重黏土、瘠薄土及排水不良的地方不宜栽培。忌强光直射，应适度荫蔽或与高秆作物、林木或其他药材间作。

四、规范化种植关键技术

（一）选地与整地

在贵州种植天冬，宜选择海拔 800～1300m 并有一定荫蔽度的坡地，土壤条件为土层深厚、肥沃、pH 近中性的沙壤土或腐殖土。可在稀疏混交林或阔叶林下种植，也可在农田与玉米等高秆作物套作。

于冬季深翻土地 30cm，去除石块、草根、杂树枝等，每亩施腐熟厩肥 2500～3500kg，饼肥 100kg，过磷酸钙 50kg，翻入土中作基肥，整平耙细后，做成宽 120cm、高 20cm 的高畦。然后不同的依繁殖方法，进行定植。

（二）移栽定植

天冬的繁殖方式有分株繁殖、种子繁殖和块根繁殖。

1. 分株繁殖　分株繁殖速度快，生产周期短，在大面积种植且植株丛生材料充足时采用，这是目前生产上广泛采用的繁殖方式。通常 3～4 月植株未萌发前，将根挖出进行分株，可用刀分割，注意块根分割后及时将切口处蘸上石灰粉进行灭菌。将处理好的根苗摊晾，1～2 天后即可种植繁育。

2. 种子繁殖　种子繁殖形成的种苗较为一致，但繁殖速度慢，适于在要求均一，控制各因素的试验研究中采用。

（1）种子处理　每年的 9～10 月，天冬果实由绿色变成黄色或红色、种子成黑色时采收果实并堆积发酵，稍腐后在流水中搓去果肉，选取粒大、饱满、乌润发亮的种子即刻播种（秋播），不能晒干或风干。若春播，可将种子与湿沙按 1:3 混拌均匀，于 5～10℃阴凉条件下保存（需一直保持沙土湿润）。播种前将贮藏种子从沙中筛出，置于较大的面盆内加入 1% 的洗衣粉水，用麻袋片揉搓种子以搓去外种皮黑色部分，直至种子变为白色后捞出、洗净，晾干种子表面水分，待播。

（2）播种时期　分为春播和秋播，秋播宜在 9 月中旬至 10 月中旬期间，春播在 3 月下旬进行。秋播种子发芽率高，但占地时间长，管理费工；春播种子发芽率有所降低，但占地时间短，管理方便。

（3）播种方法　天冬育苗地应选择海拔稍低、温湿度适宜、土质疏松且腐殖质含量较高、有天然或人工设置的荫蔽条件的地方。播种时畦面按沟距 20～25cm 开横沟，沟深 5～7cm，播幅 6～10cm，种距 3～5cm，每亩用种子 7～10kg。播后覆盖堆肥或草木灰，再盖细土 2～3cm，浇透水后在畦面上盖稻草保温保湿。在气温 17～22℃、土壤湿润的条件下，播种后 5～7 天萌发，发芽率为 30%～60%，15～20 天出苗，出苗后及时清除盖草。

（4）苗期管理　幼苗阶段需搭棚遮荫，也可在畦间种植玉米等高秆作物遮荫，或选择 30% 左右荫蔽度的林地育苗，并经常保持土壤湿润。经常拔除杂草，拔草时注意勿将幼苗随草拔出或拔松幼苗根际土壤。天冬幼苗生长缓慢，在苗期一年内应施肥 2～3 次，第一次于苗高 3cm 左右进行，第二、三次于夏季及初秋进行，每次每亩施用稀薄人畜粪水 1000～1500kg 或尿素 5～10kg，施肥前或暴雨后土面板结时均需浅锄松土 1 次。

（5）定植　一年以后的幼苗即可定植，一般育苗 1 亩可移栽 9～10 亩。通常在 10 月或春季萌芽前，幼苗高 10～12cm 时带土定植，起苗时依大小分级（块根过少或无块根苗，需留在育苗地内再培育 1 年）。按行距 50cm、株距 25cm 开穴，每穴栽植幼苗 1 丛，将块根向四周摆匀，然后盖细土压实，再浇定根水。初植天冬，可在畦面两边套种玉米、蚕豆等短期作物，以充分利用土地，增加收入（以短养长），并可起到为天冬初期生长遮荫的作用。以"天冬－玉米"套作为例，3 月下旬用分株苗或一年生种子苗移栽，移栽前开厢做畦，厢宽 90cm，厢间距 20cm，每厢栽植天冬 2 行，按行距 × 株距 35cm×25cm 的规格打"丁"字形错窝，窝深 20cm，密度约 4000 株/亩，施足基肥，栽入种苗后随即施清淡粪水 500kg/ 亩。在厢与厢之间种植 1 行玉米（玉米每窝栽单株，株距 30cm）。第三年以后一般不再间套作。

3. 块根繁殖　块根繁殖能充分利用采收时留下的不能作药材的细小块根，可在大面积种植而又缺乏种栽时采用。在冬、春季收获天冬时，摘下带根蒂的小块根作繁殖材料，育苗移栽。育苗时，在整好的畦上，按行距 26cm 开横沟，深 12～15cm，将带蒂小块根斜放沟中（根蒂朝上），每隔 6～10cm 放 1 根，盖土与畦面齐平，要不现根蒂，浇水保持土壤湿润。春栽的 15～20 天可长出新苗，加强中耕除草、追肥等管理，当年便长出新块根，培育 1 年即可移栽。

（三）田间管理

1. 中耕除草与培土　每年至少进行 3 次，第一次在 3～4 月，第二次在 6～7 月，第三次在 9～10 月。中耕宜浅，入土 5～7cm，切不可过深，以免伤根。特别在暴雨后要及时培土，以防块根露出地面晒死，或造成块根成空泡状而减产。

2. 追肥　每年在化冻萌芽前，每亩施厩肥 2500～3000kg，用齿锄划土，使粪土均匀混合，6 月下旬或 7 月上旬可追施稀粪水 1 次或每亩沟施复合肥 10kg，覆土后浇水。并在施农家肥基础上，每年再以 3000kg/ 亩农家肥或 80kg/ 亩有机－无机复混肥作追肥，分别在 5 月中旬、7 月下旬和 10 月中旬分 3 次追施，第二次施肥量占总追肥量的 40%，其余两次各占 30%。每次施肥前先中耕松土、除草 1 次。

3. 灌溉与排水　天冬喜阴湿，忌干旱。一般在栽植后 2 周内如遇干旱，需抗旱保苗 1～2 次，其余时间不需灌水。雨季要注意清沟排水，以防积水烂根。

4. 间套作与搭架遮荫　天冬生长期间忌强光直射，尤其在幼苗期，一经烈日照射，茎梢会枯萎甚至死亡。因此，在栽种时应适度作荫蔽或与高秆作物、林木或与农作物及其他药材间套作。例如，在种植地与青菜、玉米等作物套作。

天冬移栽当年，茎蔓尚不甚长，可以不搭架。从第二年起生长迅速，当茎蔓长50cm左右时，应设立支架或支柱使茎蔓攀援生长，避免相互缠绕扭结在一起，以利其光合作用及块根膨大，亦便于田间管理与间套作。

5. 修剪与开花结果　天冬生长2年后，会出现叶状枝生长过密及病枝、枯枝现象，应适当修剪疏枝，并于秋末或早春剪掉部分老枝，以利新枝萌发生长与开花结果。

（四）主要病虫害防治

1. 病虫害综合防治原则　遵循"预防为主，综合防治"的植保方针，从天冬种植基地整个生态系统出发，综合运用各种防治措施，创造不利于病虫害滋生和有利于各类天敌繁衍的环境条件，保持天冬种植基地生态系统的平衡和生物多样性，将各类病虫害控制在允许的经济阈值以下。

2. 防治措施　①根腐病：做好排水工作，防止土壤过于潮湿；在病株周围撒些生石灰粉；用50%甲基托布津1000倍液喷施病株或灌施病区。②茎枯病：清洁园地、减少菌源；发病重时可施75%百菌清600倍液，或80%代森锌600～800倍液，或70%甲基托布津1000倍液。③红蜘蛛（短须螨）：冬季清园，将枯枝落叶深埋或烧毁；点片发生时，及时喷洒15%灭螨灵乳油3500倍液，或20%灭净菊酯乳油1000倍液，或73%克螨特乳油2000倍液，或20%灭扫利乳油4000倍液，每周1次，连续2～3次。④蚜虫：田间挂黄板涂粘虫胶诱集有翅蚜，或距地面20cm架黄色盆，内装0.1%肥皂水或洗衣粉水诱杀有翅蚜虫；在田间铺设银灰色膜或挂拉银灰色膜条驱避蚜虫；蚜虫发生期可选用10%吡虫啉4000～6000倍液，或50%抗蚜威（辟蚜雾）可湿性粉剂2000～3000倍液，或2.5%保得乳油2000～3000倍液，或2.5%天王星乳油2000～3000倍液，或10%氯氰菊酯乳油2500～3000倍液等药剂喷雾；对虫害严重植株，可割除其全部藤蔓并施下肥料，20天左右便可发出新芽藤条。

上述天冬良种繁育与规范化种植关键技术，可于天冬生产适宜区内，并结合实际因地制宜地进行推广应用。

五、合理采收、加工与包装

（一）采收

于11月至翌年早春2月，将天冬茎蔓在离地面7cm左右处割断，离植株30cm处破土下锄，再往纵深扩展，挖起整窝块根，抖去泥土，去除须根，摘下符合药用标准的块根，直径1.5cm以上的粗块根作药，留母根及小块根作种用。

一般定植3～5年收获，适宜采收期为种植后4年。3年收获每亩鲜块根1800～3500kg，按加工折干率15%～25%计，亩产干货450～500kg，4年收获者可加倍。

（二）加工

将天冬块根反复淘洗去净泥沙，按大小依次倒入沸水锅里煮或蒸至透心皮裂（10～15分钟）时捞出，投入凉水中稍冷却后趁热用竹签（禁用金属器械）或手将内外两层皮一次性剥净。再按每100kg块根用2kg白矾（研成细末）的比例，加入适量清水充分拌匀，把去皮的天冬块根浸入白矾水中（以淹过块根为度），轻轻搅动，浸漂10～15分钟后捞出，放在干净的晒席里晾干或烘干即可（为防变色，晒时应用竹帘或白纸盖上）。在煮蒸过程中，注意不能过熟或过生，过熟，糖汁泄出，不易干燥；过生，干后不透明，影响质量。

（三）包装

天冬肉质，黏性大，极易受潮，如装在竹笼、麻袋、草包内就会发黏、变色、发霉。应将晒干或烘干的药材回潮变软后装入洁净、干燥、内衬防潮纸的木箱或纸箱或塑料袋内，平铺压实以防潮气侵入。在包装箱的醒目部位印上商标、品名、等级、毛重、净重、产地、批号、包装日期、包装工号、生产单位、保质期等标记，并附质量合格的标志。

六、商品规格与质量要求

（一）药材商品规格

天冬药材以无芦头，无未蒸煮透的白心，无霉变、虫蛀、焦枯、黑糊，且身干、根条肥大、色黄白、有糖质、油润半透明、质坚稍脆者为佳品。天冬药材商品按根条粗细分为如下3等。

一等：块根长纺锤形，中部直径1.2cm以上，硬皮去净，表面黄白色，半透明，断面中央有白色中柱。

二等：中部直径0.8cm以上，间有未剥净硬皮，但不得超过5%。

三等：中部直径0.5cm以上，表面及断面呈红棕色或红褐色，稍有未去净硬皮，但不得超过15%。

（二）药材质量要求

按照现行《中国药典》天冬药材质量标准进行检测。

1. 水分 不得过16.0%。

2. 总灰分 不得过5.0%。

3. 二氧化硫残留量 不得过400mg/kg。

4. 浸出物 醇溶性浸出物不得少于80.0%。

天　麻
Tianma
GASTRODIAE RHIZOMA

一、概述

天麻原植物为兰科植物天麻 *Gastrodia elata* Bl.，别名：赤箭、离母、鬼督邮、独摇芝、神草、定风草、御风草、石箭、山萝卜和水洋芋等。以干燥块茎入药，历版《中国药典》均予收载。《中国药典》（2020年版一部）称："天麻性平，味甘。归肝经。具有息风止痉，平抑肝阳，祛风通络功能；用于小儿惊风，癫痫抽搐，破伤风，头痛眩晕，手足不遂，肢体麻木，风湿痹痛。"

天麻药用历史悠久，以"赤箭"之名始载于《神农本草经》，列为上品。其后《吴普本草》《抱朴子》《药性论》《图经本草》《开宝本草》和《本草纲目》等都有记载。如《本草纲目》云："赤箭辛，温，无毒。杀鬼精物，蛊毒恶气。久服益气力，长阴肥健，轻身增年。消痈肿，下支满，寒疝下血。天麻：主诸风湿痹，四肢拘挛，小儿风痫惊气，利腰膝，强筋力，久服益气，轻身长年。治冷气痹，瘫痪不随，语多恍惚，善惊失志。助阳气，补五劳七伤，开窍，通血脉。服食无忌，治风虚眩运头痛。"《汉方药入门》中称"天麻佳品出贵州"。《中华本草》在天麻项下也特称："以贵州产质量较好，销全国，并出口。"天麻是贵州著名道地名贵药材，就其品质而论，贵州天麻尤佳，系我国久负盛名的珍稀名贵道地药材。

二、生物学特性

（一）有性繁殖种子萌发形成原球茎

天麻种子细小，无胚乳，成熟的胚只有数十个细胞，胚细胞含有的多糖和脂肪等营养物质，不足以提供种子萌发的营养，吸水膨胀萌动的种子，被萌发菌侵染，通过消化萌发菌获得营养，种胚逐渐长大，突破种皮而萌发，并进一步生长发育成原球茎。播种时间6～7月，形成原球茎时间7～8月，种子萌发至形成原球茎需要40天左右。

（二）原球茎生长发育形成营养繁殖茎

种胚突破皮生长发育成原球茎，8～9月进行第一次无性繁殖，分化生长出具有节的营养繁殖茎。如有蜜环菌及时侵染，营养繁殖茎就很短；如没有蜜环菌侵染，营养繁殖茎进一步伸长呈细长的豆芽状，顶端形成小米麻，节处可以发出侧芽，萌发菌已远不能满足天麻无性繁殖对营养的需要，入冬前营养茎变成深褐色，逐渐死亡。

（三）营养繁殖茎生长发育形成白麻、米麻和箭麻

蜜环菌以菌索或菌丝形态大多数侵入营养繁殖茎，少数侵入原球茎；被蜜环菌侵染的营养繁殖茎粗短，一般 0.5～1cm 长。营养繁殖茎消化蜜环菌获得营养，顶端分化出白麻，侧芽可分化生长出白麻和米麻；11 月，白麻长可达 6～7cm，直径可达 1.5～2.0cm，重 7～8g。播种当年，以白麻和米麻越冬。

早春 2～3 月土壤温度升高到 6～8℃，蜜环菌开始生长，与白麻接触，萌生出分枝侵入白麻。4～5 月，当气温升高至 12～15℃时，白麻顶端的生长锥开始萌动出芽，与蜜环菌建立营养关系，分化生长出 1～1.5cm 短粗的营养繁殖茎；营养繁殖茎顶端分化出具有顶芽的剑麻，并可发出数个到几十个侧芽。如接不上蜜环菌，营养繁殖茎长如豆芽状，新生麻比原母麻还小，并逐渐消亡。11 月后，原白麻逐渐衰老，为蜜环菌良好的培养基，体内充满蜜环菌菌索，白麻逐渐中空腐烂，称为母麻。播种第二年，以剑麻、白麻或米麻越冬。

（四）剑麻抽茎、开花与结实

越冬的白麻、米麻继续进行无性繁殖。剑麻经过 0～5℃、40～60 天的越冬后，于第 3 年气温达到 15～20℃时开花、抽茎、开花、结实，整个过程历时 2 个月左右，寒冷的山区开花周期一般延长至半个月左右，每朵花花期为 7～8 天。野生环境下，低海拔区域一般 4～5 月抽茎，5～6 月开花授粉，6～7 月种子成熟；高海拔区域一般 5～6 月抽茎，6～7 月开花授粉，7～8 月种子成熟。生产中，由于人工控制，低海拔区域一般 3～4 月抽茎，4～5 月开花授粉，5～6 月种子成熟；高海拔区域一般 4～5 月抽茎，5～6 月开花授粉，6～7 月种子成熟，生产中，天麻抽茎、开花、结实一般比野生环境下早 1 个月。同一海拔，阴暗处的天麻比较向阳处的天麻抽茎、开花、结实一般晚 10～20 天，乌天麻和绿天麻一般比红天麻抽茎、开花、结实晚。天麻的花序为总状花序，长 10～30cm，一般形成 40～60 朵花，花的多少与剑麻的大小有关，大剑麻花茎可高达 2m 以上，花多达 80～100 朵。天麻开花顺序由下向上，果实的成熟顺序以同样的方式，花人工授粉的最佳时间为每日上午的 10 时前和下午 18 时以后，花授粉至种子成熟一般 20 天左右，种子开裂前 1 天（约授粉后第 19 天），为种子活力最高期，蒴果开裂后种子活力大大降低。花序顶端花往往发育不正常，花和果小，种子质量差，花序中部的花芽饱满，花和果大，种子的质量好，花序下部的花芽中等大小，果中等，种子质量中等，生产中常去掉顶端和下部质量差的花，以提高中部种子的质量。

三、适宜区分析及生产基地选择

（一）生产适宜区分析

天麻喜凉爽而湿润的气候环境，怕旱、怕冻、怕高温、怕积水。在海拔 1000～2000m 的青冈、桦树、盐肤木、栎等林下，以阴湿、凉爽、腐殖质较厚及营养

丰富的环境生长良好。天麻主要分布于贵州、云南、西藏、四川、重庆、陕西、河南、河北、甘肃、安徽、江西、湖北、湖南、辽宁、吉林等省区。现天麻野生资源极少，多人工栽培，尤以贵州、云南、湖北、安徽、陕西、甘肃、四川、重庆等地为主产区。天麻最适生产区域的主要生态因子范围如下：≥ 10℃积温 1897.6 ～ 6634.3℃；年平均气温 9.4 ～ 25.4℃；1 月平均气温 –17.5 ～ 21.8℃；1 月最低气温 –24.5℃；7 月平均气温 14.9 ～ 26.0℃；7 月最高气温 30.8℃；年平均相对湿度 59.6 ～ 85.7%；年平均日照时数 1082 ～ 2547 小时；年平均降水量 522 ～ 1405mm；土壤类型以赤红壤、黄壤、黄棕壤、棕壤、暗棕壤等为主。贵州天麻的最适宜区为大方、七星关、威宁、晴隆、普安等乌蒙山区域；务川、红花岗区、绥阳、桐梓等大娄山区域；德江、江口、印江等县、梵净山及佛顶山区域；雷山、台江、剑河、榕江等以雷公山和九万大山为中心的苗岭区域。

（二）生产基地选择

按照天麻生长适宜区优化原则与其生长发育特性要求，选择其适宜区并具良好社会经济条件的地区建立规范化生产基地。贵州宜选夏季，此时气温较凉爽，最高气温一般不超过 30℃，冬季至少保证有 2 ～ 3 个月平均气温 5℃以下的低温期，以保证天麻顺利经过冬季低温处理；海拔 1000 ～ 1400m 宜生产种麻，海拔 1400 ～ 2000m 宜生产商品麻；红天麻宜选择海拔 1000 ～ 1500m 区域，乌天麻宜选择海拔 1500 ～ 2000m 的区域。如贵州省大方县天麻仿野生种植基地，其平均海拔 1760m，年平均气温 12.8℃，年平均降雨量 1100.0mm，年平均相对湿度 80%，年平均日照时数为 1138 小时，无霜期 270天。常年生长植物有桦木、毛栗、杜鹃、山茶、杉、松、马桑、野樱桃、白杨、盐肤木、猕猴桃、箭竹、蕨类等。

四、规范化种植关键技术

（一）选地整地

1. 选地 应选择排水良好且不易干旱，有良好水源，团粒结构好，微酸性沙质壤土、沙砾土、沙土或腐殖质土。不宜选择黄泥土、白黏土和盐碱土。坡度为 5°～ 10°的缓坡地或沟谷地为好，山脊及大森林的深处不宜。

2. 整地 天麻栽培场地可据实际布置选"窝"，栽培地可不一定连接成片，并根据小地形进行栽培整地。整地时，除去过密的杂树、竹林、杂草，挖掉大块石头，把土表渣滓清除干净，直接挖穴栽种；陡坡的地方可稍整理成小梯田或鱼鳞坑，开穴栽培，穴底稍加挖平，也应有一定的斜度，便于排水；雨水多的地方，栽培场不宜过平，应保持一定的坡度，有利于排水。挖坑深 15 ～ 20cm，坑宽 50cm，长 1m，长度也可以根据地形来确定。

（二）栽培

采用林下仿野生栽培，也可以采用规范化连片种植。天麻仿野生林下种植方式，可因地制宜选择野生天麻生长的林地，在林下分散做小畦种植天麻，此种植方式不破坏生态环境，可保证仿野生天麻品质和可持续发展。规范化连片种植便于管理和条件控制，有助于产量和质量的稳定。

1.种植时间　11月至次年3月，气温0～15℃的天麻休眠期，均可栽培。

2.栽培层次与深度　无论是固定菌床还是移动菌床均栽一层为宜，菌床深15～20cm。低海拔可略深一点，高海拔可略浅一点。

3.种植方法　林下仿野生种植，在保证不破坏生态环境的前提下，在林间分散做小穴种天麻。穴长1m，宽0.5m，深15cm，种植天麻时先将穴底挖松，铺腐殖质土3cm，然后将已经培养好的菌材平铺在穴底，菌材之间留出3cm左右的空隙，摆放好菌材后用腐殖土将菌材之间的空隙填实，并露出菌材1/3在上面。然后将准备好的天麻种摆放在穴里，天麻种摆放需尽量靠近菌材摆放，在菌材两端必须要放天麻种，天麻种每隔10cm左右放一个，穴的四周适当多放一点。

4.覆土　天麻种摆放好以后及时腐殖土覆盖。覆土深度10cm左右（如果没有腐殖土用沙土也可以），覆土后在最上一层需要覆盖落叶、茅草、稻草、玉米秸等进行遮荫。海拔低的地方可根据情况搭荫棚防高温和保湿。

（三）田间管理

1.温度调控　冬季和初春要适当加大覆土深度，并用覆盖物保温。窖内10cm以下土层温度维持在0～5℃，7、8、9三个月要用覆盖物或搭荫棚，将土层温度控制在26℃以下，不超过28℃。

2.水分管理　12月至翌年3月控湿防冻，土壤含水量30%，见墒即可。4～6月增水促长，土壤含水量60%～70%，手握成团，落地能散。7～8月降湿降温，土壤含水量60%左右；9～10月控水抑菌，土壤含水量50%左右，手握稍成团，再轻捏能散；11月，土壤含水量30%左右，干爽松散。

3.除草松土　5～9月天麻地沟或窖面的草长到15～20cm时，应及时除草松土，土壤稍板结的，待雨过天晴时拔根除草，土壤疏松的亦可拔可割。

（四）主要病虫害防治

1.病虫害综合防治原则　遵循"预防为主，综合防治"的植保方针，从天麻种植基地整个生态系统出发，综合运用各种防治措施，创造不利于病虫害滋生和有利于各类天敌繁衍的环境条件，保持天麻种植基地生态系统的平衡和生物多样性，将各类病虫害控制在允许的经济阈值以下。

2.防治措施　①霉菌（杂菌）污染：培养菌材时，应选用未腐朽、无霉菌的新鲜木材培养菌棒，并尽可能缩短培养时间；如果发现菌棒上有杂菌，轻者刮掉，晒

1～2日，重者废弃；检查所用麻种，凡碰伤、霉烂的麻种都要废弃；检查生产用蜜环菌，凡有霉菌污染的菌种都要废弃；天麻穴不宜过大、过深，每穴培养的菌材数量一般控制在30根左右；填充物要填实，切不可留有空隙。加强温、湿、气的管理。控制穴内湿度，可以减少霉菌发生，是防止杂菌感染的一种最好的栽培方法；加大蜜环菌用量，形成蜜环菌生长优势，抑制杂菌生长；推广天麻有性繁殖技术，提高天麻的抗逆性。②块茎腐烂病：选择有性繁殖的米麻（或白麻）作生产用种，提高天麻种的抗病性和抗逆性；选地要适当，最好选择曾有野生天麻生长过的地区为栽培场地。地势低洼，或土质黏重、通透性不良的地块多发此病，选地时应注意避开；选择个体完整、无破损，颜色黄白而新鲜、健壮、无病虫害的有性和杂交繁殖的一、二代米、白麻种，不用或少用无性种麻作种麻，采挖和运输时不要碰伤和日晒；选用干净、无杂菌的腐殖质土、树叶、锯屑等作培养料，最好进行堆积、消毒、晾晒处理，把内部的虫、蛹及杂菌杀死，减少危害；并填满、填实、不留空隙；加强窖场管理，做好防旱、防涝，保持窖内湿度稳定，提供蜜环菌生长和天麻生长的最佳条件；天麻播种至收获的全生长过程中，若发现有块茎腐烂病发生，要适时提早收获加工成商品麻，以此减少损失；轮作，栽培过一季天麻的地方4～5年后才能重新栽培天麻。③蜜环菌病理性侵染：选择排水较好的沙壤及腐质殖土栽培天麻，促进天麻旺盛生长，提高抵抗力；雨季应疏通排水沟，尤其是容易积水的地块和平地更应注意排除积水；9月下旬至10月上旬雨水大时，一方面应注意排水，同时应经常检查，发现有天麻被蜜环菌病理性侵染危害，则考虑提前收获。更不能延长至春季翻栽。④日灼病（生理性病害）：在抽茎前搭好荫棚。⑤花茎黑茎病：选择周围病害发生少的场地作天麻有性繁殖栽培场；场地使用前要进行消毒杀虫处理；选用健全无病天麻块茎进行有性繁殖，不用带有黑腐病的块茎作有性繁殖种；发病期，选用50%多菌灵可湿性粉剂600～700倍液，或70%代森锰锌干悬粉500倍液，或75%百菌清可湿性粉剂600倍液，或60%防霉宝2号水溶性粉剂800～1000倍液等药剂喷施或涂茎。⑥蝼蛄：利用蝼蛄趋光性强的特性，在有电源的地方，设置黑光灯诱杀成虫。采用毒饵诱杀的方法：用90%敌百虫0.15kg兑水成30倍液，可拌成毒谷或毒饵。将5公斤麦麸、豆饼、棉籽饼炒香，凉后拌药，制成毒谷。选择无风闷热的傍晚，将毒谷或毒饵撒在天麻窖表面蝼蛄活动的隧道处作诱饵毒杀。⑦蛴螬：成虫具有趋光性，可设置黑光灯诱杀；栽培时可用防治成虫的母土撒于栽种天麻的穴中，覆一层土后再栽天麻，以防止药害；在幼虫发生量大的地块，用90%敌百虫稀释成800倍液，或用700～1000倍50%辛硫磷乳油，在窝内浇灌，都可起到杀虫效果。⑧介壳虫：粉蚧防治较难，主要采取隔离消灭措施，因粉蚧群集在土壤中，难以用药剂防治，但其一般以穴为单位为害，传播有限，天麻采收时若发现块茎或菌材上有粉蚧，则应将该穴的天麻单独采收，不可用该穴的白麻、米麻做种用。严重时可将菌棒放在原穴中加油焚烧，杜绝蔓延。⑨蚜虫：消灭越冬虫源，清除附近杂草，进行彻底清园；蚜虫为害期喷洒10%吡虫啉4000～6000倍液，或40%乐果1200倍液，或灭蚜松乳剂1500倍液等药剂喷雾。⑩伪叶甲：伪叶甲虫数量不多，每日早晚捕捉能起到很好的防治效果。⑪白蚁：在种植前，以种植场地的中央为圆心，以白蚁最大危害距离为半径，寻找并挖掘所有白蚁巢穴；在天麻种植区域边缘挖掘深 100cm、宽 30cm 的深沟，将氯制剂（或煤焦油）与防腐油按 1：1 的比例配制成混合剂，浇土混填，以达到阻止白蚁进犯的目的；在有白蚁活动的地方挖掘土坑，填放包裹毒饵，诱杀白蚁；或将适量白矾拌入食物中，置于白蚁经常出入处，白蚁食后还会将剩余食物搬进洞内，其余白蚁吃后会相继中毒死亡；用灭蚁粉、灭蚁王、灭蚁膏等杀灭种植区域内的白蚁；利用白蚁的趋光性，每天早、晚在有白蚁的地方设置诱蛾灯，诱杀分飞的白蚁有翅成虫。⑫鼠害：人工捕捉；在天麻栽培地四周挖深沟，防止鼠进入天麻菌窖；施药毒杀；用 0.005% 溴敌隆或 0.005% 氯鼠酮或 0.02% 绿亨鼠克毒饵，加水适量稀释后拌入新鲜大米、小麦等放在麻窖附近毒杀。

五、合理采收、产地加工与包装

（一）采收

1. 采收时间　立冬后至次年清明前是采收最佳时期。海拔 1200m 以下的地方于立冬左右采挖，海拔 1200m 以上的地方在霜降左右采挖。采挖时间应在天晴时，忌雨天或雨天过后的 1～2 天内采挖。冬季立冬后采收加工的称为"冬麻"，春季天麻抽薹后采收加工的天麻称为"春麻"，"冬麻"的质量一般比"春麻"好。

2. 采收方法　选择晴天土壤稍干时，清除地上的杂草、覆盖物及土层，挖出菌棒，取出剑麻、白麻和米麻，轻拿轻放，分级收获，以避免人为机械损伤，及时装筐。

（二）加工

天麻采收后，应及时进行产地加工，一般两天之内加工为宜。因用于产地加工的商品麻比较鲜嫩，含水量高，长时间堆放会引起腐烂、变质。

1. 分级　天麻的大小及完好程度直接影响到蒸煮时间和干燥速率。应根据天麻块茎的大小分级后加工。150g 以上为一等，70～150g 为二等，70g 以下为三等，一些挖破的剑麻和白麻、受病虫害危害，切去受害部分的统归于等外品。

2. 清洗　分级后天麻分别用水冲洗干净，可在水盆中刷洗，以洗净泥土为原则。当天洗当天加工处理，来不及加工的先不要洗。

3. 蒸煮　将天麻按不同等级分别蒸煮，量少可以分级蒸。量多时用水煮，蒸制时以天麻蒸透心为原则，一般按照不同的等级蒸制时间控制在 10～20 分钟。

4. 烘干　蒸后晾干有水汽的天麻块茎放入烘箱或烘房中烘烤，烘烤的同时要通风。初始温度控制在 40℃ 左右，当天麻表面干燥后从烘房里取出放入室内自然回汗处理，使块茎内的水分慢慢析出到表面；然后再次进烘房烘烤，温度不能过高，以免出现空壳现象。多次回汗和烘烤处理直至天麻烘干。

（三）包装

干燥天麻药材，按规格用无毒无污染材料严密包装。在包装前应检查所用包装应符合药用包装标准，再次检查天麻是否充分干燥、有无杂质及其他异物，清理包装场地，检查包装器材（袋、盒、箱）应是清洁干燥、无污染、全新、不易破损的，以保证贮藏和运输使用过程中的质量。包装一级、二级天麻干品用聚乙烯塑料袋按 0.5kg 袋装封口，然后用纸箱或聚乙烯袋按 l5 ～ 20kg 装一箱或装一袋。三级、四级天麻用聚乙烯塑料袋按 20 ～ 25kg 装袋封口或封箱。包装时必须有标签注明药材品名、规格、等级、毛重、净重、产地、采收日期、采收单位、批号、执行标准、生产单位、包装日期及工号、调出日期、注意事项等，并附有质量合格标志。

六、药材商品规格与质量检测

（一）药材商品规格

天麻药材以无杂质、霉变、虫蛀，身干，个大坚实，色黄白，断面半透明，无空心者为佳品。其药材商品规格分为 4 个等级。

一等：干货，块茎呈长椭圆形，扁缩弯曲，去净粗栓皮，具横环纹，顶端有残留茎基或红黄色的枯芽，末端有圆盘状的凹脐形疤痕，表面黄白色，断面角质，牙白色，较平坦，味甘微辛。平均单体重 38g 以上，每千克 26 个以内，无空心、炕枯、杂质、虫蛀和霉变。

二等：干货，块茎呈长椭圆形，扁缩弯曲，去净粗栓皮，具横环纹，顶端有残留茎基或红黄色的枯芽，末端有圆盘状的凹脐形疤痕，表面黄白色，半透明，体结实，断面角质，牙白色。味甘微辛。平均单体重 22g 以上，每千克 46 个以内。无空心、炕枯、杂质、虫蛀和霉变。

三等：干货，块茎呈长椭圆形，扁缩弯曲，去净栓皮，具横环纹，顶端有残留茎基或红黄色的枯芽，末端有圆盘状的凹脐形疤痕，表面黄白或黄褐色，半透明，断面角质，牙白色或棕黄色。平均单体重 11g 以上，每千克 90 个以内，大小均匀。稍空心，无霉变、炕枯、杂质、虫蛀和霉变。

四等：干货，单体平均重 8g 以下，每千克 90 个以上，凡不合一、二、三等的空心、碎块及未去皮者均属此等。无芦茎、杂质、霉变、虫蛀和霉变。

（二）药材质量要求

按照现行《中国药典》天麻药材质量标准进行检测。

1. 水分 不得过 15.0%。

2. 总灰分 不得过 4.5%。

3. 二氧化硫残留量 不得过 400mg/kg。

4. 浸出物 醇溶性浸出物不得少于 15.0%。

5. 含量测定 按干燥品计，含天麻素（$C_{13}H_{18}O_7$）和对羟基苯甲醇（$C_7H_8O_2$）的总量不得少于 0.25%。

续　断

Xuduan

DIPSACI RADIX

一、概述

续断药材来源于川续断科植物川续断 *Dipsacus asper* Wall. ex Henry。别名苦菜根、和尚头、属折、接骨、接骨草等，以干燥根入药。续断在历版《中国药典》均有收载。续断苦、辛，微温，归肝、肾经。具有补肝肾，强筋骨，续折伤，止崩漏，用于肝肾不足，腰膝酸软，风湿痹痛，跌扑损伤，筋伤骨折，崩漏，胎漏。

续断药用历史悠久，最早见于《神农本草经》，称其"味苦，微温，无毒。主伤寒，补不足，金疮，痈疡，折跌，续筋骨，妇人乳难。久服益气力"。《本草图经》云："续断生常山山谷，今陕西、河中、兴元府、舒、越、晋州亦有之。三月以后生苗，秆四棱，似苎麻。叶亦类之，两两相对而生。四月开花，红白色，似益母花。根如大蓟，赤黄色。七月、八月采。"《雷公炮炙论》续断条下述："凡使，勿用草茆根，缘真似续断，若误用，服之令人筋软。"又云："凡采得后，横切，锉之，又去向里硬筋，用酒浸一伏时，焙干用。"《新修本草》载"味苦、辛，微温，无毒，主伤寒，补不足，金疮，痈伤，折跌，续筋骨，妇人乳难"等。《本草纲目》称："治妊娠胎动两三月堕，续断（酒浸），杜仲（姜法炒去丝），各二两，为末，另将枣肉煮烊，杵和丸梧子大，每服三十丸，米饮下。打伤，闪了骨节，加续断叶捣敷伤处。"《名医别录》称其"主崩中漏血，金疮血内漏，止痛，生肌肉，及伤，恶血，腰痛，关节缓急"。《滇南本草图说》更进一步记述与总结了民间应用续断的经验"治一切无名肿毒，杨梅，天泡诸疮"。《本草正义》载续断"通行百脉，能续绝伤而调气血"。总之，续断应用历史悠久，是中医临床及中药工业常用大宗药材，也是贵州著名特色药材。

二、生物学特性

续断为多年生草本植物，在较低海拔两年生成年植株 8 月下旬即有少量果实成熟散落。续断种子没有休眠特性，播种后，在水分充足和温度（20 ～ 25℃）适宜条件下，露地经 10 ～ 15 天即可萌发。春季 2 月中旬播种，3 月上旬即可出现真叶，其后不断形成基生叶片，到 6 月上旬时其通常有 4 ～ 6 片基生叶，6 月下旬至 8 月上旬为其第一次生长高峰期，平均基生叶片数达 6 ～ 8 片，叶片长 25 ～ 30cm、宽 8 ～ 12cm。8 月中旬至 9 月上旬，由于秋旱的影响，其生长较慢。9 月中旬至 11 月上旬，进入第二次生长高峰期。续断营养生长期不抽薹，仅有基生叶。到秋末随着气温降低逐渐进入休眠状态，霜降后部分叶枯黄，但冬季仍有部分绿叶。次年春季长出新叶，4 月中旬，其营养生长旺盛，芦头上分发多个芽，叶片数大量增加，主芽开始延伸长，4月下旬至6月逐渐抽薹，进入生殖生长期。7月有少量花序出现，此时有植株高度达2m。通常7月下旬即可形成并开放，花序梗不断延长使植株不断增高，下方对生叶腋内的侧枝延伸长形成头状花序，8～10月为盛花期。续断三年生植株花序则显著减少。9月下旬至10月中旬为盛果期。

三、适宜区分析及生产基地选择

（一）生产适宜区分析

续断主要分布于四川、贵州、云南、西藏、江西、湖北、湖南、广西等地，多生于海拔400～2900m向阳的山坡、草地、路旁、田土埂、山腰、稀疏灌木丛中。历史上续断药材均为采收野生资源供药用，主产于四川、云南、贵州、重庆、湖北等省市，其中云南、四川、贵州的高海拔地区分布的野生续断药材川续断皂苷Ⅵ含量较高。目前在贵州、湖北、云南和四川有成规模的栽培。

（二）生产基地选择

续断喜较凉爽湿润的环境，耐寒忌高温。按照续断生产适宜区优化原则与其生长发育特性要求，选择续断最适宜或有良好社会经济条件的适宜地区建立规范化种植基地。适宜在海拔为400～2200m，年平均气温1～15℃，1月平均温度在3～8℃，年平均日照1100～1500小时，年平均降水量800～1300mm的地区生长，生长期相对湿度在70%～90%。如贵州威宁、赫章、七星关、水城、盘州、六枝、道真、正安、务川、红花岗区、修文、乌当、息烽、龙里、贵定等地，海拔1000～2700m的区域为续断最适宜区，野生续断资源分布丰富，群众亦有丰富的栽培及加工经验。

四、规范化种植关键技术

（一）选地整地

1. 选地　选择前作作物为禾本科的地块为佳，不宜用稻田。若为采种田则要求种子田地块应相对独立，周围3km范围内不得有续断种植地及野生续断、川续断，以防杂交。要求地块土壤肥沃疏松、排水良好、有机质含量丰富、中性偏酸性（pH值5.5～7.0）的山地黄壤土、黄棕壤土、棕壤土、夹沙土、油沙土等，耕作层20cm以上。凡黏性重板结、含水量大的黏土及瘠薄、地下水位高、低洼易积水之地均不宜种植。

2. 整地　晴天整地。将地块周边的杂草割净，深耕约30cm，晒3～4天。种植前整土、除杂，根据地形做宽1.2m、高10cm的畦，畦间距30cm，耙平畦面，拣去各种宿根、杂草及石砾等杂物。大田四周开宽40cm、深40cm的排水沟。

（二）播种时间与方法

1. 播种时间　秋播10月上旬至12月上旬，春播2月下旬至3月下旬。根据各地降雨情况选择播种时间，避免旱季播种。采用育苗播种法，秋播育苗。

2. 播种方法　①点播种植播种法：将种子与200倍的湿润细土混匀后播种。按照30cm×30cm的株行距打穴，穴深10～15cm，穴施腐熟的农家肥（1500～2000kg/亩）或复合肥（30～40kg/亩）作底肥，覆浅土，每穴播种5～7粒，盖0.5～1cm厚细土。②育苗播种法：播种当天，按1500～2000kg/亩的用量均匀撒施腐熟的农家肥（或总养分量≥45%的复合肥15～20kg/亩）做底肥，做成宽1m、高10cm的苗床，厢间距30～40cm，整细厢土，刮平厢面，播种前先将苗床浇透水。种子与细土（过筛，筛网孔径1cm）按1:100的比例拌匀，撒种，盖0.5～1cm厚的细土，用地膜覆盖厢面。4月中旬至5月下旬整地移栽，避免晴天高温天气移栽。按照30cm×30cm的株行距打穴，穴深10～15cm，穴施腐熟的农家肥（1500～2000kg/亩）或复合肥（30～40kg/亩）作底肥，每穴2株苗，直立栽种，栽种后覆浅土，留穴深以苗根伸直为度，培土压紧至微露芽头即可。栽种后及时浇透定根水，忌漫灌。

（三）田间管理

1. 育苗田间管理　播种后，每3～4天检查苗床一次，观察苗床墒情，保持苗床土壤湿润。浇水时间为上午11时前或下午4时后。当80%以上种子出苗后，及时揭去覆盖厢面的地膜，保持苗床厢沟及苗圃周边排水沟畅通，随时拔除苗床内的杂草，保持苗床内无高过小苗的杂草。当幼苗长出1～2片真叶时，根据出苗情况间苗，保持苗间密度为4cm×4cm。

2. 种植田间管理　出苗后，要及时进行间苗补苗、中耕除草、追肥等，促进幼苗生长。间出的苗用于补缺或另行栽种，移栽在阴天进行易成活。

（1）间苗补苗　有3～5片真叶时，结合除草进行间苗、补苗，每穴留2株健壮苗。

（2）中耕除草　视杂草情况及时除草，防止杂草高过续断植株。栽种当年的6～9月，需进行2～3次除草。次年3～4月，需要再进行一次中耕除草。

（3）松土复畦　土壤板结或厢面被雨水冲垮，及时松土和复畦。每年结合冬季清园护垄复畦一次。注意避免伤及续断根部。

（4）适时灌溉与排水防涝　续断苗期根系较浅，喜湿润，抗干旱能力弱，应适时灌溉，干旱会导致续断停止生长或死苗，浇灌时间以上午或下午气温稍凉时为宜。成株续断植株根系较深，抗干旱能力较强，除非遇到久旱天气，一般不用浇灌。整个生长期均需防止久雨积水而成涝灾，保持厢沟及排水沟畅通，防止积水造成烂根。

（5）追肥　结合中耕除草，每亩穴施复合肥（养分量≥45%的硫酸钾型）30kg，松土后将肥料放于近根处，覆土盖住肥料。种子直播种植的，第一次追肥时间为播种次年的4～5月，第二次追肥时间为第三年的3～4月。育苗移栽种植的，第一次追肥时间为栽种当年的 6 ～ 7 月，第二次追肥时间为栽种次年的 3 ～ 4 月。

（6）冬季清园　11 ～ 12 月，清除种植地内干枯杂草，并除去干枯的续断枝叶。

（7）割薹　在 4 月下旬至 7 月下旬，续断陆续抽出花薹时，割去花薹上部，不可伤到基生叶。如果再次出现花薹时，应继续割去花薹。

（四）主要病虫害防治

1. 病虫害防治原则　以"预防为主"，大力提倡运用"综合防治"的方法。在防治工作中，力求少用化学农药。在必须施用时，严格执行中药材规范化生产农药使用原则，慎选药剂种类。在发病期选用适量低毒、低残留的农药，严格掌握用药量和用药时期，尽量减少农药残毒影响。最好使用生物防治。

2. 病虫害综合防治措施　续断的主要病虫害有铁叶病、根腐病、根节线虫病、小地老虎、蛴螬类和蚜虫类等，实施综合防治以保证其高产及品质。

（1）农业防治措施　择适宜的种植地，选择没有种过续断和十字花科植物的地块。清洁田园，秋末，作物收获后，铲除田间及周围的杂草，拣除地内落叶残枝，集中烧毁。翻耕土壤，冬季深耕土壤 30cm，破坏害虫生存和越冬环境，使它们在越冬时大量死亡。早春翻耕，将土表的蛹翻至土壤的深层，使成虫羽化后不易出土而死亡，或延迟其出土。选用良种培育无病虫壮苗，提高抗病能力。实行轮作，轮作年限 1 年以上，避免或减轻病害的发生。发现病株，及时拔除烧毁，并撒石灰消毒土壤。施用腐熟等无害化处理的有机肥，适当增施磷作底肥。适时排水，雨季应及时疏通排水，避免种植地内积水。

（2）物理防治措施　根据害虫的趋性（如趋光性、趋化性等）进行诱杀，同时辅以人工捕杀。①诱杀成虫:4 ～ 10 月，在续断田间挂频振式杀虫灯诱杀地老虎、斜纹夜蛾、黄曲跳甲、双斑萤叶甲等害虫的成虫，或挂黑光灯、糖醋挂排诱杀小地老虎和斜纹夜蛾等害虫的成虫。②人工捕杀：移栽定植前，傍晚在田间地面堆放鲜菜叶等诱集小地老虎幼虫，次日清晨人工捕捉。移栽后，每天早上进行田间检查，发现断苗立即刨开断苗附近的表土捕杀小地老虎幼虫。6 月，捕捉斜纹夜蛾高龄幼虫。

（3）生物防治措施　做好宣传工作，保护和改善种植地周围的环境，充分保护和利用本地天敌资源来控制或减轻虫害的发生。同时积极研究有益的生物或生物代谢物来防治病虫害，如以菌治虫、以鸟治虫、以虫治虫、以菌治病等。

（4）化学防治措施　在病虫害高发期，使用高效、低毒、低残留药剂防治。如移栽定植后用 20% 的甲氰菊酯乳油稀释 1500 倍均匀喷雾整个畦面防治地老虎，用 4.5% 的瓢甲敌乳油 1500 倍液均匀喷雾整个续断植株及畦面防治黄曲跳甲、双斑萤叶甲，用 20% 的甲氰菊酯乳油稀释 2000 倍均匀喷雾整个续断植株防治斜纹夜蛾幼虫。

五、采收、加工与包装

（一）采收

1. 采收时间　春播于第二年，秋播于第三年。秋季采挖，采收前 20 天禁止施用任何农药，采收前 10 天停止灌溉。

2. 采收方法　选择阴天或者晴天，割去地上部分，挖取地下根，除去须根、芦头和泥土。

（二）加工

按根的粗细拣选分为粗、中、细三级，分别处理。晴天晾晒或烘（60℃）至半干，根皱缩、变软。集中堆置，盖上无污染的麻袋、棉絮或稻草（温度控制在 40～50℃）等保暖，使其"发汗"变软，至内部变成墨绿色。继续晒干或烘干（80℃），干燥至根脆性、易折断，断面呈浅墨绿色至棕色，外缘淡褐色。水分含量小于 10%。

（三）包装

清洁、干燥、无污染、无破损的塑料编织袋包装。包装上标明药材名称、规格、重量、产地、批号、包装日期、生产单位等，并有质量合格证。

六、商品规格与质量检测

（一）药材商品规格

续断药材以干燥，无折断、泥沙、杂质、霉变、虫蛀，不带芦头，断面皮部墨绿色者为佳品。其药材商品规格分为三级。

一级：干货。圆柱形，略扁，微弯曲，长 10～15cm，直径 1.5～2cm，表面灰褐色，皮部墨绿色，外缘褐色，木部黄褐色。不带芦头，完整根大于 95%。无杂质、虫蛀、霉变。气微香，味苦、涩。

二级：干货。圆柱形，略扁，微弯曲，长 8～15cm，直径 1.0～1.5cm，表面灰褐色至黄褐色，皮部浅墨绿色至棕色，外缘淡褐色。不带芦头，完整根大于 70%。无虫蛀、霉变，泥沙少。气微香，味苦、微甜而后涩。

三级：干货。圆柱形，弯曲，长 5～8cm，直径 0.5～1cm，表面黄褐色，皮部浅棕色，外缘淡褐色。不带芦头。无虫蛀、霉变，带少量泥沙。气微香，味苦、微甜而后涩。

（二）药材质量检测

应符合现行《中国药典》续断药材质量标准要求。

1. 水分　不得过 10.0%。

2. 总灰分　不得过 12.0%。

3. 酸不溶性灰分测定　不得过 3.0%。

4. 浸出物　水溶性浸出物不得低于 45.0%。

5. 含量测定　按干燥品计算，含川续断皂苷 VI（$C_{17}H_{76}O_{18}$）不得少于 2.0%。

半 夏

Banxia

PINELLIAE RHIZOMA

一、概述

半夏药材来源于天南星科植物半夏 *Pinellia ternata*（Thunb）Breit.。别名：三叶半夏、半月莲、三步跳等，以干燥块茎入药。半夏在历版《中国药典》均有收载。半夏味辛、性温，有毒。归脾、胃、肺经。具有燥湿化痰，降逆止呕，消痞散结的功能，用于湿痰寒痰，咳喘痰多，痰饮眩悸，风痰眩晕，痰厥头痛，呕吐反胃，胸脘痞闷，梅核气；外治痈肿痰核。

半夏药用历史悠久，"半夏"之名始见于《礼记·月令》："仲夏之月，鹿角解，蝉始鸣，半夏生，木堇荣。"《神农本草经》亦载"生川谷"。《吴普本草》亦称半夏"生微丘或生野中，二月始生叶，三三相偶，白花圈上。"《唐本草》载："半夏所在皆有，生泽中者名羊眼半夏。"《图经本草》载："二月生苗一茎，茎端出三叶，浅绿色，颇似竹叶而光，江南者似芍药叶。根下相重，上大下小，皮黄肉白。"《植物名实图考》："所在皆有，有长叶、圆叶两种，同生一处，夏亦开花，如南星而小，其梢上翘似蝎尾。"总之，半夏应用历史悠久，是中医临床及中药工业常用大宗药材，也是贵州著名道地特色药材。

20 世纪 50 年代初期至 60 年代末，半夏以野生资源为主，分布零星分散。全国年平收购量 2000 吨左右。野生资源较为丰富，市场供应情况良好，是重要的出口创汇大宗传统药材之一。20 世纪 70 年代之后，半夏由于受生态变化及人为因素影响，野生资源日益减少，产量逐步下降。如在 20 世纪 60～70 年代，湖北省年均收购量为 200 吨，80 年代下降到 70 吨；浙江、江苏、云南、安徽省年均收购量由 300 吨下降到 65 吨，贵州省由 230 吨下降到仅 30 吨左右，远不能满足市场需求。为了缓解半夏的供需矛盾，自 70 年代末到 80 年代初，我国开始对旱半夏进行野生变家种研究，并获得成功。随着需求量日益剧增，半夏的栽培面积逐年扩大，具有显著的社会效益、经济效益、扶贫效益与生态效益。

随着国内中成药加工业的不断发展，半夏市场需求量逐年增大，价格也呈逐年上升趋势，从而激发了药农对野生半夏进行选择利用和驯化栽培的兴趣，产生了显著的经济效益。但由于半夏种群分布独特，大多栽培方式粗放。半夏产业化发展中存在问题尚有很多，主要有半夏栽培中易受病毒感染，优良品种缺乏，自然繁殖系数低，栽培过程科技含量低，伪品混淆等问题。因此，积极开展半夏中药材生产质量管理及规范栽培，强化半夏加工炮制及相关产业的规范化管理，使有条件的地域均可因地制宜地发展半夏生产，这对于贵州等山区经济发展，增加农民收入，以实现脱贫致富都有重要意义。

二、生物学特性

半夏为浅根系植物，每年出苗 2 ～ 3 次：第一次 3 ～ 4 月出苗，5 ～ 6 月倒苗；第二次 6 月出苗，7 ～ 8 月倒苗；第三次 9 月出苗，10 ～ 11 月倒苗。每次出苗后生长期为 50 ～ 60 天。珠芽萌生初期在 4 月初，高峰期在 4 月中旬，成熟期在 4 月下旬至 5 月中旬。每年 6 ～ 7 月珠芽增殖数最多，占总数的 50% 以上。5 ～ 8 月为地下球茎生长期，此时母球茎与第一批珠芽膨大加快，整个田间个体增加、密度加大，对水肥需要量增加。半夏喜肥，原多野生于山地疏林及半湿润荒地，潮湿而疏松的沙壤土或腐殖土；喜温和、湿润气候和荫蔽环境，怕干旱，忌高温，夏季宜在半阴半阳环境中生长；半夏的块茎、珠芽、种子均无生理休眠特性，种子寿命为 1 年。

半夏的种子、珠芽、块茎均无休眠特性，只要环境条件适宜均能萌发。一般情况下，半夏以无性繁殖为主。半夏的繁衍和个体的更新主要靠珠芽，珠芽发生在叶柄或叶片基部，不同步发生的珠芽在倒苗时均有生命力，可以萌发成植株。倒苗次数的增加，有利于珠芽个体的形成与繁殖。半夏的块茎主要由珠芽发育而来，珠芽萌动，先长出不定根，再抽叶，原珠芽不断膨大，形成块茎。

半夏具有很强的杂草性和较强的耐受性，当损伤半夏的地上部分（如刈割或践踏），其地下部分仍能度过不良阶段；在条件适宜时，半夏可再生发新叶。这就是当温度、湿度、光照强度等外界因素发生较大变化时，半夏倒苗度过不良环境的原因。此外，尚具有多种繁殖方式和较强的生态适应性。

三、适宜区分析及生产基地选择

（一）生产适宜区分析

我国除内蒙古、新疆、青海和西藏未见野生半夏外，其余各省区均有分布，在海拔 2500m 以下的地带均有广泛分布，常见于阴湿的溪边、河边、沟边、草坡、荒滩、荒原、林下，以及玉米、小麦、高粱等旱作物地里。以四川、贵州、重庆、云南、安徽、江苏、山东等省（市）为主要分布及生产适宜区，如贵州赫章、大方、威宁等地均建有半夏规范化种植基地。

（二）生产基地选择

按照半夏生产适宜区优化原则与其生长发育特性要求，选择半夏最适宜或适宜并有良好社会经济条件的地区建立规范化种植基地。其基本条件为海拔 1500 ～ 2200m，大气无污染，中亚热带湿润气候，年平均温度 14 ～ 19℃，≥ 10℃年积温为 4000 ～ 6000℃，无霜期 ≥ 270 天，空气相对湿度 60% ～ 85%，年均日照时数 1100 ～ 1500 小时，年降雨量 1000 ～ 1500mm，雨热同期，水质无污染，有可供灌溉的水源及设施。土壤肥沃、疏松、保水保肥、耕作层厚 30cm 左右的壤土或砂质壤土。pH 值为 6.0 ～ 7.5、有机质 2.5% 以上。基地周围 1 公里以内无生产污染的工矿企业，无

"三废"污染和垃圾场等。

四、规范化种植关键技术

(一) 选地整地

1. 选地　半夏生长对土壤要求较严,一般选择土壤肥沃、排水好、不易积水、保水能力强、土壤疏松的沙质壤土,土壤 pH 为 6 ~ 7,前茬以豆科和玉米为宜。对于半夏种源地必须隔离建设,除满足以上选地要求外,还应选有隔离带的地块种植,最好具天然隔离林。

2. 整地　在霜冻来临前,拣净杂草异物,深翻土地达 30cm 以上,晒垡。栽种前 3 ~ 5 天,清除地块内杂草、石块等杂物,浅翻地。栽种当天再用锄头打碎土块,整细,使土块小于 3cm。在整好的土地上,开宽 1m、长与土块排水方向一致的厢,留宽为 0.5m 的排水沟,厢面上形成一个槽形、四周稍高、中间低,中间土面平整。要疏通排水沟,排水沟宽为 0.5m,以保证种植地内不积水。

(二) 播种时间与播种方法

1. 块茎播种法　于春季平均气温 10℃左右时下种,按行距 20cm,开 4 ~ 5cm 深的沟,按株距 3cm 将种茎交叉放入沟内,每沟放两行,顶芽向上,覆土耧平,稍加镇压,播后盖地膜(或稻草等)。每亩用种 110 ~ 125kg。

2. 珠芽播种法　将附在半夏叶柄上的珠芽,特别是"倒苗"的珠芽收集起来大小分级,置粗沙中放置室内,保湿,到秋分后,将细土拌入粗沙中,洒水少许,在整好的厢内按行距 15cm,株距 3cm,栽于 3cm 深的沟内,覆土与畦平,播后盖地膜(或稻草等)。第二年可收获。

3. 种子播种法　二年生以上的半夏,自夏初至秋初,陆续开花、结果。当佛焰苞变黄下垂时,即可采收,过熟时则种子脱落。收时将佛焰苞采回,取出种子,藏于湿润细砂中,翌年春 3 ~ 4 月在畦上开浅沟播种,行距 10cm,播幅 5 ~ 7cm。将种子均匀地撒在沟内,覆土与畦平,覆地膜(或稻草等)。20 天左右开始出苗,出去盖草或地膜,当苗高 6 ~ 9cm 时,即可定植。

(三) 田间管理

1. 揭地膜　清明以后,待有 50% 的苗长出一片叶即可揭去地膜(或稻草等)。同时根据栽种深度,当年气温判断揭膜(或稻草等)时间。注意气温的变化对幼苗早期生长的影响,早晚温差大,午间温度过高会引起苗的灼烧,要适度揭开一角通风降温或中午揭开,下午盖上。

2. 中耕除草　揭开地膜(或稻草等)以后,除去小草,注意第一次要除掉全株。严禁使用任何存在高残留的农药除草剂和未经过试验的除草剂。除草要和松土结合起来,中耕用小锄在行株间松土,出现珠芽的及时培土。工具在使用前后应清洗,避免有妨碍半夏生长的有害物质。

3.合理施肥　半夏长出三叶或有缺肥症状时，追施速效生物肥，以钾肥居多，其次是氮肥、磷肥。追肥撒在植株周围，然后覆土；或在植株旁边开沟撒在沟内，或选择吸收良好的叶面肥用喷雾器喷洒，注意要叶正反面全要施用。半夏生长中后期可在叶面喷0.2%的KH_2PO_4溶液或500ppm的三十烷醇以有利于增产。根据珠芽的生长适时培土，追肥培土前保证无杂草，培土后畦面干燥及时浇水保墒。

4.降温防倒苗　半夏生长到6月中下旬会由于高温而发生部分甚至绝大部分倒苗，采用在畦面上撒2～4cm厚当年新麦糠的方式防止地面蒸发过度失水板结、高温倒苗情况。半夏行间套做高秆作物可给半夏遮荫。覆盖麦糠的厚度随当年的气温而定，温度偏高时多盖，但遇多雨季节时则少盖或不盖，前期盖的，后期雨多时需要去除麦糠，防止湿度过大而烂根。

5.灌溉和排水　半夏喜湿怕涝，温度低于20℃时土壤含水量保持在15～25%，后期温度升高达20℃以上时，特别是高于30℃时应使土壤的湿度达到20%～30%，9月以后，气温下降湿度要适当降低，防止块茎的腐烂，减少块茎的含水量。培土前使用渗透法，不能漫灌导致土壤易于板结；培土后，采用沟灌，浇透即可，严防过量。灌溉时间应选择在上午9时前或15时以后；灌溉水应符合农田灌溉水质量标准。垄间沟作为灌溉用，同时也作为排水使用，防止雨水多产生积水，特别要注意垄间地头排水的通畅。

6.培土　6月以后，成熟的珠芽逐渐落地，此时可取畦沟细土撒于畦面，厚1～2cm，盖住珠芽，用铁锹稍压实。6～8月培土，可进行2～3次。

7.摘花　对非留种地块或植株应摘除半夏抽出的花苞，以使养分集中于块根，提高质量与产量。

8.间、套作　可与玉米间作，每隔1.2～1.3m种一行玉米，穴距60cm，每穴种2株，可作为荫蔽物。半夏为中性喜阴植物，玉米为阳性喜光植物，二者间作兼顾了半夏生长发育和对环境特点，相得益彰。玉米可调节农田小气候，使温度降低2℃左右，湿度增加11%左右，减少了直射光，增加了散射光光照，为半夏生长创造了良好的生态环境，从而提高产量。

（四）主要病虫害防治

1.病虫害综合防治原则

（1）遵循"预防为主，综合防治"的植保方针　从整个半夏种植基地生态系统出发，综合运用各种防治措施，创造不利于病虫害滋生和有利于各类天敌繁衍的环境条件，保持半夏种植基地生态系统的平衡和生物多样性，将各类病虫害控制在允许的经济阈值以下。

（2）半夏种植基地必须符合农药残留量的要求　国家对中药材的农药残留量已经作出了限量要求，在半夏种植的整个过程中要求药农施用要严格控制。若为药农在半夏种植示范区种植，应让药农提高认识，切记不可滥用或乱用农药，若半夏种植基地农药残留量超标，产量再高，质量仍会降低，药材则为劣质品。

（3）经济阈值的设定　半夏种植基地病虫害防止控制指标，以鲜品产量损失率计算（或估评），低于 15% 为优等指标，15% ～ 25% 为合格指标，若高于 25% 以上今后要作适度调整或实施的防治技术措施的改进。这些指标是建立在农药残留量的规定标准范围内。经济阈值设定在实施过程若有不妥可进行修改。

2. 病虫害防治措施

（1）农业防治　主要农业防治措施，如合理轮作，半夏生产地必须轮作 2 ～ 3 年，不宜与茄科等易感根腐病的作物轮作，可与豆科、禾本科作物轮作倒茬。鼓励轮作期玉米间套种绿肥生态循环种植培肥土壤。秋末、初春要及时清园，铲除杂草，播种行沟用草木灰等消毒。又如，选用抗性品种，留种种茎在储藏期（10 月至次年 2 月）注意保存环境的消毒，防止腐烂，播种种茎大小要基本一致，播种时必须用草木灰等消毒。再如推广全程一次性施肥技术，要一次性施用充分腐熟的沤肥，每亩 3000 ～ 4000kg，以后视苗情合理追肥，追肥要以钾肥为主，要严格控制氮肥用量。

（2）物理防治　主要物理防治措施，如灯光诱杀，利用害虫的趋光性，在其成虫发生期，田间点灯诱杀，减轻田间的发生量。又如人工捕杀，对发生较轻，危害中心明显及有假死性的害虫，应采用人工捕杀，挖出发病中心，减轻危害。

（3）生物防治　主要物理防治措施如保护和利用当地的有益生物及优势种群，控制使用杀虫谱广的农药，以减少虫害发生，提倡使用生物农药，如 BT、木霉菌等。

（4）农药防治　优先采用农业措施，通过选用抗性品种，非化学药剂种球处理，培育壮苗，加强田间管理。特殊情况下，必须使用农药时，应严格遵守中药材规范化生产农药使用原则进行操作。如叶斑病，发病前和初期，可喷施 1∶1∶120 波尔多液或 60% 代森锌 500 倍液，每 7 ～ 10 天行 1 次，连续 2 ～ 5 次。红天蛾 7、8 月幼虫危害叶子时，于幼龄期可人工捕杀或喷施 90% 敌百虫 800 倍液。

五、采收、加工与包装

（一）采收

1. 采收时间　用块茎或珠芽繁殖的，在当年或第 2 年采收；用种子繁殖的，在第 3、4 年采收。春秋两季均可采挖；但于秋季如白露（8 ～ 9 月）后采收，半夏块茎不易去皮，会影响产品质量。

2. 采收方法　选择阴天或者晴天，用小平铲从畦的一端开始采挖，采挖时要求小铲插入畦下 20cm 左右（插入位置应低于半夏块茎分布最底层的分布土）连同半夏块茎和泥土一起铲出土表面，要注意细翻，将直径 0.7cm 以上的半夏块茎拾起，作药或留种，过小的留于土中，继续培植，次年再收。然后去除泥沙，将半夏块茎放入箩筐内，运回后，按半夏块茎大小直径进行分级，一般块茎直径在 1.0cm 以上的不宜作为种源用，适于半夏商品药材用；直径小于 1.0cm 的宜作为种茎用。

（二）加工

将收获的半夏块茎，堆放室内 10～15 天（夏天气温高，时间应短），使其外皮稍腐易脱，然后去皮。用筛先将半夏块茎分为大、中、小三级，分别盛入箩筐，每筐只装一半，于流水中洗净泥沙，再装入麻袋，放在置于浅滩流水中，脚穿长筒胶鞋轻踩，除去外皮；也可用半夏专用脱皮机脱皮。以去净外皮，颗粒洁白为度。严禁使用任何洗涤剂漂洗。操作时，如用手摸半夏，需擦姜汁或菜油，以免中毒。用半夏脱皮机进行加工，工效会提高，但应注意操作，勿使块茎破碎。

去皮完成后，洗净，取出晾晒，不断翻动，晚上收回，平摊于室内，不能堆放，不能遇水。晒至全干，晾晒场地应干净清洁。亦可拌入石灰，促使水分外渗，晒干或烘干。如遇阴雨天气，采用炭火或炉火烘干，要微火勤翻，力求干燥均匀，温度不能过高，一般控制在 35～60℃之间，切忌用急火烘干，避免造成外干内湿的"僵子"，易致使半夏发霉变质，造成损失。燃烧物气体要用管道排放，避免污染半夏。禁止用硫黄等药剂熏蒸。

（三）包装

使用无污染，无破损，干燥洁净，并能防潮，对半夏质量无影响，可以回收或易于降解的轻质材料进行包装，如麻袋、编织袋等。包装外应有标签，标明药材品名、数量、产地、采收日期、包装日期、生产单位、调出数量、包装重量、注意事项及有毒的标志等。

六、商品规格与质量要求

（一）药材商品规格

半夏药材以无杂质、油子、花麻、细粉、粗皮、霉变、虫蛀，身干，粒大，色洁白，质坚实者为佳品。其药材商品规格分为 4 个等级。

一等：干货。呈圆球形，半圆球形或扁斜不等，去净外皮。表面白色或浅黄白色，上端圆平，中心凹陷（茎痕），周围有棕色点状根痕；下面钝圆，较平滑；质坚实；断面洁白或白色，粉质细腻。气微，味辛、麻舌而刺喉。800 粒／千克以内。无包壳、杂质、虫蛀、霉变。

二等：1200 粒／千克以内，余同一等品。

三等：3000 粒／千克以内。余同一等品。

市场上有统货供应，其要求为：干货。略呈椭圆形、圆锥形或半圆形，去净外皮，大小不分。表面类白色或淡黄色，略有皱纹，并有多数隐约可见的细小根痕。上端类圆形，有凸起的叶痕或芽痕，呈黄棕色；有的下端略尖。质坚实，断面白色，粉性。气微，味辣，麻舌而刺喉。颗粒不得小于 0.5cm。无包壳、杂质、虫蛀、霉变。

出口半夏商品规格要求：出口半夏商品规格的要求是：身干，内外色白，体结圆整，无霉粒，无油子，无碎粒，无残皮，无帽。以半夏颗粒大小分为：①甲级：每千克900～1000粒；②乙级：每千克1700～1800粒；③丙级：每千克2600～2800粒；④特级：每千克800粒以下；⑤珍珠级：每千克3000粒以上。出口半夏药材商品规格要求仅供参考，不同进口国家或地区有其相关标准。

（二）药材质量要求

应符合现行《中国药典》半夏药材质量标准要求。

1. 水分　不得过14.0%。

2. 总灰分　不得过4.0%。

3. 浸出物　不得少于9.0%。

4. 含量测定　按干燥品计算，含总酸以琥珀酸（$C_4H_6O_4$）计，不得少于0.25%。

前　胡
Qianhu
PEUCEDANI RADIX

一、概述

前胡原植物为伞形科植物白花前胡 *Peucedanum praeruptorum* Dunn。别名：鸡脚前胡、山独活、土当归、岩风、官前胡等，以根入药，历版《中国药典》均予收载。前胡味苦、辛，微寒，归肺经。具有降气化痰，散风清热的功能，用于痰热喘满，咯痰黄稠，风热咳嗽痰多。前胡亦为常用苗药，苗药名："Reib ghob meilb"（近似汉译音："锐阿闷"），性热，味麻、辣，入冷经。具有祛风湿，止痛，止咳功能。主治感冒头痛，痰喘咳嗽，虚热痰多，痰黄稠粘，嗳逆食少，胸膈满闷等症。

始载于陶弘景的《名医别录》，列为中品。李时珍在《本草纲目》记载："前胡有数种，惟以苗高一二尺，色似斜蒿，叶如野菊而细瘦，嫩时可食，秋月黔白色，类蛇床子花，其根皮黑肉色，有香气为真。大抵北地者为胜，故方书称北前胡云。"宋代的《本草图经》亦载云："春生苗，青白色，似斜蒿，初生时有白芽，长三四寸，味甚香美，又似云蒿，七月内开白花，与葱花相似，八月结实，根细青紫色。"后诸多本草如《证类本草》《植物名实图考》等所述，据考证为白花前胡 *Peucedanum praeruptorum* Dunn。本草记载与现今所用前胡基本一致。

前胡在民间和中医诊所运用较少，主要运用于中成药生产，是生产止咳化痰类药物的主要原材料。是太极急支糖浆、咳喘颗粒、杏苏止咳糖浆、气管炎丸、小儿清肺化痰颗粒、通宣理肺丸等中成药的主药，因此前胡药材产品主要销往国内中成药生产企业。近年来，全国前胡销售价格呈逐年上升趋势，涨幅较平稳。前胡市场销售情况因各产地分布情况不同而有所区别，一般情况下野生前胡比栽培前胡高50～80元/千克。

产于湖北、贵州、湖南、江西等省主要为野生品种。安徽、浙江因栽培量较大而占主导地位。目前，我国前胡每年的需求量约 5000 吨，安徽宁国野生和仿野生种植面积在 20000 亩左右，产量 1500 吨左右，约满足市场需求的 1/3。随着市场需求的增大，野生白花前胡资源日渐枯竭，已难以满足市场的需要，因此，前胡药材生产有着广阔前景。

二、生物学特性

白花前胡的生育期分为 3 个阶段。幼苗期：3 月初至 5 月上旬，白花前胡首先展开的是两片长椭圆形子叶，随着幼苗的生长，陆续长出三出式羽状分裂的基生叶，从出苗到盛叶期，一般生长 4～8 片叶。植株生长期：5 月上旬至 8 月中、下旬，为植株快速生长阶段，此阶段地上部分及地下部分都生长迅速，至 8 月中、下旬地上部分基本达到最大值，不再长高长大，而地下部分的生长也明显减慢或停止。根系生长期：9 月初至 11 月，为根迅速增加的时期。从 12 月到次年 2 月变化不明显，第 2 年 2 月底重新萌发新叶，3 月抽薹开始长出茎生叶。白花前胡次年 6 月上旬开始现蕾，进入花期。全株开花所需时间为 35～40 天。果实成熟时期一般为 9～10 月，从展开花蕾到种子成熟需要 3～4 个月。边开花边结果。全株结果所需时间为 30 天左右。

白花前胡主要生长于海拔 100～2000m 的向阳山坡疏林边缘、路边灌丛中及半阴性的山坡草丛中。喜温暖、湿润气候，耐旱、耐寒，适应性较强，在山地及平原均可生长。主要为亚热带湿润季风气候，年平均气温为 12～26℃，最冷月平均气温 -8～14℃，最热月平均气温 17～29℃，年平均降水量为 405～1700mm。年平均相对湿度 60%～80%，无霜期 200～320 天，适宜白花前胡生长的年平均日照为 1178～2522 小时。适宜白花前胡生长的土壤为富含腐殖质的砂质石灰土、紫色土和黄棕壤。前胡喜肥水，肥水充足，生长最佳，肥水不足，生长不良。水分过多，根系生长不良，地上部分生长迟缓，甚至叶片枯萎，幼苗最忌高温和干旱。

三、适宜区分析及生产基地选择

（一）生产适宜区分析

前胡在全国大部分省区均具有分布，目前安徽、浙江、贵州、湖北、四川、重庆小部分山区为前胡生产最佳适宜区。如在贵州省，白花前胡生产最佳适宜区红花岗区、湄潭、凤岗、德江、石阡、玉屏、黄平、剑河、三穗、岑巩、镇远、大方、七星关区、安龙、兴仁、息烽、惠水等地。

（二）生产基地选择

前胡喜冷凉湿润气候，耐旱、耐寒。适应性较强，在山地及平原均可生长。以肥沃深厚的腐殖质壤土生长最好，粘土及对过于低湿地方不宜栽种。可根据其生长发育特性要求，选择其最适宜区或具良好社会经济条件的适宜区建立规范化生产基地。例如，在贵州省黔东南州黄平县选建的白花前胡规范化种植基地，为中亚热带气候，年平均气温 15.8℃，最低平均气温 3.6℃，最高平均气温 24.9℃，相对湿度 81%，年平均降雨量 1360mm，降雨主要集中在 5～8 月，无霜期 280 天以上，土壤以黄壤为主。

四、规范化种植关键技术

（一）选地整地

1. 选地 选择土层深厚、疏松、肥沃、排水较好、坡度以 25°以下较为合适的土地进行种植，以利根系生长，以便生产出根系肥大，木质化低、柔软、商品性好、质量高的前胡。腐殖质土、油沙土、黄沙壤土最为合适。选用熟土，撂荒地草种较多，不易除草，增加劳动力投入。

2. 整地 种植地要精细整理，冬前清除田间及四周杂草，深翻入土，作为有机肥。次年播前铲除四周及田间的杂草，再行翻犁，碎土耙平，清除杂质待播种。

（二）播种方法

1. 种子处理 播种前 1～2 天将种子晒 3～4 小时，播种时进行种子消毒，方法是用种子量的 0.5% 多菌灵水溶液拌种，以能浸湿种子为宜。拌匀后，再加草木灰（过筛，每亩 50kg 以上），然后搅拌均匀，再行播种，随拌随播。

2. 播种

（1）散播 每亩用种量 2～3kg，清除厢面杂质，耙细整平。将灭菌后的种子与细土拌匀后均匀撒在厢面上。播后盖一层薄土，不见种子即可。

（2）穴播 按行距 30cm、窝距 20cm，窝深 5cm，播后亦盖薄土。

（3）条播 按行距 30cm 开播种沟，沟深 5cm，然后将种子撒播在沟内。

（三）田间管理

1. 中耕除草 白花前胡除草的方式主要为人工除草。一般在封行前进行，中耕深度根据地下部生长情况而定。一般需除草 2～3 次，可保持前胡植株的正常生长。第一次于 4 月底 5 月中旬幼苗长到 5～6cm 时进行，第二次于 6 月中旬到 7 月上旬，第三次于 7 月底至 8 月初进行。

2. 抗旱和排涝 白花前胡耐旱怕涝，但干旱严重影响产量，灌溉方便的园地，要进行适当的浇水，一般 3～4 次，关键在 8～10 月，要随时清沟排水。

3. 合理施肥 基肥以腐熟农家肥和草木灰为主，每亩用腐熟农家肥 2000kg 和草木灰 150～200kg。追肥以复合肥为主，在 5 月底 6 月初及时施复合肥 10kg。随后在白露前后，每亩施复合肥 25～50kg。

（四）病虫害防治

1. 农业防治 主要农业防治为疏沟排水，栽种时在田间开深沟、起高垄减轻因大雨、低洼造成的积水，降低田间湿度，增强抗病性。定期清洁田园，铲除周围杂草，减少害虫迁入机会。冬季深翻土地，清除杂草，消灭越冬虫卵。施用腐熟的厩肥、堆肥后覆土，减少成虫产卵量。

2. 物理防治　主要物理防治措施，如灯光诱杀，利用害虫的趋光性，在其成虫发生期，田间点灯诱杀，减轻田间的发生量。在幼虫发生初期，因幼虫行动缓慢，可人工捕杀。将坏死植株拔除，避免病菌扩散蔓延。

3. 生物防治　主要物理防治措施，如保护和利用当地的有益生物及优势种群，使用生物农药，如 BT、木霉菌等。

4. 农药防治　①白粉病：在未发病时用 25% 的多菌灵喷施；发现病株后喷施甲基托布津防治。②根腐病可选用 50% 托布津或 40% 根腐宁 800～1000 倍液浇灌病根，并灌生石灰对土壤进行消毒处理，避免病菌扩散蔓延。③蚜虫发生期可用 40% 乐果乳剂 1500 倍液或 50% 二嗪农乳油 1000 倍液，每 5～7 天喷洒 1 次，连续 2～3 次。注意喷施叶背面。④刺蛾类发生数量较多时可用 90% 晶体敌百虫 1000 倍液喷施叶背，每隔 10 天喷一次，连喷 2～3 次。⑤蛴螬危害期用 90% 晶体敌百虫 1000～1500 倍液灌根，毒杀幼虫。

五、采收、加工与包装

（一）采收

1. 采收时间　栽后 2～3 年，秋、冬季地上部分枯萎时采收。
2. 采收方法　挖出主根，除去茎叶、泥土。

（二）加工

置于通风处晾 2～3 天，至根部变软时晒干或低温烘干即可。在日晒或烘烤过程中，应除去须根和杂物，或剪除细尾和侧根，称净前胡或条胡，作出口销售。

（三）包装

将干燥白花前胡药材，按 5kg 打包成捆，用无毒无污染材料严密包装。在药材包装前，应检查是否充分干燥、有无杂质及其他异物，所用包装应符合标准。机压时，包装里面应加支撑物防压。并在每件包装上注明品名、规格、等级、毛重、净重、产地、批号，执行标准、生产单位、包装日期及工号等，并应有质量合格的标志。

六、商品规格与质量要求

（一）药材商品规格

前胡商品分长条、头子、尾子 3 种规格。
长条：内色洁白，质软、独根、无尾。一等：头部直径 6cm 以上，尾部直径 2.5cm 以上，身长 10～15cm。二等：头部直径 4.8～6cm，尾直径 2～2.5cm，身长

8～12cm。三等：头部直径 3.5～4.8cm，尾部直径 1.5～2cm，身长 7～11cm。四等：头部直径 3～3.5cm，尾部直径 1～1.2cm，身长 7cm 以下。长条统货：长条四等以下三等头子以上的货。

头子：剪成平头，内坚实。一等：每千克在 100 支以内。二等：每千克在 100～240 支。三等：每千克在 240～360 支。

尾子：均为统货。

（二）药材质量要求

应符合现行《中国药典》前胡药材质量标准要求。

1. 水分　不得过 12.0%。

2. 总灰分　不得过 8.0%。

3. 酸不溶性灰分　不得过 2.0%。

4. 浸出物　醇溶性浸出物不得少于 20.0%。

5. 含量测定　按干燥品计算，含白花前胡甲素（$C_{21}H_{22}O_7$）不少于 0.90%，含白花前胡乙素（$C_{24}H_{26}O_7$）不少于 0.24%。

玄　参
Xuanshen
SCROPHULARIAE RADIX

一、概述

玄参原植物为玄参科植物玄参 *Scrophularia ningpoensis* Hemsl.。别名：重台、玄台、黑参、山玄参、乌玄参等。以干燥根入药，历版《中国药典》均有收载。玄参味甘、苦、咸，微寒，归肺、胃、肾经。具有清热凉血，滋阴降火、解毒散结的功能，用于热入营血、温毒发斑、热病伤阴、舌绛烦渴、津伤便秘、骨蒸劳嗽、目赤、咽痛、白喉、瘰疬、痈肿疮毒等。

玄参药用历史悠久，始载于《神农本草经》，列为中品，称其："一名'重台'，味苦，微寒，无毒。治腹中寒热积聚，女子产乳余疾。补肾气，令人目明。生川谷。"其后诸家本草与中医药典籍等均有收载。如魏晋《吴普本草》载玄参："二月生叶，如梅毛，四四相值。似芍药，黑茎，茎方，高四、五尺。花赤，生枝间，四月实黑。"《名医别录》曰："玄参，生河间川谷及冤句，三月、四月采根，曝干。"宋代苏颂《本草图经》云："玄参，生河间及冤句，今处处有之。二月生苗，叶似脂麻，又如槐柳，细茎青紫色。七月开花青碧色。八月结子黑色。亦有白花者，茎方大，紫赤色而有细毛。有节若竹者，高五、六尺。叶如掌大而尖长如锯齿。其根尖长，生青白，干即紫黑，新者润腻，一根可生五、七枚。三月、八月、九月采，曝干。或云蒸过日干。"明代李时珍

《本草纲目》释其名曰："玄，黑色也。"并引陶弘景谓："其茎微似人参，故得参名。"因其根色黑而形如参，故名。又云玄参："花有紫、白二种。"并言玄参能"滋阴降火，解斑毒，利咽喉，通小便血滞。"

二、生物学特性

玄参系多年生深根植物，生长周期为1年。根据其生长发育特性，可分为种苗期和根茎膨大期。3月中、下旬出苗，以后随气温升高植株生长迅速加快。种苗期约为50天，种苗定植后，一般要经50天新苗才出土，再经25天左右茎叶才发育完全。7月上旬开始抽薹，8～9月开花、结果。抽薹前多为营养生长阶段，抽薹开花为营养生长和生殖生长并进阶段，开花后为生殖生长阶段。玄参地上部分生长发育高峰后，其根部的生长则逐渐加快。7月以后，地上茎逐渐停止生长，地上部分储藏的养分开始向根茎转移，8～9月块根迅速膨大，10月块根充盈。其后气温下降，植株生长速度渐慢，11月以后地上部分则逐渐枯萎。

玄参喜温暖、湿润、雨量充沛、日照时数短的气候，稍耐寒，忌高温、干旱，气温在30°C以下植株生长随温度升高而加快。气温升至30°C以上，生长则受到抑制。地下块根生长的适宜温度为20～30°C。生长期要求雨水均匀。

三、适宜区分析及生产基地选择

（一）生产适宜区分析

玄参分布于我国长江以南，以华东、西南、华南等地为主，如浙江、安徽、江苏、江西、四川、重庆、贵州、云南、湖南、湖北、广西、广东、河南、山东、陕西等地。其中，尤以浙江、四川、重庆、贵州、湖南、江西、山东、河南等地为我国主要分布和生产适宜区。

贵州全省均有玄参分布，以黔北（如道真、正安、红花岗区、凤冈等）、黔东南（如锦屏、榕江、从江、岑巩、凯里等）、黔南（如都匀、平塘、荔波、龙里等）、黔中（如修文、平坝、惠水等）、黔西北（如大方、七星关、水城等）为玄参生产最适宜区。

（二）生产基地选择

按照玄参生产适宜区优化原则与其生长发育特性要求，选择其最适宜区并具良好社会经济条件的地区建立规范化生产基地。玄参最适宜区域的主要生态因子范围为：≥10℃积温2037.0～6101.3℃；年平均气温13.1～23.6℃；1月平均气温-4.9～8.4℃；1月最低气温-9.7℃；7月平均气温17.8～29.2℃；7月最高气温34.1℃；年平均相对湿度61.0%～83.2%；年平均日照时数1112～2527小时；年平均降水量485～1595mm；土壤类型以红壤、黄壤、黄棕壤、棕壤、褐土等为主。如贵州省遵义市道真、正安县等地均已建立了玄参规范化种植基地，当地有种植玄参的条件和经验。

四、规范化种植关键技术

（一）选地整地

1. 选地　玄参对地形要求不严格，地势以向阳、背风、低坡为宜，平原、丘陵、低山、山地、坡地均可。宜选温暖湿润、土壤疏松、肥沃深厚、排水良好的砂质壤土作种植地。土壤过于黏重、易于积水的地块不宜作种植地。切忌与白术连作。

2. 整地　玄参为深根性植物，耕作时应深翻。春季栽植的应于上一年冬天整地，拣尽杂物，深耕30cm以上，施足基肥，每亩施厩肥1500～2500kg，并配合施入适量磷、钾肥，翻入土中。次年2～3月移栽定植前，再翻耕，耙碎，整平，作畦，畦宽120～140cm，畦高20～25cm，畦间25～30cm。

（二）播种时间与播种方法

1. 种子播种法　可春播或秋播。一般春播，先在整好的苗床上浇透水，待水渗下后，将种子均匀撒播或条播，用细土覆盖，然后畦面再用一层稻草覆盖，以保温、保湿和防止雨水冲坏幼苗，同时经常喷水，拔草。一般间苗2～3次，如幼苗瘦弱，可追施少量的肥料。5月上中旬，苗高5～7cm时，即可定植移栽。栽种密度，按行株距40cm×30cm定植，每亩种植5500株左右。

2. 子芽播种法　在秋末冬初玄参收获时，选择无病害、白色、粗壮、侧芽少、长3～4cm的白色不定芽，从芦头上掰下留作繁殖材料。种芽摊放在室内1～2天，以免入坑发热腐烂。选择干燥、排水良好的地方挖土坑储藏，坑深30～40cm，长宽不宜过大，将种芽放入坑中，堆成馒头形，厚约33cm，盖土7～10cm，以后视气温下降情况，逐步加土或覆盖稻草，防止种芽受冻。在种芽储藏期间要及时检查，发现霉烂、发芽、发根，及时翻坑，将烂芽、变质芽拣出坑外。开春前，随天气变暖逐渐去掉盖土，以防种芽伸长。也可用室内地窖贮藏，在储藏期，保持温度在5℃以下，并注意防止发热烧堆引起种芽伸长或干枯。下种时间一般在12月至翌年3月，以早种为好。早种根系发达，生长旺盛，产量高。在准备好的畦面上，按行株距35cm×35cm开穴，深8～10cm，每穴放子芽的根茎1～2个，芽头向上，覆土厚5cm左右，每亩用种40～80kg，下种后要及时浇水，保持土壤湿润。

3. 其他播种方法　玄参尚可采用根头、分株及扦插法等进行无性繁殖。如在玄参采收时，将根头分割成块，每块带子芽1～2个，以供玄参根头繁殖用。在玄参种植的第二年春季，于玄参的蔸部根茎处萌生许多幼苗，到5月其苗高约30cm时，每蔸除留2～3株壮苗外，剩下的其余带根幼苗均可供玄参分株繁殖用。在5月时将玄参植株的老枝剪段，或在7月时玄参植株生长基本定型后，取其嫩枝供扦插繁殖用。

（三）田间管理

1. 及时除草　玄参出苗后，视生长情况，及时中耕除草。一般每年中耕除草2～3

次，第一次在 4 月中旬齐苗后，第二次在 5 月中旬，第三次在 6 月中旬进行。中耕不宜过深，避免伤根。

2. 分期追肥 结合中耕除草，每年追肥 3 次。第一次在齐苗期，每亩施腐熟人畜粪尿 2000kg。第二次生长旺盛期施草木灰亩用 100kg。第三次每亩施厩肥或土杂肥 2500kg，撒入畦面，结合中耕除草压入土内。追肥时在玄参一侧开穴，严防伤及玄参块根，施后盖土。

3. 培土 培土时间于第三次追肥后进行，将畦沟底部分泥土堆放于玄参植株旁即可。培土与中耕除草、施肥结合进行，可起到固定植株，防止倒伏，保湿抗旱及保肥作用。

4. 间苗 玄参定植后，第二年从根际萌生许多幼苗，选留壮苗 2～3 株，其余的用于补缺或繁殖材料。

5. 摘蕾 当玄参植株上部开花时，应将花序分批剪去，不使其开花结籽，使养分集中于地下块根部位，提高产量和质量。

6. 排灌 玄参生长期，如果长期干旱，要进行灌溉。灌溉一般在早晨或傍晚进行。玄参地面发现有积水时，要及时排除，否则引起烂根。

（四）主要病虫害防治

1. 农业防治 选择禾本科作物轮作，尽量避免与白术、甘薯、花生、地黄、白芍等作物轮作。有机肥经腐熟后施用，结合中耕除草，促使植株生长健壮，增强抗病能力。注意开沟排水，降低田间湿度，增加通风透光，多雨地区应采用高畦种植。玄参收获后，及时清除田间残株病叶集中烧毁。发现病株及时拔除，移去烧毁，去除病穴土壤，并在病穴及四周撒石灰粉消毒。

2. 物理防治 利用害虫的趋光性，在其成虫发生期，田间点灯诱杀，减轻田间的发生量。又如人工捕杀，对发生较轻，危害中心明显及有假死性的害虫，应采用人工捕杀，挖出发病中心，减轻危害。也可用糖醋液诱杀成虫，清晨人工捕捉幼虫。

3. 生物防治 保护和利用当地的有益生物及优势种群，以减少虫害发生，或提倡使用生物农药，如 BT、木霉菌等，或撒施大麦芒、茶籽饼粉 4～5kg 减轻蜗牛、地老虎的危害。

4. 农药防治 ①整地时每亩用 15kg 的 30% 菲醌或石灰 50kg 翻入土中，进行土壤消毒。②7～8 月棉叶螨发生期，在傍晚或清晨喷洒双甲脒 20% 乳油 1000～2000 倍液，每隔 5～7 天一次，连喷 2～3 次。③栽前用 50% 甲基托布津 1000 倍液浸种 5 分钟后晾干栽种。④6～8 月叶枯病发生较重时期，每 7～10 天喷施 1:1:100 波尔多液进行保护，连续喷 3～4 次。5 月中旬可喷施 500～800 倍代森锌液，每 10～14 天一次，连续喷 4～5 次。⑤地老虎田间发生期可用 90% 敌百虫 1000 倍液浇灌根部进行防治。

五、采收、加工与包装

(一) 采收

1. 采收时间　在玄参栽种后，于当年 11 月中旬，当玄参地上部分茎叶枯萎时，进行采挖，过早采收，根茎内干物质积累不充分，质嫩，折干率低，品质差。过迟采收，根茎上长出新芽，消耗了养分，影响产量和质量。

2. 采收方法　采收选晴天进行，待茎叶枯黄时采挖，先割去茎秆，然后将地下部分刨起，刷净泥沙，把带有子芽的根状茎挑出，注意不要挖断根，掰下块根，去掉芦头，将玄参根茎及时运输到产地加工现场，以免鲜品堆积发热生霉，影响质量。

(二) 加工

玄参采收后立即用水冲洗干净，摊放在晒场上曝晒 4～6 天，经常翻动，使上下块根受热均匀，每天晚上堆积起来，盖上稻草或其他防冻物，否则块根内会出现空泡。待晒至半干时，修去芦头和须根，堆积 4～5 天，使块根内部逐渐变黑，水分外渗，然后再晒 25～30 天至八成干。如块根内部有白色，需继续堆积，直至发黑。发汗的玄参，要按大小进行分级，使玄参发汗时间均匀，即能达到质量要求。如遇阴雨天，可烘烤干燥，温度在 50～60°C，其他按日晒方法进行。玄参堆晒至全干需 40～50 天，玄参折干比为 5：1。所有加工设备使用完毕后应及时清理晒干或烘干，以备下一次使用。

(三) 包装

将干燥玄参药材按 40～50kg 打包成捆，用无毒无污染材料严密包装。亦可用麻袋包装或装于内衬白纸的木箱内。在包装前应检查是否充分干燥、有无杂质及其他异物，所用包装应符合药用包装标准，并在每件包装上注明品名、规格、等级、毛重、净重、产地、批号、执行标准、生产单位、包装日期及工号等，并应有质量合格的标志。

六、商品规格与质量要求

(一) 药材商品规格

玄参药材以根条粗壮，皮细薄，肉肥厚，体重，不空泡，质坚性糯，断面碴口乌黑油润为佳。其药材商品规格分为 4 个等级。

一级：干货。呈类纺锤形或长条形。表面灰黄色或灰褐色，有纵纹及抽沟，质坚实，断面黑色，微有光泽。气特异似焦糖，味甘、微苦。每千克 ≤ 36 支，支头均匀。无空泡。无芦头，无虫蛀，无霉变，杂质少于 3%。

二级：干货。每千克 ≤ 72 支，余同一等。

三级：干货。每千克 >72 支，个头最小在 5g 以上，间有破块，余同一等。

统货：干货。呈类纺锤形或长条形。表面灰黄色或灰褐色，有纵纹及抽沟，质坚实，断面黑色，微有光泽。气特异似焦糖，味甘、微苦。无芦头，无虫蛀，无霉变，杂质少于3%。

（二）药材质量要求

应符合现行《中国药典》玄参药材质量标准要求。

1. 水分　不得过 16.0%。

2. 总灰分　不得过 5.0%。

3. 浸出物　不得少于 60.0%。

4. 含量测定　按干燥品计算，含哈巴苷（$C_{15}H_{24}O_{10}$）和哈巴俄苷（$C_{24}H_{30}O_{11}$）的总量不得少于 0.45%。

山豆根

Shandougen

SOPHORAE TONKINENSIS RADIX ET RHIZOMA

一、概述

山豆根药材来源于豆科植物越南槐 *Sophora tonkinensis* Gagnep.。别名：广豆根、柔枝槐、豆根、山大豆根、苦豆根等，以干燥根和根茎入药。山豆根在历版《中国药典》中均有收载。山豆根味苦，寒，有毒，归肺、胃经。具有清热解毒，消肿利咽的功能，用于火毒蕴结，乳蛾喉痹，咽喉肿痛，齿龈肿痛，口舌生疮等。

山豆根始见于《开宝本草》，称"主解诸药毒、止痛、消疮肿毒"。《本草图经》亦载，云："山豆根生剑南山谷，今广西亦有，以忠州、万州佳，苗蔓如豆，根以此为名。叶青，经冬不凋，八月采根用……广南者如小槐，高尺余……"《本草经疏》谓"山豆根为解毒清热之上药"。《本草求真》载"山豆根解咽喉肿痛第一要药"。《本草纲目》中指出："解诸药毒，止痛消疮肿毒，发热咳嗽……杀小虫，含之咽汁解喉肿较好……治女人血气腹胀……猝患热厥，心腰痛。诸热肿秃疮、蛇、狗、蜘蛛伤。"以上记载，与植物越南槐相符。

二、生物学特性

春季播种的山豆根，经营养地生长，于第二年5月下旬在枝顶形成花芽，进入生殖生长期。花枝由多个总状花序形成圆锥状花序，花序轴上产生花芽，逐渐形成花蕾。每个总状花序上形成 20～40 朵小花。小花开放后，经过 25～35 天，于7月至8月由下向上渐次形成链珠状黄绿色的荚果，荚果未成熟时为绿色，成熟时为黄绿色至黄色，易开裂。

三、适宜区分析及生产基地选择

（一）生产适宜区分析

越南槐主要分布于贵州、云南、广西、广东、江西等地，在越南北部也有分布。越南槐的地理分布主要是在我国广西的西南部至西北部以及贵州和云南的东南部，横跨北纬 22° 21′～ 26° 6′，东经 103° 20′～ 108° 45′的地区。生产适宜区一般为海拔高度 500 ～ 1400m 的石灰岩山地区域，如在广西罗城、南丹、凤山、乐业、田林等地，贵州罗甸、平塘、惠水、长顺、紫云、镇宁、册亨、安龙和兴义县市等地。

（二）生产基地选择

按照越南槐生产适宜区优化原则与其生长发育特性要求，选择最适宜或适宜且有良好社会经济条件的地区建立规范化种植基地。应选择土壤多为黑色石灰土、黄色石灰土，pH 为 6.0 ～ 7.5；其气候温暖湿润，1 月平均气温 3.7℃以上，7 月平均气温 23 ～ 27℃，极端最低气温 0 ～ –7℃，≥ 10℃的积温多在 3900℃以上；降雨量 1000mm 以上等环境的区域生发展山豆根的种植或抚育。贵州现已在紫云、安龙、兴义市等地进行了山豆根人工栽培与保护抚育。

四、规范化种植关键技术

（一）选地整地

1. 选地　前作以玉米等禾本科植物为好，也可在黄柏等幼林地进行套作。以排水良好、腐殖质较丰富，pH 为 5.5 ～ 7.0 的土壤为佳。

2. 整地　移栽前 10 ～ 15 天进行整地，清除杂草，深耕土地 25cm。按行距 40cm、株距 40cm 挖穴，穴长、深、宽为 20cm×15cm×15cm，每穴施入厩肥、堆肥、草木灰混合肥 2 ～ 3kg，肥土拌匀后，即可种植。

（二）种植方法

1. 种子育苗　秋播在 11 ～ 12 月，种子晾干后进行，春播时间为 2 月底至 3 月中旬。种子经催芽露白后在畦面上按株行距 40cm×40cm，以品字形开穴，呈两行点播，覆土厚 3cm。或在整好的河沙苗床上按株行距 5cm×10cm 条播。当苗高 10cm 以上移栽。

2. 扦插繁殖　选择生长健壮、无病虫害危害的植株，剪取直径 0.5 ～ 1.0cm 的一年生枝条，取中下段截成长约 25cm 的带有 2 ～ 3 个芽的短枝段。用吲哚乙酸 150mg/L 溶液浸泡插条下端约 1/3，浸泡 5 小时，取出后扦插。①插床与基质：以洁净河沙或蛭石为基质，做宽 120cm、厚 30cm 的插床，并配遮阳网。②扦插时间：春季在 3 月，秋季在 10 月中旬至 11 月。③扦插方法：扦插时用小铲子在插床内开 15cm 深的沟，将插条按株行距 5cm×15cm 斜摆入沟内，入沙深 2/3，覆沙，使插条与沙面呈 45°，浇透水。

3. 移栽 每穴栽种移栽苗 1 株。苗根自然伸展开，覆土过根茎，向上轻提苗，然后稍压实覆土，浇足定根水。耕地每亩栽种约 4500 株，石灰岩山坡旮旯地每亩 2000～3000 株。

（三）田间管理

1. 中耕除草 每年 3～4 月、7～8 月和 11 月分别浅中耕除草一次。幼苗期可在畦面铺上稻草。坡地免耕穴栽可割去周边草灌丛，覆盖于穴上。

2. 灌排水 苗期应保持土壤湿润，遇旱要及时灌水。雨季做好排水工作。

3. 施肥 配合中耕除草进行施肥，每年施两次复合肥。幼苗生长期平均每株约 10g，第二年后平均每株约 20g，均匀撒施于植株旁的地面，施后培土。

（四）主要病虫害防治

1. 病虫害综合防治原则 ①遵循"预防为主，综合防治"的植保方针：从山豆根种植基地整个生态系统出发，综合运用各种防治措施，创造不利于病虫害滋生和有利于各类天敌繁衍的环境条件，保持山豆根种植基地生态系统的平衡和生物多样性，将各类病虫害控制在允许的经济阈值以下。②山豆根种植基地必须符合农药残留量的要求：国家对中药材的农药残留量已经做出了限量要求，在山豆根种植的整个过程中要求药农施用要严格控制。若为药农在山豆根种植示范区种植，应培训药农提高认识，切记不得滥用或乱用农药，要告知药农，若山豆根种植基地农药残留量超标，产量再高，质量仍为降低，药材则为劣质品。③经济阈值的设定：山豆根种植基地病虫害防止控制指标，以鲜品产量损失率计算（或估算），低于 15% 为优等指标，15%～25% 为合格指标，若高于 25% 以上今后要作适度调整或实施的防治技术措施作改进。这些指标是建立在农药残留量的规定标准范围内。经济阈值设定在实施过程中若有不妥可做修改。

2. 主要病虫害及其防治措施 按照"农业防治、物理防治、生物防治为主，化学防治为辅"的无害化控制原则进行。使用农药防治应按照 GB 4285 规定执行。①根腐病：发病初期以百菌清或甲基托布津 500～800 倍液连续灌根 2～3 次。②白绢病：发病初期以多菌灵或脱菌特 500～800 倍液灌根或喷雾，连续使用 2～3 次。③蛀茎螟虫：卵期及幼龄期以乐斯本或乙酯甲胺磷兑水 800 倍喷雾或从蛀口灌入。④豆荚螟：在孕蕾开花期用敌百虫或辛硫磷兑水 800～1200 倍喷雾防治豆荚螟。⑤红蜘蛛发病初期用乐果或吡虫啉 1200～1500 倍液喷雾。⑥蚧壳虫：用敌敌畏或吡虫啉 1200～1500 倍液喷雾。

五、采收、加工与包装

（一）采收

1. 采收时间 种植 3～4 年后，于秋季 10 月下旬至 11 月中旬采收。

2.采收方法　将根部挖出，除去地上部分，保留根和根茎。地上部分枝条也可进行扦插育苗。根茎挖出运回后，需趁鲜在产地及时产地加工。洗净泥土后晒干水汽，切为0.5cm厚的斜片，晒干或烘干。

（二）包装

选用无毒、无污染布袋、麻袋、塑料编织袋等。装袋后将袋口封严。标识、合格证等标识应清晰并按要求粘贴牢固清晰，并在每件包装上注明品名、规格、等级、毛重、净重、产地、批号、执行标准、生产单位、包装日期及工号等，并应有质量合格的标志。

六、商品规格与质量要求

（一）药材商品规格

山豆根药材以无杂质、霉变、虫蛀，身干，根条长圆柱形，质坚硬，难折断，断面皮部浅棕色，木部淡黄色，有豆腥气，味极苦者为佳品。商品规格为统货，暂未分级。

（二）药材质量要求

应符合现行《中国药典》山豆根药材质量标准要求。

1.水分　不得过 10.0%。

2.总灰分　不得过 6.0%。

3.浸出物　醇溶性浸出物不得少于 15.0%。

4.含量测定　按干燥品计算，含苦参碱（$C_{15}H_{24}N_2O$）和氧化苦参碱（$C_{15}H_{24}N_2O_2$）的总量不得少于 0.70%。

血人参
Xuerenshen
INDIGOFERAE RADIX

一、概述

血人参原植物为豆科植物茸毛木蓝 *Indigofera stachyodes* Lindl.，又名铁刷子、山红花、红苦刺。以干燥根入药，收载于 2003 年版《贵州省中药材、民族药材质量标准》。具有补虚，活血，固脱的功效，主治崩漏，久痢，跌打，风湿，溃疡久不收口等，亦为贵州省少数民族用药，广泛应用于民间。

据《中华本草》（苗药卷）和《贵州苗药医药研发与开发》记载血人参为苗族习用药材，苗语名 Vob bex teb xok（窝布套学）。血人参根形似人参，根皮色红如血，故名。

由于多年的无序采挖，血人参野生资源逐渐减少，有些产地濒临枯竭或处于枯竭状态，分布地域日趋缩小，所以要加强保护，建立培育基地。

二、生物学特性

血人参为深根系植物，8月枝叶生长最为茂盛。花期较长，4～8月，盛花期在5、6月。果期为11月。千粒重5.2g左右，发芽率为90%左右。

三、适宜区分析及生产基地选择

（一）生产适宜区分析

血人参主要分布在贵州、云南、广西等地，生于山地、沟谷、路边，如贵州贵阳市、六盘水市及其周边，尤以六盘水市分布广，储量大。贵州高原西部及西南部的盘州市、水城县、六枝特区、紫云县、普安县、关岭县为血人参生长适宜区。贵州省内血人参野生资源主要分布在北纬25°47′～26°28′，东经104°49′～105°23′，生于海拔700～2400m的向阳山坡或山地疏林灌木丛中等处，土壤类型多样，以黄壤分布最广。

（二）生产基地选择

目前，药材血主要原材料来源野生资源，2009年开始对血人参进行了种植研究，现有种质资源圃1000余平方，良种繁育圃100余亩，规范化种植基地1000余亩，主要分布在修文县、六枝特区、普安县等地。其基本条件为海拔1000～1300m，大气无污染，中亚热带湿润气候，年平均温度14～16℃，无霜期≥300天，空气相对湿度65%～83%，日照少，年降雨量980～1240mm，水质无污染，有可供灌溉的水源及设施。土壤肥沃、疏松、保水保肥、耕作层厚30cm左右的壤土或砂质壤土。pH值为6.0～7.5。

四、规范化种植关键技术

（一）选地整地

1.选地 应选择向阳、排灌方便、土壤肥沃、土质疏松的壤土或者沙质壤土。坡度：5°～15°。土壤以弱酸性黄壤为主。

2.整地 于10、11月，深翻土地30cm以上，埋入优质腐熟农家肥4000kg/亩，均匀施入土壤内，再深翻30cm。使肥土充分混合，再进行整平耙细。整平耙细后作畦，畦面宽100cm，长视土地定，畦面高出地面10～15cm，待用。

（二）移栽定植

1.种子繁殖 12月中至下旬，种子大部分开始变成褐色或棕色，即可采种。选择生长健壮、无病虫害、结实率高的植株，连果枝一起采收，使其在室内自然阴干。装入种子袋，放入冰箱冷藏保存。选择种子籽粒饱满，整齐一致，净度不低于98%，发芽率不低于90%。种前将种子置于50～55℃的热水中，不断搅拌，直至水温降到30℃左右时，停止搅拌，浸泡4～5小时，滤干备用。

（1）播种　4月初播种，在整好的苗床上按行距20cm开沟，深3～5cm，将种子均匀播入沟内，每沟约20粒。覆土厚度2～3cm，稍压实，保持土壤湿润。土地墒情差的地块，播种后浇透水，在苗床上搭上小拱棚。

（2）苗床管理　出苗后30～40天完全揭膜，苗长至约5cm时进行间苗，使苗密度控制在100株/m²，苗长至15cm左右时，揭开小拱棚进行炼苗。

（3）移栽　第二年春季，在移栽前一天，浇透苗床，用小锄头沿沟小心挖起血人参苗，避免伤根。修去根损伤茎尖2～3cm。在苗床地边建长宽2m×2m，深40cm的小池，倒入500kg细土和无污染水搅拌成浆，将血人参苗按50株/把捆成小把，然后将小把血人参根部蘸浆，并将血人参苗1/2的叶片剪掉，割去距芦头20cm处枯枝，保持根部长度20cm左右，切口用草木灰涂抹消毒。在整理好的土地上按照50cm×50cm密度开穴，穴深30cm，按每亩地施15kg复合肥，用土覆盖复合肥后种植血人参种苗，每穴一株，扶直培土压紧，浇定根水。

2. 芦头繁殖　在采挖血人参时，选取生长健壮、无病虫害的植株，将其主根切下作为药材，而直径1cm以下的细根连同根茎上的芦头留作种栽。11月下旬至12月上旬，在畦面上按株行距50cm×50cm挖穴，深度以细根自然伸直为宜，将种栽芦头朝上直立栽入穴内，覆土、压实，稍露心芽，最后浇上定根水即可。

（三）田间管理

1. 中耕除草　血人参幼苗期生长较慢，需时常查看，见草即除。两个月以后，血人参进入生长旺盛期，进行一次中耕锄草，适当培土，促使壮株，后期杂草因血人参荫蔽作用已不能正常生长，不用再除草。

2. 合理追肥　血人参生长旺盛期，若底肥不够，影响生长，需追加一定量农家肥，一般每亩施入人畜肥1000～1500kg，不能施用化学肥料。

3. 排水防涝　血人参耐旱，根系深，田间不能积水，干旱气候一般不用浇水，雨季要防止积水，及时排涝，以免导致烂根。

4. 摘除花朵　血人参的花果期持续时间较长，会致使消耗大量的营养成分，影响根生长，若非采种田，可在花蕾形成前及时将花芽摘去。以促进养分集中转移到收获物根部，有助于产量提高。

（四）主要病虫害防治

1. 病虫害综合防治原则　遵循"预防为主，综合防治"的植保方针，从血人参种植基地整个生态系统出发，综合运用各种防治措施，创造不利于病虫害滋生和有利于各类天敌繁衍的环境条件，保持血人参种植基地生态系统的平衡和生物多样性，将各类病虫害控制在允许的经济阈值以下。

2. 病虫害防治措施　①根腐病：早期可用根腐灵 200 ～ 300 倍液灌根 2 ～ 3 次，发病后期，需及时挖出烧毁，并用多菌灵或生石灰对土地消毒，以防止传播。②叶斑病：加强田间管理，增施磷、钾肥，或者叶面喷施 0.3% 磷酸二氢钾以提高植株抗病性。田间少量发病时应立即摘去病叶，并集中烧毁以减少传染源。发病期选用 50% 多菌灵800 ～ 1000 倍液或者 70% 甲基托布津 800 倍液等药剂喷施。③根结线虫病：加强检疫，防治根结线虫随种苗远距离传播。病区实行 3 年以上轮作，以与禾本科、葱蒜类作物轮作为宜。在有条件的地区实行水旱轮作效果更为理想。培育无病壮苗。清除田间病残体及杂草以降低土壤虫源基数。深耕和翻晒土壤，减轻危害。选用克线磷 10% 颗粒剂在根部附近穴施或撒施，用量 2 ～ 3kg/ 亩；或用 1.8% 阿维菌素乳油 300 ～ 400 倍液喷施土壤 1 ～ 2 次，用量 1.5 ～ 3kg/ 亩。④菌核病：加强田间管理，及时排灌水。发病初期及时拔出病株，并用 50% 氯硝胺 0.5kg 与石灰 10kg，撒在病株茎基部及周围土面，防止蔓延，或用 50% 速克灵 1000 倍液浇灌。⑤蚜虫：彻底清园，消灭越冬虫源，清除附近杂草。危害期选用 10% 吡虫啉 4000 ～ 6000 倍液，或 40% 乐果 1200 倍液，或灭蚜松乳剂 1500 倍液等药剂喷施。⑥小地老虎：3 ～ 4 月，清除植株周围杂草和枯枝落叶，消灭越冬幼虫和蛹。清晨日出前检查植株，发现被害新芽附近土面有小孔，立即挖土捕杀幼虫。4 ～ 5 月地老虎开始危害时，用 90% 敌百虫 1000 倍液浇穴。

五、采收、加工与包装

（一）采收

1. 采收时间　血人参栽种后，在大田生长 3 年或者 3 年以上即可采收。采收时间为11 ～ 12 月或者早春发芽前，选晴天采挖，先将地上部分枝干除去，由于血人参根部较深，采用挖机进行采挖，这样能将血人参彻底挖出，挖出整株置原地晒至根部泥土稍干燥，抖尽泥沙，切除地上部后运回产地加工。

2. 采收方法　将采收的血人参鲜根条进行洗净切片，切片的厚度为 0.2cm，晒至全干即成品血人参。

（二）包装

血人参经晒干或者烘干后，手感药材干燥，含水量在 8% 以下，利用挑选、筛选等方法除去杂质后用清洁卫生的聚乙烯编织袋包装，编织袋要求无字且颜色统一，包装时药材不能裸露在外并按照标准进行定量包装。在外包装上贴标签，标签上注明品名、批号、规格、重量、产地、采收时间、注意事项等，并附质量合格标志。

六、商品规格与质量要求

（一）药材商品规格

血人参以其根部粗大，外皮呈灰棕色，内皮显灰紫色，质坚硬，断面血红色为最佳品。药材呈长圆锥形，长 10～80cm，直径 0.5～3cm，根头部膨大，下端渐细，略弯曲，侧根稀疏。表面棕黄色、灰褐色或灰黄色，可见不规则细纵皱纹及横长皮孔，刮去外皮后呈红棕色。质坚硬，不易折断。折断面不平坦，皮部与木部易剥离，皮部呈红棕色，木部黄白色或暗红棕色。饮片皮部与木部通常分离，木部通常可见同心性环纹，放大镜下可见暗红棕色斑点。水浸液呈深红色，气微、味淡，有豆腥味。

（二）药材质量要求

为地方使用药材，应符合当地现行地方药材标准，如贵州省使用应符合（2003 年版）《贵州省中药材、民族药材质量标准》血人参药材质量标准要求。

重 楼
Chonglou
PARIDIS RHIZOMA

一、概述

重楼原植物为百合科云南重楼 *Paris polyphylla* Smith var. *yunnanensis*（Franch.）Hand.–Mazz. 或七叶一枝花 *Paris polyphylla* Smith var. *chinensis*（Franch.）Hara。别名蚤休、独脚莲、七叶一枝花、草甘遂、草河车等。以干燥根茎入药，历版《中国药典》均予收载。重楼味苦，性微寒，有小毒，归肝经。具有清热解毒，消肿止痛，凉肝定惊的功效，用于疔肿痈肿，咽喉肿痛，蛇虫咬伤，跌扑伤痛，惊风抽搐等症。

重楼药用历史悠久，以"蚤休"之名首载于《神农本草经》曰："蚤休。味苦微寒，治惊痫，摇头，弄舌。热气在腹中，癫疾，痈疮，阴蚀，下三虫，去蛇毒。生山谷。"其后诸家本草多予收录，如魏晋《名医别录》云："蚤休有毒，生山阳川谷，及冤句。""重楼"之名始见于唐代《新修本草》"今谓重楼名是也，一名重台，南人名草甘遂，苗似王孙、鬼臼等，有二三层，根如肥大菖蒲，细肌脆白……醋摩疗痈肿，敷蛇毒，有效"。明代李时珍《本草纲目》亦云："蚤休，根气味苦，微寒，有毒。主治惊痫，摇头弄舌，热气在腹中，癫疾，痈疮阴蚀，下三虫，去蛇毒。生食一升，利水。治胎风手足搐，能吐泄瘰疬。去疟寒热。"

二、生物学特性

重楼为多年生植物，生长在荫蔽环境，根茎生长缓慢，生长周期较长，从发芽到药用一般需 7 年以上时间。重楼叶面积小，植株萌发力低，一般一年只萌发 1 个地上茎。3 月萌动，花期 5～7 月，果期 8～10 月。重楼成熟果实中种子的胚尚未完全发育，种子需经过两次低温休眠才能萌发，在自然情况下经过两个冬天才能出土成苗。到了冬季，地上部分枯萎，进入休眠期。不同地区的物候期会产生一定的差异。

三、适宜区分析及生产基地选择

(一) 生产适宜区分析

云南重楼主要分布于我国西南部的云南、贵州、四川、湖南等地,生长于海拔1400～3100m的常绿阔叶林、云南松林、竹林、灌丛或草坡中。七叶一枝花主要分布于我国四川、贵州、云南、广西、广东、湖北、湖南、安徽、江西、江苏、浙江、福建、台湾,生长于海拔1100～2800m的常绿阔叶林、竹林、灌丛。如贵州省重楼最适宜区为七星关、纳雍、威宁、赫章、大方、梵净山、水城、贵定、罗甸、云雾山、正安、道真、务川、红花岗区、西秀区、紫云等县市(区)。

(二) 生产基地合理选择

按照重楼生长适宜区优化原则与其生长发育特性要求,选择其生长最适宜区或适宜区且具良好社会经济条件的地区建立规范化生产基地。如贵州宜选气候凉爽,雨量适当,具有良好透水性的微酸性腐殖土或红壤土。例如,毕节市七星关区、铜仁市的梵净山区、六盘水市的盘州市以及安顺市的西秀区和紫云等地,均建立了重楼规范化生产基地。

四、规范化种植关键技术

(一) 选地整地

选择日照较短的背阴缓坡地或平地,土层深厚肥沃、质地疏松,保水性、进水性都较强的夜潮地、灰泡土、腐殖土地种植最为理想。按宽1.2m、高25cm作畦,畦沟和围沟宽30cm,使沟沟相通,并有出水口。此外,间隔10m左右,纵向深挖一条主排水沟。主排水沟深度和宽度应分别在60cm以上、50cm以上。每亩施入2000～3000kg腐熟的农家肥作基肥。

(二) 移栽定植

1. 移栽时间 10月中旬至翌年1月上旬。

2. 种植密度 按株行距15cm×20cm进行移栽。

3. 种植方法 在畦面横向开沟,将顶芽芽尖向上放置,用开第二沟的土覆盖前一沟,以此类推。播完后,用松针或稻草覆盖畦面,厚度以不露土为宜,起到保温、保湿和防杂草的作用,栽后浇透水,以后根据土壤墒情浇水,保持土壤湿润。

(三) 田间管理

1. 中耕除草 由于重楼根系较浅,而且在秋冬季萌发新根,在中耕时必须注意,并要浅松土,勤中耕,随时注意清除杂草。立春前后苗逐渐长出,发现有杂草应及时进行人工拔除，不能伤及幼苗和地下根茎。9～10月前后，地下茎生长初期，用小锄头轻轻中耕，不能过深，以免伤害地下茎，以免影响重楼生长。

2. 排水灌溉 移栽后使土壤水分保持在30%～40%之间。平时墒面盖草或松针，以利于保湿、防草和除草。出苗后，有条件的地方可采用喷灌，以增加空气湿度。促进重楼的生长。雨季来临前要注意理沟，以保持排水畅通。

3. 追肥培土 重楼通常有地上部分开花、地下块茎就膨大的生长规律，一般6月中、下旬到8月生长最快。因此，须在6月上旬重施追肥，每亩用腐熟农家肥2000～3000kg，加普钙20～30kg。追肥于根部后，还要结合清沟大培土，土必须松散，保持墒面、沟底无积水。既要结合培土，又要结合施用冬肥。

4. 遮荫 重楼忌强光，怕高温，移栽定植后应及时搭建遮荫棚或利用藤本作物的茎蔓棚架遮荫。

5. 合理施肥 重楼栽培以基肥为主，冬季施肥一般在11月下旬至12月上旬进行，首先在表土轻轻中耕一次后，选晴天，每亩施复合肥10～15kg。然后在上面覆盖厩肥2000kg，再在上面覆盖一些细泥土。立春前后，幼苗出表土，苗高3cm左右时，要及时追肥。春肥一般在苗出齐后施腐熟农家肥1～2次，每亩每次用1000～1700kg，其后用叶面肥喷施两次。

（四）主要病虫害防治

1. 病虫害综合防治原则 遵循"预防为主，综合防治"的植保方针，从重楼种植基地整个生态系统出发，综合运用各种防治措施，创造不利于病虫害滋生和有利于各类天敌繁衍的环境条件，保持重楼种植基地生态系统的平衡和生物多样性，将各类病虫害控制在允许的经济阈值以下。

2. 病虫害防治措施 ①根茎腐烂病：及时防治线虫等地下害虫的危害。发病初期用50%多菌灵可湿性粉剂1000倍液灌施病穴，或1%硫酸亚铁液或生石灰施在病穴内进行消毒。②猝倒病：加强田间管理，注意降低土壤湿度，培育壮苗，雨后注意排水，防止湿气滞留。及时防治地下害虫的危害。发病后及时拔除病株，用75%百菌清可湿性粉剂600倍液，或70%代森锰锌可湿性粉剂500倍液等浇灌病区。③茎腐病：采用高畦苗床以利排水，施用腐熟有机肥，增强植株抵抗力。初发现病株，应及早挖除，集中深埋。中耕除草不要碰伤根茎部，以免病菌从伤口侵入。发病期用70%敌克松原粉1000倍液，或72%杜邦克露可湿性粉剂800倍液等浇灌病区。④白霉病：发病期用75%百菌清可湿性粉剂1000倍液加70%甲基硫菌灵可湿性粉剂1000倍液，或40%多硫悬浮剂600倍液、50%速克灵可湿性粉剂2000倍液等喷施。⑤褐斑病：及时清除、销毁病残体。加强管理，注意排水，增施有机肥，通风透光，提高重楼抗病力。发病期可选用50%托布津1000倍液，或50%多菌灵1000倍液等药剂喷施防治。⑥小地老虎：及时铲除田间杂草，消灭卵及低龄幼虫；高龄幼虫期每天早晨检查，发现新萎蔫的幼苗可扒开表土捕杀幼虫；可选用50%辛硫磷乳油800倍液、90%敌百虫晶体600～800倍液、20%速灭杀丁乳油或2.5%溴氰菊酯2000倍液喷雾；也可用50%

辛硫磷乳油 4000mL，拌湿润细土 10kg 做成毒土；或用 90% 敌百虫晶体 3kg 加适量水拌炒香的棉籽饼 60kg（或用青草）做成毒饵，于傍晚顺行撒施于幼苗根际。⑦蚜虫：发生期可喷洒 50% 辟蚜雾超微可湿性粉剂 2000 倍液，或 20% 灭多威乳油 1500 倍液、50% 蚜松乳油 1000 ～ 1500 倍液进行防治。⑧金龟子：晚间火把诱杀成虫，用蔬菜叶喷敌百虫放于墙面诱杀幼虫。整地作墒时，每亩撒施 5% 辛硫磷颗粒剂 1.5 ～ 2kg，或 3% 呋喃丹颗粒剂 2 ～ 3kg 以杀幼虫。

五、采收、加工与包装

（一）采收

1. 采收时间　经实践，综合产量和药用成分含量两方面因素，种子繁育种苗的重楼在移栽后第 5 ～ 6 年采收最宜。带顶芽根茎繁殖的种苗在移栽后第 3 年采收最宜。10 ～ 11 月重楼地上茎枯萎后采挖。

2. 采收方法　选择晴天采挖，用洁净的锄头先在畦旁开挖 40cm 深的沟，然后顺序向前刨挖。采挖时尽量避免损伤根茎，保证重楼根茎的完好无损。

（二）加工

挖取的重楼，去净泥土和茎叶，把带顶芽部分切下留作种苗，其余部分晾晒干或烘干。

（三）包装

重楼药材，按《中国药典》（2020 年版一部）质量标准进行检验，待检验合格后，方可进行包装。将干燥重楼药材，按 30kg 打包成捆，用无毒无污染材料严密包装。在包装前，应检查是否充分干燥、有无杂质及其他异物，并在每件包装上注明品名、规格、等级、毛重、净重、产地、批号、执行标准、生产单位、包装日期及工号等，并应有质量合格的标志。

六、商品规格与质量要求

（一）药材商品规格

重楼药材以无杂质、霉变、虫蛀，身干，根条肥大，黄棕色，质坚实，结节明显者为佳品。其药材商品规格为统货，现暂未分级。

（二）药材质量要求

应符合现行《中国药典》重楼药材质量标准要求。
1. 水分　不得过 12.0%。
2. 总灰分　不得过 6.0%。

3. 酸不溶性灰分　不得过 3.0%。

4. 含量测定　按干燥品计算，含重楼皂苷 I（$C_{44}H_{70}O_{16}$）、重楼皂苷 II（$C_{51}H_{82}O_{20}$）和重楼皂苷 VII（$C_{51}H_{82}O_{21}$）的总量不得少于 0.60%。

苦 参
Kushen
SOPHORAE FLAVESCENTIS RADIX

一、概述

苦参原植物为豆科槐属植物苦参 *Sophora flavescens* Ait.。别名：凤凰爪、牛苦参，沼水槐等。以干燥根入药，历版《中国药典》均予收载。苦参味苦，性寒，归肝、胆、胃、大肠、膀胱经。具有清热燥湿，祛风杀虫的功能。用于热痢，便血，黄疸尿闭，赤白带下，阴肿阴痒，湿疹，湿疮，皮肤瘙痒，疥癣麻风；外治滴虫性阴道炎。

苦参始载于《神农本草经》，列为中品，称其"一名水槐……。味苦，寒，无毒。治心腹结气，癥瘕积聚，黄疸，溺有余沥。逐水，除痈肿，补中，明目，止泪。生山谷及田野"。《大观本草》引陶弘景之言曰："今出近道，处处有。叶极似槐树，故有槐名，花黄，子作荚，根味至苦恶。"苏颂《本草图经》云："苦参，生汝南山谷及田野，今近道处处皆有之。其根黄色，长五、七寸许，两指粗细。三、五茎并生，苗高三、二尺以来。叶碎青色，极似槐叶，故有水槐名。春生冬凋，其花黄白，七月结实如小豆子。"并附图四幅，其中成德军（今河北正定）苦参和秦州（今甘肃天水）苦参图与今之苦参相符。苦参应用历史悠久，是中医临床及中药民族药工业常用大宗药材。

二、生物学特性

苦参喜温和或凉爽气候，多生于山坡草地、平原、丘陵、河滩，也生于沙漠湿地，灌丛中。对土壤要求不严，各类型的土壤均可以较好地生长，对水分要求不是很高，对光线要求也不严格，光照强弱对其生长影响不大。由于根系较为发达，种植地应以土层深厚，肥沃，排水良好的砂质壤土为佳。

苦参的生长周期为 2～3 年，在南方人工栽植苦参多在第二年秋末或第三年春初采收。出苗的第一年为幼苗生长期，初生真叶为三出复叶，幼苗仅具有单一的地上茎，高 20～45cm，茎秆直径 0.35cm 左右，总叶片数 14～18 片。一年生植株一般不开花，两年及以上生植株可开花结实。开花期多在 5～6 月，花期持续时间较长，从初花到尾花可持续 30 天以上。开花后授粉开始至果实成熟，具体为从胚珠受精、种子乳熟、种子完全成熟到种子脱水，整个成熟期为 7～9 月，此时荚果已开始开裂。

三、适宜区分析及生产基地选择

(一) 生产适宜区分析

苦参广泛分布于我国北纬37°～50°，东经75°～134°范围内，全国各地多有分布。主产于山西、陕西、甘肃、湖北、河南、河北、贵州等省。贵州省是苦参野生资源重要的分布地之一，在全省各地均有分布，药材主要来源于野生资源。贵州适宜生产区为：山地，如正安县、湄潭县、红花岗区、桐梓县、务川县、碧江区、石阡县、印江县、松桃县、江口县、德江县、赫章县、黔西县、七星关区、大方县、息烽县、紫云县、普定县等地；低山丘陵，如剑河县、雷山县、榕江县、岑巩县、镇远县、三穗县等地。

(二) 生产基地选择

按照苦参生产适宜区优化原则与其生长发育特性要求，选择其最适宜区或适宜区且具良好社会经济条件的地区建立规范化生产基地。例如，在贵州毕节市七星关阿市乡建立的"七星关区现代中药示范产业园区"（以下简称"园区"），该园区所在地属亚热带湿润气候，平均月气温12～16℃，最冷的1月平均气温为3.8℃，最热的7月平均气温24℃。年降雨量1100mm左右，全年无霜期269天。园区所在区域属于沉积岩地层，是由山地、丘陵、谷地、洼地组合成的典型高原山区地貌，海拔650～1380m，平均海拔约1160m，坡耕地面积较大，土壤类型多样，以黄壤、棕壤、黄棕壤为主。

四、规范化种植关键技术

(一) 选地整地

1.选地　选择海拔600～1700m，缓坡耕地，忌选低洼水湿地段及风口处。土层深厚（最好60cm以上）、土质肥沃、疏松、湿润的地带进行，土壤pH为5～7。忌选煤泥土、粘土、强盐碱地、强酸性土及瘠薄土。

2.整地　将地表清理干净，深翻土壤35cm以上。每亩均匀施入腐熟的有机肥（总氮含量4%～6%）按30吨作基肥。

(二) 播种时间与播种方法

1.播种时间　苦参春播或秋播均可。秋播后需覆盖，否则土壤表面易板结，不利于春季出苗。秋播宜早不宜迟，种子成熟之后即可播种，最迟要在土壤解冻前播完。春播应在清明前后下种，此时土壤墒情较好，利于出苗。

2.播种方法　苦参生产中主要是利用种子进行直播，一般3～4月播种，按行距35～40cm，株距25～30cm穴播，每穴播种5～8粒，细土拌草木灰覆盖2～3cm，覆平，稍镇。为了缩短苦参药材的采收年限，生产上也使用育苗移栽。育苗时期可于冬末育苗，春末移栽。也可于晚春育苗，秋末移栽。苗床按宽1m作畦，畦长根据实际育苗数而定。播种时选用经过预先处理过的种子，并加盖地膜以保温保湿，待60%以上的幼苗出土后揭去薄膜。起苗时，要保证种根潮湿不风干，地上茎叶不受损，以便缩短缓苗期。移栽后耙实，轻盖几层细土。

3. 种植密度　按行距35～40cm，株距25～30cm穴播。

4. 种子预处理　用头年采集的合格种子。取5kg苦参种子采用"沉水法"选种。5%新鲜草木灰水浸泡1小时消毒，98%浓硫酸浸泡90分钟，取出后用水冲洗半小时，滤干。或进行沙藏1:3混合放在0～10℃条件下处理20～30天即可播种。春季播种，每亩备种1.5～2.5kg。

（三）田间管理

1. 间苗定苗　出苗期应经常保持土壤湿润。苗齐后生长较密，拔出弱苗和过密苗，在苗高15～16cm时定苗，每穴留苗3～4株。定苗半月以内，应经常浇水，以保证成活。

2. 中耕除草　根据土壤是否板结和杂草的多少，结合间苗时进行中耕除草。一般在播种后至出苗前，除草1次。出苗后于第一次间苗时中耕除草1次。第二次定苗至行间郁闭前中耕除草1次。

3. 水肥管理　苦参栽植后，在苗期容易遇到春旱，应及时进行浇灌，以保证小苗的正常生长。当年6月上旬进行根部追肥，以氮肥为主，促使小苗早期的营养生长。7月中下旬再进行1次追肥，以磷、钾肥为主，加强复壮，促进根部营养成分的积累及越冬芽的分化。苦参在生长旺盛期，要保证水分供应充足。待秋季植株枯萎后应及时清除枯枝和杂草，并加盖一层腐熟的畜粪。对于两年或三年生的苦参，有条件的地方可在生长后期进行叶面追肥。在采收之前，每年均重复上一年的管理工作。

4. 灌溉　5～8月，气温升高，天气连续干旱种植地表湿度<40%时，应于7～10点或16点以后对苦参进行喷水或浇水，以浇透厢面为宜，保证地表以下20～35cm土层湿润。

5. 排水　栽培地四周要深挖排水沟，并保持通畅。在雨季土壤出现积水时，应及时疏沟排水，排水完毕后，对原有沟渠进行维修，确保畅通。

（四）主要病虫害防治

1. 病虫害综合防治原则　遵循"预防为主，综合防治"的植保方针，从苦参种植基地整个生态系统出发，综合运用各种防治措施，创造不利于病虫害滋生和有利于各类天敌繁衍的环境条件，保持苦参种植基地生态系统的平衡和生物多样性，将各类病虫害控制在允许的经济阈值以下。

2. 病害防治　目前未发现严重的病害发生。在温度较高的夏秋季，偶见白粉病和叶斑病，主要危害植株的叶片，严重时也危害苦参的嫩茎、叶柄和果荚。在发病初期，可用50%甲基托布津1000倍液或25%粉锈宁1500倍液喷雾防治，同时，加强大田管理，降低田间湿度。

3. 虫害防治　目前发现的主要有野螟，其幼虫主要危害叶片，对于虫害的防治，平时要勤观察，做到早发现、早防治，可采用黑光灯诱杀成虫，在初孵幼虫期可用90%晶体敌百虫 800～1000 倍液喷雾防治。

五、采收、加工与包装

（一）采收

1. 采收时间　苦参栽种2年后，视生长情况合理采收，采收期以9月上旬植株枯萎至3月下旬植株萌芽前为宜。

2. 采收方法　采收时用机械或人工挖取法均可，现以人工挖取为主。采收时先除去枯枝，再从一端采挖，挖全根系，除净泥土，剪去残茎和细小的侧根，运回加工。

（二）加工

1. 晾晒　挖出苦参在田间或晒场，晒至5～6成干，再抖尽泥沙，把苦参根聚拢扎成小捆，然后再晒干或风干，干燥过程中应时常翻动。加工晾晒过程中应防止污染和雨淋，忌用水洗。以无芦头、无须根、无霉变等为佳。

2. 烘干　干燥时注意控制温湿度，烘干时间分为三个阶段，第一阶段8～10小时，缓慢升温到40℃，控制湿度不大于50℃，药材受热软化并挥去表面水分。第二阶段快速升温到50℃，控制湿度不大于50℃，除去药材内部水分，时间在12～15小时。第三阶段，升温到55～60℃，控制湿度不大于55℃，使药材完全干燥，时间8～10小时，全程约30小时，过程注意取样观察。

（三）包装与储运

1. 包装　苦参药材经晾晒或烘干后，进行包装。用清洁卫生的乙烯编织袋或麻袋包装，缝牢袋口。

2. 储运　包装好的苦参药材应暂时储存在通风、干燥、避光处，货堆下面必须垫高50cm，以利通风防潮。运输时，不应与其他有毒、有害、易串味物品混装。运载容器应具有较好的通气性，以保持干燥，应有防潮措施。

六、商品规格与质量要求

（一）药材商品规格

苦参药材以无须根、霉变、焦枯，身干，质硬，不易折断，切断面淡黄色至棕黄色，断面纤维性，气微，味极苦者为佳品。苦参药材商品规格为统货，现暂未分级。

（二）药材质量要求

符合现行《中国药典》苦参药材质量标准要求。

1. 水分 不得过 11.0%。

2. 总灰分 不得过 8.0%。

3. 浸出物 不得少于 20.0%。

4. 含量测定 本品按干燥品计算，含苦参碱（$C_{15}H_{24}N_2O$）和氧化苦参碱（$C_{15}H_{24}N_2O_2$）的总量不得少于 1.2%。

桔 梗

Jiegeng

PLATYCODONIS RADIX

一、概述

桔梗药材来源于桔梗科植物桔梗 *Platycodon grandiflorus*（Jacq.）A.DC.。别名利如、梗草、荠苨、铃铛花等，以干燥根入药。桔梗在历版《中国药典》中均有收载。桔梗味苦、辛、性平，归肺经。具有宣肺、利咽、祛痰、排脓的功能，用于咳嗽痰多、胸闷不畅、咽痛音哑、肺痈吐脓。

桔梗始载于《神农本草经》中，列为下品，本经记载："桔梗，生山谷。主胸膈痛如刀刺，腹满畅鸣幽幽，惊恐，悸气。"但未见详细描述。《名医别录》称"生嵩高山谷及宛句。二八月采根，暴干"。《本草经集注》中曰："桔梗，近道处处有，叶名隐忍，二三月生，可食之，桔梗疗蛊毒甚验，俗方用此，乃名荠苨。今别有荠苨，能解药毒，所谓乱人参者便是。非此桔梗，而叶甚相似。但荠苨叶下光明、滑泽无毛为异，叶生又不如人参相对者尔。"按诸家本草记述，可见在《本草经集注》以前桔梗与荠苨不分。《新修本草》中称："人参苗似五加阔短，茎圆，有三四桠，桠头有五叶，陶引荠苨乱人参，谬矣。且荠苨、人参，又有叶差互者，亦有叶三四对者，皆一茎直上，叶既相乱，唯以根有心无心为别尔。"《本草蒙筌》中称"桔梗，味辛苦，气微温。味厚气轻，阳中阴也，有小毒""交秋分后采根，噬味苦者入药"。《本草纲目》记载："此草之根结实而梗直，故名。"《植物名实图考》中记载："桔梗处处有之，三四叶攒生一处，花未开时如僧帽，开时有尖瓣，不钝，似牵牛花。"经考证得出《新修本草》《本草蒙筌》《本草纲目》等所载桔梗与今所用桔梗相符。

二、生物学特性

桔梗种子无休眠特性，温室下贮存，寿命 1 年，第 2 年种子丧失发芽力，种子 10℃以上发芽，15～25℃条件下，15～20 天出苗，发芽率 50%～70%。5℃以下低温储存可以延缓种子的寿命，活力可保持两年以上。桔梗的生育期约 150 天，从种子萌发到倒苗，一般把桔梗生长发育分为四个时期，从种子萌发至 5 月底为苗期，此时植株生长缓慢，高 6～7cm。6 月进入生长旺盛期。7～9 月日平均温度 20℃以上孕蕾开花，

8～10月陆续结果，为开花结实期，一年生开花较少，两年后开花结实多。10～11月中旬日平均温度下降到15℃以下时植株地上部分开始枯萎倒苗，根在地下越冬，进入休眠期。翌年开春萌发生长迅速，比种子直播出苗快。翌年2月下旬，两年生桔梗芽开始出土，10个植株出土芽平均高约2cm，3月上旬达6cm，此时叶片仍未展开，至3月中旬的平均株高约14cm，此时叶片展开，株平均叶片约23片，最大叶平均长约3cm，宽1.6cm。3月中旬至4月中旬是桔梗营养生长旺盛期，平均株高增加35cm，平均分枝8.4条，叶片数达41片，最大叶片长6.26cm，宽3.67cm。进入4月下旬，主枝顶芽开始形成花蕾，植株不再增高。两年生桔梗的初花期为5月中旬，5月下旬至6月上旬为盛花期。据观察，桔梗花常于上午10点左右开放，花冠开放时长平均约120小时，随着气温的升高，开放时间缩短。果实幼时呈绿色，花被宿存，随着果实不断膨大，花被脱落，果皮逐渐变为黄绿色，最后呈褐色，此时果皮干皱，顶端裂开散播出种子，此过程需25～30天。桔梗植株上花果的形成不一致，应分批采收。将果皮变为黄褐色未开裂的果实带果梗采回，放室内阴凉通风处4～5天，果实自然开裂，抖出种子呈黑褐色或黑色，除去杂质，其千粒重0.9～1.2g。

三、适宜区分析及生产基地选择

（一）生产适宜区分析

桔梗野生资源主要分布于东北、华北、华东、华中各省以及广东、广西（北部）、贵州、云南东南部（蒙自、砚山、文山）、四川（平武、凉山以东）、陕西，在我国南北方均有种植。贵州省桔梗主产区为安顺市、毕节市、遵义市、黔南州及贵阳市等地。如关岭、普定、西秀区、册亨、兴仁、贞丰、威宁、大方、乌当、修文、正安、瓮安等地都有大面积栽培，其中尤以安顺市面积最大。在贵州桔梗适宜生产区为：黔北山地的道真、遵义、务川、余庆，黔东南和黔南山地的瓮安、福泉、麻江、丹寨、石阡，黔西北山地的赫章、织金、黔西、毕节、大方，黔中山地的紫云、普定、关岭，黔西山地的威宁、水城、六枝、盘州等地。

（二）生产基地选择

遵循适于桔梗生长地域性、安全性和可操作性的原则，选择适宜生产区内无污染源（如矿山、化工厂等），空气、土壤、水源达中药材GAP规定质量标准，并有良好社会经济环境的地区建设桔梗药材GAP生产基地。现贵州普定县猫洞乡、关岭县普利乡、安顺市镇宁县双龙山街道、普定县马官镇等地已建成了桔梗标准化规模化生产基地。其基本条件为海拔1000～2000m，大气无污染，气候属于中亚热带季风湿润气候，年平均温度14.4～16.9℃，≥10℃年积温为4000～6000℃，无霜期≥209天，空气相对湿度60%～85%，年均日照时数≥1100小时，年降雨量800～1400mm，雨热同期，水质无污染，有可供灌溉的水源及设施。选择土壤深厚、疏松肥沃、排水良好、pH值为6.5～8的砂质壤土。基地周围5km以内无生产污染的工矿企业，无"三废"污染和垃圾场等。

四、规范化种植关键技术

（一）选地整地

1. 选地 选择平均气温为 14.4 ～ 16.9℃，年平均降雨量 800 ～ 1400mm，年平均日照时数 1100 小时以上，无霜期 209 天以上，海拔 1000 ～ 2000m 区域。土壤以深厚、疏松肥沃、排水良好、pH 6.5 ～ 8 的砂质壤土为宜。前茬作物以豆科、禾本科作物为宜。黏性土壤、低洼盐碱地不宜种植。

2. 整地 深翻土地 30cm 以上，秋耕越深越好，以消灭虫卵、病菌。因桔梗的主根能伸入土中 40cm 左右，深耕细耙可以改善土壤理化性状，促使主根生长顺直，光滑，不分杈。基肥以有机肥为主，每亩地施 1000 ～ 1500kg 腐熟的农家肥、50kg 过磷酸钙（有效磷含量 ≥ 12%）和 10 ～ 15kg 磷酸二铵，均匀撒施，再深翻 30cm，使肥土充分混合。整平耙细后开厢，厢面宽 100cm，高 10 ～ 15cm，厢长视土地定。

（二）种子处理

1. 种子选择 10 月上旬，观察桔梗蒴果大部分变黄后即可采种。选择 2 ～ 3 年生、生长健壮、无病虫害且于 8 月下旬开始打除侧枝花序留种的植株，割下全株，放于通风干燥处。

2. 种子加工 采收后熟 3 ～ 5 天后，取出晒干，抖出种子，去除果柄、果壳等杂质，摊薄晾干至含水量为 12% ～ 13%。

3. 种子保存 装入种子袋（麻袋或布袋等），放入干燥（相对湿度为 45% ～ 75%）、通风、避光的室内环境保存备用。

4. 种子质量 要求种子为 2 ～ 3 年生植株当年新产粒大饱满，颜色油黑、发亮，净度不低于 90%，发芽率不低于 80%。

5. 播种前处理 播前用温水浸种 12 小时，用适量湿沙拌匀，堆放 3 ～ 5 天后播种。

（三）播种时间与播种方法

1. 播种时间 桔梗播种可春播、夏播和秋播。春播于 3 月上旬至 5 月上旬进行。由于春季雨水较少且易发生春旱，温度较低，出苗后生长缓慢，应注意预防春旱和草害。夏播在 5 月下旬雨季到来前进行，出苗快，生长迅速。秋播可于 8 月下旬至 10 月中下旬进行，采用的种子应低温贮藏过夏，同时注意预防秋旱的影响。

2. 播种方法 采用种子直播。该法具有产量高于移栽，且根形分叉小，质量好的特点。以春播为例，方法有条播、撒播、点播 3 种，目前生产上多采用条播和撒播。条播：用种量为每亩 0.5 ～ 1.5kg，按行距 15 ～ 20cm 开沟，沟深 5cm，宽 2cm，覆土 2cm，松针覆盖 1cm，保持土壤水分。宽幅条播。沟宽 10cm，行距不变，覆土 2cm，松针覆盖 1cm。宽幅条播法管理简单、成品质量好。撒播：用种量为每亩 1.5 ～ 2.5kg，均匀撒播于苗床上后轻轻按压，覆土 2cm，松针覆盖 1cm，保持土壤水分。若温度、管理适宜，桔梗 15 天左右即可出苗，30 天左右出苗整齐。

（四）田间管理

1. 苗床管理　春播后 10～15 天出苗，及时揭除覆盖物，苗高 1.5cm 时进行间苗，拔除过密苗和细弱苗，苗高 3cm 时，按株距 3～4cm 定苗。采用宽幅条播法的适当间苗，保证基本苗 50000 株/亩左右，不必过多的间苗，适当密植是增产的关键。补苗和间苗可同时进行，桔梗补苗易于成活。加强管理，注意拔除杂草，天旱时浇水保持厢面湿润，并适当施肥。

2. 除草　由于桔梗苗期生长缓慢、种植密度较大，不宜中耕锄草，故应及时除草，以免伤害小苗，根据土壤是否板结和杂草的多少，结合间苗进行除草。一般在播种后至出苗前，拔草 1 次。出苗后于第一次间苗时除草 1 次，第二次于定苗至行间郁闭前除草 1 次。植株长大封垄后可不再进行除草。

3. 追肥　肥料管理符合 NY/T 394 的规定。在桔梗生长期还要进行多次追肥，定苗后应及时追施 1 次稀的人畜粪水。在苗高约 15cm 时，再施 1 次，或每亩追施过磷酸钙 20kg、硫酸铵 12kg，沟施，施后松土。6～7 月桔梗开花时，为使植株充分生长，可追施稀人畜粪水 1 次。入冬植株地上部分枯萎后，可结合清沟培土，加施草木灰或土杂肥。翌年开春齐苗后，施 1 次稀的人畜粪水，以加速植株返青生长。6～7 月开花前，追施 1 次稀的人畜粪水，或施尿素 10kg、过磷酸钙 25kg，进一步促进其茎叶生长，开花结籽，并为后期的根茎生长提供足够的养料。

4. 抗旱排涝　桔梗播种后至苗期，保持土壤湿润，以利出苗和幼苗生长。植株形成抗旱能力后一般不需浇水，但若土壤土层以下 5cm 土壤干旱，应浇水保苗。桔梗生长后期要注意排涝。在雨季来临前结合松土进行清沟培土，防止倒伏。雨季及时排除地内积水，否则易发生根腐病。

5. 疏花疏果　桔梗花期较长，需消耗大量养分，影响地下根部生长。除留种田外，疏花疏果可提高根的产量和质量，生产上可人工摘除花蕾，如用刀削去花蕾。可用多效唑 500～1000 倍液 10% 可湿性粉剂喷施，在盛花期喷施用，防止开花。

6. 防止岔根　桔梗商品药材以顺直、坚实、少岔根为佳，而栽培的桔梗常有许多岔根，影响商品质量。生产实践证明，直播法发岔相对较少，适当增加植株密度也可减少分岔，若一株多苗就有岔根，苗越茂盛，其主根生长受影响越大。反之，一株一苗则无岔根、支根。所以，人工种植中应随时剔除多余苗头，尽量做到一株一苗，尤其是次年春天返青时最易出现多苗。此外，多施磷肥，少施氮、钾肥，防止地上部分徒长，必要时打顶，减少养分消耗，以促使根部健壮生长。

7. 越冬管理　秋末冬初植株枯萎后应及时清除枯枝和杂草，并进行培土过冬。

（五）主要病虫害防治

1. 病虫害综合防治原则　遵循"预防为主，综合防治"的植保方针，从桔梗种植基地整个生态系统出发，综合运用各种防治措施，创造不利于病虫害滋生和有利于各类天敌繁衍的环境条件，保持桔梗种植基地生态系统的平衡和生物多样性。桔梗种植基地必须符合农药残留量的要求，切记不得滥用或乱用农药，若桔梗种植基地农药残留量超标，产量再高，质量仍为降低，药材则为劣质品。桔梗种植基地病虫害防治控制指标，以鲜品产量损失率计算（或估评），低于15%为优等指标，15%～25%为合格指标，若高于25%今后要作适度调整或实施的防治技术措施作改进。这些指标是建立在农药残留量的规定标准范围内。经济阈值设定在实施过程若有不妥可做修改。

2. 桔梗主要病虫害及其防治方法　①根腐病（枯萎病）：应注意轮作，及时排除积水，在低洼地或多雨地区种植时应作高畦。整地时每亩用5kg多菌灵进行土壤消毒。及时拔除病株，病穴用石灰消毒。发病初期可选用50%多菌灵可湿性粉剂5～10g/m² 灌施，或3亿CFU/克哈茨木霉菌可湿性粉剂4～6g/m²灌施，或75%百菌清可湿性粉剂500倍液等药剂灌施，每15天灌1次，连续3～4次。②轮纹病：冬季应清园，将田间枯枝、病枝及杂草集中烧毁。夏季高温发病季节，加强田间排水，降低田间湿度。发病初期可用1:1:100波尔多液，或50%多菌灵可湿性粉剂1000倍液，或80%代森锌可湿性粉剂500～700倍液喷施防治。③立枯病：该病为土壤传播，应实行轮作。加强田间管理，增施磷钾肥，使幼苗健壮，增强抗病力。少量发病应及时拔除病株，病区用50%石灰乳灌施（消毒处理）。发病时可选用50%多菌灵可湿性粉剂5～10g/m²灌施，或15%咯菌噁霉灵可湿性粉剂300～353倍液灌施，或3亿CFU/克哈茨木霉菌可湿性粉剂4～6g/m²灌施，或4%井冈霉素水剂3～4mL/m²灌施，或80%代森锌可湿性粉剂80～100g/hm²喷雾。④炭疽病：发现病株及时烧毁。发病初期可选用25%溴菌腈乳油剂1500～2000倍液喷施，或15%咪鲜胺微乳剂300～500倍液喷施，或30%吡唑醚菌酯悬乳剂1500～2000倍液喷施。⑤红蜘蛛：选育抗病虫害的品种，进行土壤和设施内空间消毒。冬季清园，拾净枯枝落叶，并集中烧毁。清园后喷波美1～2度石硫合剂。发生期可选用43%联苯肼酯悬浮剂2000～3000倍液、25%苯丁螺螨酯悬浮剂1500～2000倍液或500g/L四螨嗪5000～6000倍液等药剂喷雾。⑥大青叶蝉：利用黑光灯诱杀成虫。清除药园内及周围杂草，减少越冬虫源基数。50%辛硫磷乳油1000倍液、4.5%高效氯氟氰菊酯乳油2000～3000倍液，或20%甲氰菊酯乳油1500～2000倍液进行叶面喷雾。⑦小地老虎：3～4月间清除植株周围杂草和枯枝落叶，消灭越冬幼虫和蛹。清晨日出前检查植株，发现被害新芽附近土面有小孔，立即挖土捕杀幼虫。移栽前使用0.3%苦参碱可湿性粉剂5000～7000g/亩穴施，在苗期使用30%噻虫高氯氟悬浮剂8～10mL/hm²喷雾，大田期使用3%阿维吡虫啉颗粒剂1.5～2kg/hm²撒施。

五、采收、加工与包装

（一）采收

1. 采收时间　桔梗直播苗两年收获，育苗移栽后生长1年即可收获。于10月中、下旬当地上部枯黄时采挖，此时的根体重质实，质量较好。过早采挖根部尚未充实，折干率低，影响产量。收获过迟不易剥皮。

2. 采收方法　选择阴天或者晴天，起挖前先割去茎叶，再从地的一端起挖，依次深挖取出或用犁翻起，但要防止挖断主根或碰破外皮而影响药材品质。一般二年生桔梗亩产干货 300 ～ 600kg。

（二）加工

鲜根挖出后，及时去净泥土、芦头，趁鲜浸水中，用竹刀、木棱、瓷片等刮去栓皮，洗净，晒干或烘干。皮要趁鲜刮净，时间长了，根皮就很难刮除。刮皮时不要伤破中皮，以免内心黄水流出影响质量。刮皮后应及时晒干，否则易发霉变质和生黄色水锈。晒干过程中要经常翻动，到近干时堆起来发汗 1 天，使内部水分转移到体外，再晒至全干。阴雨天可用烤房炕烘，烘至桔梗出水时出炕摊晾，待回润后再烘，反复至干。若采收的桔梗太多而一时加工不完，可用沙埋起来，防止外皮干燥收缩，不易刮去。

（三）包装

桔梗干货用麻袋包装，每件 30kg，或压缩打包件，每件 50kg。每件包装上应注明品名、规格、产地、批号、包装日期、生产单位等，并附有质量合格的标志。

六、商品规格与质量要求

（一）药材商品规格

桔梗药材以无杂质、油条、皮壳、霉变、虫蛀，身干，根条肥大，色白或略带微黄色，体实，味苦，具菊花纹者为佳品。桔梗药材分南桔梗和北桔梗，贵州地区产桔梗属于南桔梗，分为 3 个等级，其分级规格如下。

一级：干货。顺直的长条形，去净粗皮和细梢，上部直径 1.4cm 以上，长 14cm 以上。表面白色，体坚实，断面皮层白色，中间淡黄色。味甘、苦、辛。

二级：干货。顺直的长条形，去净粗皮和细梢，上部直径 1.0cm 以上，长 12cm 以上。表面白色，体坚实，断面皮层白色，中间淡黄色。味甘、苦、辛。

三级：干货。顺直的长条形，去净粗皮和细梢，上部直径不低于 0.5cm，长 7cm 以上。表面白色，体坚实，断面皮层白色，中间淡黄色。味甘、苦、辛。

（二）药材质量检测

应符合现行《中国药典》桔梗药材质量标准要求。

1. 水分　不得过 15.0%。

2. 总灰分　不得过 6.0%。

3. 浸出物　不得少于 17.0%。

4. 含量测定　按干燥品计算，含桔梗皂苷 D（$C_{57}H_{92}O_{28}$）不得少于 0.10%。

白　芷

Baizhi

ANGELICAE DAHURICAE RADIX

一、概述

白芷原植物为伞形科植物白芷 *Angelica dahurica*（Fisch.ex Hoffm.）Benth. et Hook.f. 或杭白芷 *Angelica dahurica*（Fisch.ex Hoffm.）Benth.et Hook.f.var. *formosana*（Boiss.）Shah et Yuan.。别名：芷，芳香、泽芬、白茝、香白芷、老川白芷等。以干燥根入药，《中国药典》历版均予收载。其味辛，性温，归胃、大肠、肺经。具有解表散寒，祛风止痛，宣通鼻窍，燥湿止带，消肿排脓的功能，用于感冒头痛，眉棱骨痛，鼻塞流涕，鼻鼽，鼻渊，牙痛，带下，疮疡肿痛。

白芷药用历史悠久，于《五十二病方》中首次提出用白芷治痈。《神农本草经》列为中品，称其"一名芳香，一名茝。味辛，温，无毒。治妇人漏下赤白，血闭，阴肿，寒热，风头侵目泪出，长肌肤，润泽，可作面脂，生川谷下泽"。其后诸家本草多予收录，并予发挥。如魏晋《名医别录》曰："主治风邪，久渴，吐呕，两胁满，风痛，目痒。可作膏药面脂，润颜色。……一名莞，一名苻离，一名泽芬，叶一名蒿。可作浴汤。生河东下泽。二月、八月采根，暴干。"《本草衍义》载：白芷"苝是也。出吴地者良。《经》曰：能蚀脓。今人用治带下，肠有败脓。"《本草图经》曰："生河东川谷下泽，今所在有之，吴地尤多。根长尺余，白色，粗细不等；枝秆去地五寸以上；春生，叶相对婆娑，紫色，阔三指许；花白，微黄；入伏后结子，立秋后苗枯。二月、八月采根，暴干。以黄泽者为佳。楚人谓之药。《九歌》云：辛夷楣兮药房。王逸注云：药，白芷也。"并附"泽州白芷"图。明《本草纲目》更在主治项下，除引用"解利手阳明头痛，中风寒热，及肺经风热，头面皮肤风痹瘙痒"等功效外，还增载了"治鼻渊鼻衄，齿痛，眉棱骨痛，大肠风秘，小便去血，妇人血风眩运，翻胃吐食，解砒毒蛇伤，刀箭金疮"的效用。白芷既是传统中医常用药材，也是我国卫生健康委确定的食药两用药材。

二、生物学特性

白芷为多年生草本，喜温和湿润的气候和阳光充足的环境，较耐寒，适应性较强，在荫蔽的地方生长不良。主要生长于东亚季风气候等地区。在我国，白芷主产于华北平原半湿润、半干旱大陆性季风气候，具有冬寒少雪、春季多风、夏热多雨、秋高气爽特点的地区，以及长江中下游平原和四川盆地亚热带湿润季风气候、温暖湿润、四季分明的地区。白芷主要分布于海拔 50～500m 之间。喜生长于土层深厚、疏松肥沃、排水良好的砂质壤土中。

白芷种子寿命为 1 年，种子发芽率较低，发芽适温为 10 ～ 25℃的变温。春播第一年为营养生长期，不开花结实，第二年才开花结实。秋播植株第一年为苗期，第二年为营养生长期，第三年才开花结实，但常因种子、肥水等原因，也有少量的植株第二年可开花。白芷抽薹后，根部变空心腐烂，不能作药用。为了控制开花，在栽培时需注意播种时间，调节水肥条件，选用种子等措施，避免过早抽薹，影响根的产量和质量。在栽培时，必须分清产地种子，不可盲目购买种子而将北方白芷栽种于南方。

三、适宜区分析及生产基地选择

（一）生产适宜区分析

我国的白芷主要生长于长江中下游平原和四川盆地，产区海拔多在 50 ～ 500m 之间。野生资源的种类有兴安白芷、库页白芷、杭白芷、滇白芷等。兴安白芷分布在河南、河北、黑龙江、吉林、辽宁、山西、内蒙古；库页白芷分布在四川、重庆；杭白芷主要分布在浙江、福建、台湾等；滇白芷主要分布于云南、贵州等地。目前，在浙江、福建、台湾、四川、重庆、贵州、云南等地均有栽培，尤以四川、河南、河北、浙江为白芷之四大历史产区，其产量大、质量好，为道地药材白芷的主产区、生产适宜区。白芷的商品名多依产地而命名，如"川白芷"（四川、重庆、贵州等）、"杭白芷"（浙江、福建等）、"祁白芷""禹白芷"（河北、河南等）、"鄂白芷"（湖北）、"徽白芷"（安徽）、"滇白芷"（云南、贵州）等。

（二）生产基地选择

按照白芷生产适宜区优化原则与其生长发育特性要求，选择其最适宜区或适宜区且具良好社会经济条件的地区建立规范化生产基地。如贵州省大方县大方镇选建的规范化种植试验示范基地，海拔在 1670 ～ 1880m，气候温和，雨量充沛，雨热同期，具有冬无严寒，夏无酷暑，夏短冬长，春秋相近，雨雾日多及"十里不同天"的立体气候特点。年平均气温在 11.8℃左右，最高气温 32.7℃，最低气温零下 9.3℃，最冷月（1月）平均气温为 1.6℃，最热月（7月）平均气温为 20.7℃，属典型的夏凉山区。阴雨天气多，日照少，雨季特别明显，雨量充沛，年平均降水量为 1155mm，降水多集中在 4 ～ 9 月，占全年降水量的 78.8%。大方属雾多县之一，全年平均雾日为 159.2 天，占全年日数的 43.6%，日照时数为 1311.2 小时，占全年可照时数的 30%，无霜期为254 ～ 325 天，常年相对湿度 84%。地带性植被为针叶和落叶阔叶混交林，主要树种有马尾松、华山松、杉、栎类、枫香、杜鹃等；基地生境内有杜仲、天麻、草乌、龙胆、粗毛淫羊藿、桔梗、天冬、黄精、续断、杠板归、苦参、天南星、半夏、鱼腥草等药用植物。

四、规范化种植关键技术

（一）种子的采集和处理

1. 种子采集与保存　白芷种子可单独培育，一般 7 月采收，选主根直而有大拇指粗的另行栽植作种，按行距 70cm、株距 40cm 开穴，每穴只栽 1 株，当年冬季及翌年春季进行除草施肥精细管理，7～9 月种子陆续成熟，种子周边皮色呈黄绿色、4 条纵缝线变黑时为最佳采收期，即可连果序分批采收；也可采收 3 年生当年成熟的果实。白芷种子应随熟随采，过早过晚均影响种子的出苗率，采摘过早，种子不饱满；采摘过晚，种子易掉落。采收之前，将果穗上高出的种子、扭曲弯曲的种子剔除，这两类种子种植后易抽薹。采收时将一级侧枝上结的种子依成熟先后分批剪下，扎成小束，挂于通风、阴凉干燥处阴干。种子不能久晒、雨淋或烟熏，否则会降低种子的发芽率。10～15 天处理出种子，抖落或搓下种子，筛去杂质，用麻袋装好置于通风处贮藏备用。白芷种子不宜久藏，隔年陈种易丧失发芽力，种子应该当年采当年用。

2. 种子处理　选择成熟种子先搓去种皮周围的翅，然后放到清水里浸泡 6～8 小时，捞出稍晾即可播种，每亩用种 1～1.5kg。也可将成熟种子用 5% 生石灰水浸泡 1 小时消毒，消毒后，播前用 20℃ 左右的温水浸种 12 小时，浸后捞出，摊放在有湿布的凉席上，上面再覆盖一层湿布，放在室内温暖的暗处催芽，每天翻动两次，并用清水淋洗，待部分种子露白时即可播种。

（二）选地整地与种子直播

1. 土地选择与整地准备　白芷喜温和湿润的气候和阳光充足的环境，在荫蔽的地方生长不良。宜选耕作层深厚、疏松肥沃、排水良好的沙质壤土为好。白芷对前作的选择要求不严格，前作白芷生长好的连作地也可选用。地选好后每亩施充分腐熟的厩肥或堆肥 3000～5000kg，视土壤肥力而定，施匀后深耕 30cm 左右，晒后再深耕 1 次，然后耙细整平，做成宽 1～2m 的高畦或平畦，畦面要整平整细。

良种繁育田应选择土层深厚、疏松肥沃、排灌方便、pH 值为 6.3～8.5、向阳通风、远离易发生病虫害的地块作留种园。每亩施腐熟圈肥 2000～3000kg，加饼肥 100～200kg，翻入土中做基肥，均匀撒于地表，深翻 30cm，整平耕细，做成 90cm 宽平畦，播前土壤水分不足时先灌水，待水渗下，待表土稍松散时即可播种。

2. 种子播种与直播育苗　一般春播在清明前后，秋播在白露至霜降间，气温较高的地区，以秋分至寒露为宜。白芷对播种期要求严格，播种过早，白芷苗当年生长过速，翌年有部分植株会提前抽薹开花，即成为"公白芷"，使根部变空腐烂，影响产量，或根过于木质化不能作药用；若播种过迟，温度下降，往往长期不发芽，对出苗不利，且幼苗易遭冻害，影响生长及产量。

白芷种子播种与直播育苗，可采用穴播或条播。一般多用穴播，按行距 30～33cm、株距 23～27cm 开穴，穴深 7～10cm。每亩用种 500～800g，与草木灰 220kg 及人畜粪水拌合混匀，每穴播 20 粒左右。如用条播，按行距 30～33cm、播幅约 10cm、深 7～10cm 开横沟，沟底宜平，然后将种子灰撒于沟内，每亩需种子 800～1000g。无论穴播或条播均无须覆土。播后应立即施稀人畜粪水，每亩需 1000kg 左右，再用人畜粪水拌草木灰覆盖上面，不使种子露出。一般播种后 10～20 天即可发芽。若需提前直播育苗，应将种子用 45℃左右温水浸泡 1 夜再播种，如此则可提前 2～3 天发芽。春播尚应采用地膜覆盖，为种子发芽创造良好的温湿度条件，可提前 10 天左右出苗，并可提高出苗率 40% 左右。

（三）苗期管理

1. 间苗与定苗 白芷秋播田，年前不间苗；于翌年苗高 6～10cm 时，按株距 10cm 左右定苗，定苗时除去过大和弱小苗，留壮苗。一般分 2～3 次进行。间苗与定苗应特别注意：第 1 次在苗高 5cm 左右时进行，穴播的每穴留苗株，条播的每隔 3～5cm 留苗，并应使幼苗分布均匀，通风透光。第 2 次应在苗高 10cm 左右时进行，穴播的每穴留苗 2～3 株；条播的每隔 7～10cm 留 1 株苗。间苗时，可将弱的、过密的、叶柄青白或黄绿色和叶片距离地面较高的幼苗拔去，因为此类幼苗常会提前抽薹开花，成为根不可药用的"公白芷"，而应只保留叶柄呈青紫色的幼苗。留苗时，还应使定苗成三角形或梅花状，以利通风透光。第 3 次在翌年春季定苗，于 3 月上旬至 4 月下旬定苗；穴播，每穴 2 株，条播的株距 12～15cm 即可，并应将生长特旺、叶柄具青白色的白芷植株拔掉；春播的间苗也大体相同，但大苗不要除去。

2. 中耕除草 当年 9 月出苗，分别于当年的 11 月中旬中耕除草；翌年 2、4、6 月各中耕除草 1 次。每次间苗都应结合中耕除草。第 1 次人工拔草，如土壤过于板结，杂草多，可用浅锄 10cm 左右，不能过深，以免损伤根系。第 2 次用锄松土，可稍深些。第 3 次中耕除草在定苗时进行，必须彻底除尽杂草，因以后植株迅速郁闭，不便再中耕除草。如个别植株提早抽薹，应及时拔除。

3. 水肥管理 播种后若土壤干燥应浇水 1 次，7～8 天后再浇水，保证畦面湿润，以保全苗。以后可根据土壤干湿情况决定是否浇水。秋播的，11 月下旬或 12 月上旬浇 1 次越冬水；3 月中旬施肥后浇 1 次返青水；4 月上旬至中旬浇透 1 次抽薹拔节水，这个时期是繁育良种的需水临界期，水分对花芽的分化点形成起关键作用。5 月上旬至 5 月中旬追肥后浇 1 次保花保果水，该时期如降雨可不浇水，相反，则需注意排水，切勿过涝。白芷苗期，一般施肥 2 次。第 1、2 次施肥均在间苗中耕后进行，每亩施稀人畜粪水 500～1000kg；第 3 次施肥需在定苗后进行，每亩施稍浓一些的人畜粪水 1000～2000kg，并加入尿素 3kg。

4. 越冬管理 白芷的种植有"湿冻最好，干冻不易活"的说法，即"白芷在冬季只有干死的，没有冻死的"之经验。因此，白芷幼苗越冬前要浇透水 1 次，同时于畦面盖草木灰，以保持土壤湿润和保暖，使白芷苗安全越冬。

5. 留优去劣去杂 翌年 4 月中旬至 5 月中旬种母植株抽薹时，根据植株的株形和特性剔除杂株、劣株、怀疑株。

（四）主要病虫害防治

1.病虫害综合防治原则　白芷的病虫害防治应该遵循"预防为主，综合防治"的原则，通过选育抗病性强品种、健康无病害和损伤种苗、科学施肥、科学田间管理等措施，综合利用农业防治、物理防治、配合科学合理的化学防治，综合防治病虫害的发生、发展。农药优先选用生物农药，其次选用化学农药，防治时应有限制地使用高效、低毒、低残留的农药，并严格控制浓度、用量、施用次数，安全使用间隔期遵守国标GB8321.1–7，没有标明农药安全间隔期的品种，执行其中残留量最大有效成分的安全间隔期。切记不得滥用或乱用农药，要有种植基地农药残留量超标，产量再高，药材也是劣质品的意识。

2.病虫害防治措施　①白芷斑枯病：白芷收获后，清除田间病株残体，集中烧毁或沤肥，以减少越冬菌源。发病初期，及时摘除病叶，以减少田间菌源。选择肥沃的沙质壤土种植，并注意施足底肥；天气干旱时及时浇水，以促壮苗，增强植株抗病力。药剂防治：发病初期及时喷药防治，常用的农药有1∶1∶100的波尔多代液或65%森锌可湿性粉剂500倍液喷洒，每7天1次，连喷3～4次；也可增施磷、钾肥，提高抗病能力。②白芷灰斑病：白芷收获后，消除田间病株残体，集中烧毁或沤肥，以减少越冬菌源。发病初期，及时摘除病叶，以减少田间病源。选择肥沃的沙质壤土种植，并注意施足底肥；天气干旱时及时浇水，以促壮苗，增强植株抗病力。当开始出现发病中心时，应及时消灭，摘除病叶，并用农药重点防治，以防向周围蔓延，还要加强田间管理，浇水时防止大水漫灌。尤其要注意通风，雨季及时排除积水，尽量不造成局部高温高湿。发病初期及时喷药防治，常用的农药有1∶1∶100的波尔多代液或65%森锌可湿性粉剂500倍液喷洒，每7天1次，连喷3～4次；50%多菌灵可湿性粉剂500～600倍液或75%百菌清可湿性粉剂500～800倍液，每隔7～10天喷雾1次，连喷3～4次。③白芷立枯病：选沙质壤土种植，并及时排除积水。发病初期用5%石灰水灌注，每隔7天1次，连续3～4次。④琉璃丽金龟子：深耕土地，将土壤深层的蛴螬翻到地表面消灭。可适当多浇水或与喜湿性植物轮作，增加土壤含水量，创造一个不利于蛴螬生长发育的生态环境，抑制或消灭蛴螬，还可用黑光灯诱杀成虫。在地里开沟施用辛硫磷颗粒剂，每亩用量2kg左右，以杀灭土壤中的蛴螬。成虫盛发期，喷撒2.5%的敌百虫粉。⑤苹果红蜘蛛：秋末冬初，将被害植株或枯枝残叶深埋或集中烧毁，并用73%克螨特乳油2000倍液喷雾，每7～10天1次，对红蜘蛛有较好的防治效果。注意保护瓢虫、草青蛉等天敌，能降低田间虫口密度。⑥黄凤蝶：在部分田块第一代发生后虫口密度较小，再加上幼虫体态明显，行动较慢，在幼虫发生初期，可抓住有利时机人工捕杀。在虫口密度较大的田块，可喷90%敌百虫晶体800～1000倍液或敌敌畏乳剂1000～1500倍液，每7～10天喷1次，连喷2～3次。3龄以后的幼虫，可喷青虫菌（每克菌粉含孢子1000亿个）300倍液喷雾进行生物防治。⑦斑须蝽：冬季或早春清理田园，消灭越冬成虫。发生严重的年份，可用80%敌敌畏乳剂1000～1500倍液，或40%菊马乳油2000～3000倍液，50%辛硫倍液，磷乳油1000～2000倍液等喷雾，每隔 7 天喷 1 次，连续喷 2 ～ 3 次。

五、采收、加工与包装

（一）采收

白芷药材的采收因产地和播种时间不同，收获期各异。一般情况下，春播白芷药材，如河北宜在当年白露后采收，河南宜在霜降前后采收。秋播药材，如四川、贵州等地宜在播种第 2 年小暑至大暑期间采收，浙江宜在大暑至立秋期间采收，河南宜在大暑至白露期间采收，河北宜在处暑前后叶片变黄或茎叶枯萎时收获。若采收过早，白芷植株尚在生长，根条粉质不足；采收过迟，白芷植株易发新芽，影响质量，根部粉性差。采收时，选晴天进行，先割去地上部分，然后挖出全根，抖去泥土。

（二）加工

挖出白芷全根，除净泥土（不可用水洗），剪去残留叶基、须根，按大、中、小分级堆放，晒或烘干，切忌雨淋。白芷含淀粉多，不易干燥。如遇连续阴雨，不能及时干燥，会引起腐烂。防止白芷腐烂措施：不论日晒或烘干，均不得中断烘晒，以免腐烂或黑心。烘干时，应通风干燥，大根白芷放中央，小根白芷放四周，头部向下，尾部向上，不能横放；要求火力适中，半干时应翻动 1 次，并将较湿的白芷放中央，较干的白芷放周围，直到烘干为止。大量烘干时可用炕房，大根白芷放下层，中根放中层，小根放上层；支根放顶层，每层厚 5 ～ 6cm。烘烤温度控制在 60℃左右，防止烘焦、烘枯；每天翻动 1 次，6 ～ 7 天全干。

（三）包装

将干燥白芷药材，按 40 ～ 50kg 打包成捆，用无毒无污染材料严密包装；亦可用麻袋包装或装于内衬白纸的纸（木）箱内。在包装前应检查是否充分干燥、有无杂质及其它异物，所用包装应符合药用包装标准，并在每件包装上注明品名、规格、等级、毛重、净重、产地、批号、执行标准、生产单位、包装日期及工号等，并应有质量合格的标志。

六、商品规格与质量要求

（一）药材商品规格

白芷药材以无芦头、须根、空泡、焦枯、虫蛀、霉变，根条肥大、表皮淡棕色或黄棕色、柔润，粉性，断面白色或灰白色，有香气者为佳。白芷药材商品规格，按白芷根条粗细、体重、质地等因素分为 3 个等级。

一级：干货。呈圆锥形，表面灰白色或黄白色。体坚。断面白色或黄白色，具粉性。有香气，味辛、微苦。每千克 36 支以内。无空心、黑心、芦头、油条、杂质、虫蛀、霉变。

二级：干货。呈圆锥形，表面灰白色或黄白色。体坚。断面白色或黄白色，具粉性。有香气，味辛、微苦。每千克 60 支以内。无空心、黑心、芦头、油条、杂质、虫蛀、霉变。

三级：干货。呈圆锥形，表面灰白色或黄白色。体坚。断面白色或黄白色，具粉性。有香气，味辛、微苦。每千克 60 支以外，顶端直径不得小于 0.7cm。间有白芷尾、黑心、异状油条，但总数不能超过 20%。无杂质、虫蛀、霉变。

（二）药材质量要求

应符合现行《中国药典》白芷药材质量标准要求。

1. 水分 不得过 14.0%。

2. 总灰分 不得过 6.0%。

3. 浸出物 不得少于 15.0%。

4. 含量测定 按干燥品计算，含欧前胡素（$C_{16}H_{14}O_4$）不得少于 0.080%。

金荞麦

Jinqiaomai

FAGOPYRI DIBOTRYIS RHIZOMA

一、概述

金荞麦原植物为蓼科植物金荞麦 *Fagopyrum dibotrys*（D.Don）Hara。别名：天荞麦、赤地利、苦荞头、透骨消等。以干燥根茎入药，《中国药典》2010 版始收载。金荞麦微辛、涩，性凉，归肺经。具有清热解毒，排脓祛瘀的功能，用于肺痈吐脓，肺热喘咳，乳蛾肿痛。

金荞麦以"赤地利"之名始载于唐《新修本草》，称其"叶似萝摩蔓，生根皮齿黑，肉黄赤。花、叶如荞麦，根紧硬似狗脊，一名五蕺，一名谁蛇罔"。以后本草如《图经本草》等均予收载。清代吴其濬《植物名实图考》亦载："江西、湖南通呼为天荞麦，亦曰金荞麦。茎柔披靡，不缠绕，茎赤叶青，花叶俱如荞麦，其根赭硬。"观其附图与现今所药用金荞麦一致。金荞麦为中药民族药工业常用大宗药材，也是贵州特色药材。

二、生物学特性

金荞麦的适生地环境条件为海拔 700～3000m 的丘陵、山地、河谷，其中以海拔 1600～2200m 的温暖平坝、丘陵、半山区、山区分布最集中，在湿润的山沟、山谷生长繁茂，北向的阴坡、山谷生长较好，村头、地埂、路坎、河流等地也会偶见生长。

金荞麦春季播种，生长期约 180 天，种子最适宜萌发温度为 20～25℃，温度低于8℃或高于35℃均抑制种子萌发。播种后10～15天出苗，第20天左右为出苗盛期。真叶产生至抽薹开花，其营养生长期需130天左右，开花前植株高度可达100cm以上。当年播种的金荞麦，经4～5个月的营养生长，于8月下旬抽出多分枝的茎，于叶腋形成花芽，进入生殖生长期。小花开放后，经20～25天，于10～11月结实后在霜降后逐渐枯萎，其老根和根茎宿存于土中，次年春季发芽。

三、适宜区分析及生产基地选择

（一）生产适宜区分析

金荞麦主要分布于陕西、华东、华中、华南及西南。贵州省金荞麦的适宜生产区为：六盘水市的盘县、水城、六枝，毕节市的赫章、威宁、七星关、纳雍、大方、织金、黔西，安顺市的关岭、普定、紫云，贵阳市的修文、乌当，遵义市的红花岗区、道真，黔南州的龙里、贵定，黔西南州的普安、晴隆、安龙等地。

（二）生产基地选择

根据金荞麦生产适宜区优化原则与其生长发育特性要求，选择其最适宜区或适宜区且具良好社会经济条件的地区建立规范化生产基地。如贵州省安顺市关岭县普利乡选建的金荞麦规范化种植试验示范基地，基地海拔1650～1750m，气候属于中亚热带季风湿润气候，年平均气温为15.6℃，年均降水量1430mm，成土母岩主要为石灰岩和砂岩，土壤以黄壤和黑色石灰土为主。地带性植被为常绿–落叶阔叶混交林和针–阔叶混交林，主要树种有臭樱、白杨、刺槐、枫香、丝栗、马尾松、华山松、栎类等。该基地远离城镇及公路干线，无污染源，其空气清新，水为山泉，环境幽美，周围10公里内无污染源。

四、规范化种植关键技术

（一）栽培地选择与整地

1. 选地　金荞麦种植地可选择海拔700m以上的山区，也可在核桃等经果林幼林期进行套作。金荞麦对成土母质要求不高，适应性强，各种土壤类型均能种植，但以排水良好、肥沃的土壤为佳。

2. 整地　播种栽种前10～15天进行整地，清除杂草，深耕土地25～30cm。

（二）播种

金荞麦播种采取春播。3～5月选取土壤墒情好时播种，尽量减少春旱对出苗的影响。种子直播采取穴播方式。在深翻好的土地上，顺坡势建苗床，厢面宽120cm，厢沟深10～15cm，沟宽30cm。然后在厢面上按30cm×30cm株行距打穴，穴深6～8cm，在穴内按每亩2000～2500kg施腐熟的农家肥做底肥，将4～6粒种子播于穴中，覆土

3～5cm，耙平。每亩约5600穴，需种子1.3kg。

（三）田间管理

1.间苗 播种后10～15天可出齐苗，苗齐后生长较密，必须间拔弱苗和过密苗，每穴保留2～3株壮苗即可。定苗10天以内，应经常浇水，以保证成活。

2.除草 根据杂草的多少，结合间苗时进行中耕除草。一般在播种后至出苗前，除草1次。出苗后于第一次间苗时中耕除草1次。第二次定苗至行间郁闭前中耕除草1次。以后根据情况及时拔除杂草。

3.水肥管理 金荞麦耐旱耐瘠薄，当苗高40～60cm时可追施尿素，每亩5kg即可。若割取其茎叶做饲料，在每次收割后追施尿素5～6kg。8月中下旬可进行1次追肥，以磷、钾肥为主，加强复壮、促进根部营养成分的积累及越冬芽的分化。在地势低平的地块，要注意挖沟防涝。

（四）主要病虫害防治

金荞麦种植目前尚未发现严重的病虫害发生。但在早春需防治蚜虫吸食嫩茎叶汁液。防治方法是在发生期，用40%乐果乳剂1500倍液喷杀。对采种田，其果实成熟后易被鸟和鼠危害，需采取措施防鸟防鼠。

五、采收、加工与包装

（一）采收

1.采收时间 在第2年12月地上部分枯萎后到第3年萌芽前进行采收。

2.采收方法 采收时用机械或人工挖取法均可。采收时先割除枯枝，再从一端采挖，挖全根茎，在地里摊晾，抖去泥土，去除残茎和须根，运回加工。

（二）加工

金荞麦根茎挖出运回后，需趁鲜在产地及时产地加工。即去杂，清洗，脱水，脱毛，晒干或阴干，50℃内烘干亦可。但需注意干燥时温度不宜过高，不要超过50℃，若超过这一温度，药材质量就会明显下降。

（三）包装

金荞麦切片常用的包装材料有：布袋、细密麻袋，无毒聚氯乙烯袋等。包装之前要再次检验金荞麦质量，达不到金荞麦药材质量标准的坚决除去。装袋后要缝口严密，袋口应缝牢，药材袋封口要严紧。标识、合格证按要求粘贴牢固清晰。并在每件包装上注明品名、规格、等级、毛重、净重、产地、批号、执行标准、生产单位、包装日期及工号等，并应有质量合格的标志。

六、商品规格与质量要求

(一) 药材商品规格

金荞麦药材以无须根、霉变、焦枯,身干,质坚硬,不易折断,切断面淡黄白色至黄棕色,有放射状纹理,中央有髓,气微,味微涩者为佳品。金荞麦药材商品规格为统货,暂未分级。

(二) 药材质量要求

应符合现行《中国药典》金荞麦药材质量标准要求。

1. 水分　不得过 15%。

2. 总灰分　不得过 5.0%。

3. 浸出物　不得少于 14.0%。

4. 含量测定　本品按干燥品计算,含表儿茶素 ($C_{15}H_{14}O_6$) 不得少于 0.030%。

太子参

Taizishen

PSEUDOSTELLARIAE RADIX

一、概述

太子参原植物为石竹科植物太子参 *Pseudostellaria heterophylla*（Miq.）Pax ex Pax et Hoffm.。别名孩儿参、童参、异叶假繁缕。干燥块根入药,历版《中国药典》均予收载。太子参甘、微苦,平,归脾、肺经。可益气健脾,生津润肺,用于脾虚体倦,食欲不振,病后虚弱,气阴不足,自汗口渴,肺燥干咳。

太子参药用历史可追溯到清代,始见于清代吴仪洛《本草从新》,于人参条下,与参须、参芦并列,谓:"太子参,大补元气,虽甚细如条参,短紧坚实而有芦纹,其力不下大参。"《本草纲目拾遗》中赵学敏引《百草镜》云:"太子参即辽参之小者,非别种也,味甘苦,功同辽参。"所记载的太子参实为五加科人参 *Panax ginseng* C. A. Mey 的根小者,与本品不同。清《本草再新》记载太子参具有"治气虚肺燥,补脾土,消水肿,化痰止渴"的功效,与石竹科太子参用于"脾气虚弱,胃阴不足的食少倦怠"及"气虚津伤的肺虚燥咳"相近,是以从功效来看《本草再新》中所谓的"太子参"可能是石竹科太子参。太子参是一种传统的滋补中药,在中医临床上使用非常广泛,目前已列入可用于保健食品的中药材名单。

二、生物学特性

太子参喜疏松肥沃、排水良好的砂质壤土。适宜温和湿润的气候，在平均气温 10 ～ 20℃下生长旺盛，怕炎夏高温和强光暴晒，气温超过 30℃时植株停止生长。6 月下旬植株开始枯萎，进入休眠越夏。太子参耐寒，块根在 –17℃环境中能安全越冬。太子参怕旱怕涝，渍水易烂根。

太子参萌芽期为从霜降前后栽种起到次年幼苗出土为止，气温逐渐下降到 15℃以下时，种参即缓慢发芽、生根，越冬后次年幼苗出土。2 月初出苗后，植株生长进入现蕾、开花、结果等发育阶段，到芒种时地面植株部分生长量达最高峰。从 4 月中旬开始，太子参地下部分的不定根数量、长度、直径均显著增加，是形成块根产量的主要时期，至 6 月中旬进入休眠期后停止生长。芒种以后地面植株大量叶片枯黄脱落，到夏至时植株枯死。此时新参在土壤中彼此散开，进入休眠越夏阶段。采用无性繁殖的太子参，2 月初出苗后，即进入现蕾、开花、结果等发育过程。

三、适宜区分析及生产基地选择

（一）生产适宜区分析

太子参野生资源主要分布于辽宁、山东、河北、陕西、河南、江苏等省，贵州施秉、福建柘荣等地区有大规模种植。主产于贵州施秉、安徽宣州、福建柘荣等地，也是它的适宜生产区，如贵州太子参最适宜区主要集中在施秉县、黄平县、凯里市中东部、岑巩县、余庆县南部、铜仁市西部等地区。

（二）生产基地选择

太子参生产基地的选择应注意交通运输便利，有配套的水、电设施，排水条件好，远离污染源的地块，前茬以甘薯、蔬菜、豆类、禾本科等作物或蔬菜为宜。可根据太子参生长发育特性要求，选择其最适宜区或适宜区，并具备良好社会经济条件的地区建立规范化生产基地。如贵州省太子参种植基地一般选择丘陵地带，平均海拔 600 ～ 1000m，≥ 0℃积温 5600℃、≥ 10℃积温 4000 ～ 4800℃的区域，年平均温 14.5℃，年降雨量 1200mm 左右，全年 75% 降雨量集中于春、夏两季的区域。基地土质要求疏松肥沃、富含腐殖质的沙质壤土，pH 值为 6 ～ 7.5，耕作层厚 30cm 左右，地块略带倾斜（斜度 <35º）。

四、规范化种植关键技术

（一）选地与整地

1. 选地　选择土质疏松肥沃、富含腐殖质的沙质壤土，pH 值为 6 ～ 7.5，耕作层厚 30cm 左右，地块略带倾斜（斜度 <35º），地块排水条件较好，忌重茬，前茬忌茄科植

物，种植 2～3 年应轮作 1 次。

2. 整地 太子参根系分布较浅，应整细耕作层，除净草根、石块等杂物。在霜冻来临前将土地翻犁，结合基肥施用播种前再翻耕一次。按肥源情况施足基肥，一般每亩用腐熟的厩肥、人畜粪等混合肥和过磷酸钙，捣细撒匀后再行耕耙。畦宽 1.3m、高 25cm，畦长依地形而定，畦沟宽 30cm，畦面保持弓背形。疏通排水沟，保证种植地内不积水。

（二）播种时间与播种方法

1. 播种时间 一般在 10 月上旬至下旬前为宜，过迟种参则因气温逐渐下降而开始萌芽，栽种时易碰伤芽头，影响出苗。

2. 播种方法 常用有以下两种方法，平栽法：选芽头完整、整齐无伤、无病虫害的块根作种材。在畦面横开沟，沟深 7～10cm，向沟内撒入腐熟基肥并稍加细土覆盖，将种参平摆入条沟中，种参与种参头尾相接。每亩用种量 30～40kg。竖栽法：在畦面上开设直行条沟，沟深 13cm，将种参斜排于沟的外侧边，芽头朝上离畦面 7cm，株距 5～7cm，要求芽头位置一律平齐，习称"上齐下不齐"。按行距 13～15cm 开第二沟，将后一沟的土覆盖前一沟，再行摆种，依此类推，栽后将畦面整成弓背形。每亩用种量 30～40kg。

（三）田间管理

1. 中耕除草 太子参幼苗出土前，畦面容易滋生杂草，用小锄浅锄 1 次，第一次要除掉全株，其余时间均宜手拔，见草就除，严禁使用任何存在高残留的农药除草剂，否则易导致太子参生长不良。

2. 施肥 太子参不耐浓肥，需施足基肥以满足植株正常生长发育的需要。在耕翻前施入基肥，一般以缓释肥为主，如腐熟后猪厩肥、人类尿、草木灰、禽粪等。将基肥直接施于播种沟内，使肥料集中，以提高肥效。应注意肥料与种参不能直接接触，须在施肥后用沟内松土稍加覆盖或拌和，使肥料压在土下或拌匀，否则易产生肥害。在土地缺肥情况下，植株茎叶黄瘦时应追肥。

3. 及时培土 早春出苗后或第一次追肥完毕，边整理畦沟，边将畦边倒塌的细土铲至畦面，以利发根和块根生长。培土厚度为 1～1.5cm。

4. 水分管理 太子参怕涝，一旦积水，易发生腐烂死亡，必须保持田间排水畅通。在干旱少雨季节，应注意灌溉，既保持湿润而又不积水，以利生长。田间管理过程中，避免踩踏畦面，否则易造成局部短期积水，使参根腐烂死亡，降低产量。

（四）主要病虫害防治

1. 病虫害综合防治原则 遵循"预防为主，综合防治"的植保方针，从太子参种植基地生态系统出发，综合运用各种防治措施，促进太子参生长，创造不利于病虫害滋生和有利于各类天敌繁衍的环境条件，保持太子参种植基地生态系统的平衡和生物多样性，将各类病虫害控制在允许的经济阈值以下。应尽量选用农业综合措施促进太子参生长，减少病虫害发生，以降低农药使用量，且在种植过程中按照农药商品使用说明科学用药，不得随意增大或者胡乱搭配化学药剂，造成农药残留超过限量标准。

2. 病虫害防治措施　①病毒病（花叶病）：选用无病毒病的种根留种。及时灭杀传毒虫媒。发病症状出现时若需施药防治，可选用氨基酸、磷酸二氢钾喷施以促叶片转绿、舒展，减轻危害。②根腐病：可对块根用 25% 多菌灵 200 倍液浸种 10 分钟，晾干后下种。发病期可选用 50% 多菌灵，或 50% 甲基托布津 1000 倍液，或 75% 百菌清可湿性粉剂 500 倍液等药剂灌施。③斑点病（叶斑病）：发病期可选用 1:1:100 波尔多液，或 80% 的代森锰锌 800 倍液，或 40% 福星 EC 8000 倍液等药剂喷施。④蛴螬：每亩用 90% 晶体敌百虫 100～150g，或 50% 辛硫磷乳油 100g，拌细土 15～20kg 做成毒土，用 1500 倍辛硫磷溶液浇植株根部。⑤小地老虎：3～4 月间清除参地周围杂草和枯枝落叶，消灭越冬幼虫和蛹。4～5 月小地老虎开始危害时，可用 90% 敌百虫 1000 倍液浇穴。

五、采收、加工与包装

（一）采收

1. 采收时间　商品太子参收获时期为 7 月上旬，选晴天进行。

2. 采收方法　沿厢面横切面往下挖 13～20cm，小心挖出泥土中太子参块茎，防止太子参折断。除去泥土和地上部分，装入清洁的筐内，运至存放处。太子参采挖一般耗时较多，用工较大，有条件区域可采用小型采收机械。

（二）加工

1. 晒干　将鲜太子参洗净后晾晒至干燥，称为生晒参。也可将鲜参洗净，晒至六七成干时，发汗再晒干。晒干过程中揉搓去除参根上的不定根，使参根光滑无毛。参体含水量为 10%～13% 时进行风选，进一步将参须、尘土、细草等吹净。生晒参光泽度较烫参差，质稍硬，成品易被虫蛀，但气味较烫参浓厚。

2. 烫制晒干　将鲜太子参在室内摊晾 1～2 天，根部稍稍失水发软后洗净沥干，放入 100℃沸水锅中浸烫 1～3 分钟，烫后即刻滤出水面，即刻摊放在室外曝晒，晒至干脆为止，习称"烫参"。烫参表面光洁色泽好，质地较柔软，成品不易虫蛀。

（三）包装

将干燥太子参药材按 40kg/ 袋规格用无毒、无污染材料严密包装。所用包装应符合药用包装标准，并在每件包装上注明品名、规格、等级、毛重、净重、产地、批号、执行标准、生产单位、包装日期及工号等，并应有质量合格的标志。

六、商品规格与质量要求

(一) 药材商品规格

太子参药材以无粗皮、细根、须根、虫蛀、霉变、焦枯，半透明，大小均匀，断面粉白色，色微黄者为佳。其商品规格分为以下 3 个规格等级。

选货一等：干货。长纺锤形，较短，直立。表面黄白色，少有纵皱纹，饱满，凹陷处有须根痕。质硬，断面平坦，淡黄白色或类白色。气微，味微甘。无须根、杂质、霉变质硬，断面平坦，淡黄白色或类白色。气微，味微甘。无须根、杂质、霉变。个体较短，上中部直径 0.4cm 以上，单个重量 0.4g 以上，每 50g 块根数 130 个以内，个头均匀。

选货二等：干货。长纺锤形，较短，直立。表面黄白色，少有纵皱纹，饱满，凹陷处有须根痕。质硬，断面平坦，淡黄白色或类白色。气微，味微甘。无须根、杂质、霉变质硬，断面平坦，淡黄白色或类白色。气微，味微甘。无须根、杂质、霉变。个体较长，上中部直径 0.3cm 以上，单个重量 0.2g 以上，每 50g 块根数 250 个以内，个头均匀。

统货：干货。细长纺锤形或长条形，弯曲明显。表面黄白色或棕黄色，纵皱纹明显，凹陷处有须根痕。质硬，断面平坦，淡黄白色或类白色。气微，味微甘。上中部直径 0.3cm 以下，单个重量 0.2g 以下，每 50g 块根数 250 个以上。有须根，长短不均一。无杂质、霉变。

(二) 药材质量要求

应符合现行《中国药典》太子参药材质量标准要求。

1. 水分　不得过 14.0%。

2. 总灰分　不得过 4.0%。

3. 浸出物　不得少于 25.0%。

第八章　全草类药材规范化生产示范

头花蓼
Touhualiao
POLYGONI CAPITATI HERBA

一、概述

　　头花蓼药材来源于蓼科植物头花蓼 *Polygonum capitatum* Buch. Ham. ex D. Don。别名四季红、石莽草、遍地红等。以干燥全草或地上部分入药。头花蓼味苦、辛、性凉，归肾、膀胱经。具有清热利湿，解毒止痛，活血散瘀、利尿通淋的功能。用于痢疾，肾盂肾炎，膀胱炎，尿路结石，盆腔炎，前列腺炎，风湿痛，跌扑损伤，疮疡湿疹。

　　头花蓼为民族民间常用药材，药用历史悠久，始载于《广西中药志》（1963 年，第二册）主要用于治疗风湿，跌打。1970 年出版的《文山中草药》《云南中草药选》《广西中草药》及 1971 年出版的《云南中草药》《广西植物名录》均予以收载，《云南中草药》首次记载其清热利尿、通淋等功效。1975 年《全国中草药汇编》以"红酸杆"为药材名收载，主要用于治疗泌尿系感染、痢疾、腹泻、血尿等。1977 年收载于《中药大辞典》，以"石莽草"为药材名，主要用于治痢疾、肾炎、膀胱炎、尿路结石、风湿痛、跌打损伤、疮疡湿疹等。在贵州首载于 1986 年出版的《贵州中草药名录》，以"水绣球"为名。在后期《中华本草》（1998 年，第二册）、《贵州苗族医药研究与开发》（1999 年）、《贵州省中药材质量标准》（1988 年版）及《贵州省中药材、民族药材质量标准》（2003 年版）等均予收载。头花蓼应用甚为广泛，又为多个少数民族习用药材，特别是苗族最为常用的苗药。目前是贵州常用大宗道地特色药材。

二、生物学特性

　　头花蓼为多年生草本植物，匍匐生长，种子播种后，经过 11 ～ 15 天出苗，后经30 ～ 35 天的苗期生长，可作为定植苗。种苗移栽后，主枝向不同方向匍匐生长，并于节上产生不定根和侧芽，顶芽分化发育出顶生的头状花序。主枝向四周蔓延生长，当顶芽形成花序后，主枝即不再伸长，形成老枝，而在其下部叶腋的芽开始分化生长。随着新枝的形成，老枝被覆盖，老枝上的叶渐渐枯萎。栽培条件下，头花蓼的叶片从展开到发育定形，约经 30 天。

头花蓼春生苗主枝在 5 月下旬即可形成花序，6 月初开花。对于多年生植株，其分枝在 4 月即已形成，同时也有花序开放。盛花期为 8 ~ 10 月，以虫媒授粉方式为主，在良种选育中应加强隔离，防止生物混杂。头花蓼花期和果期重叠，果实成熟量最大的盛果期集中在 9 ~ 11 月。在盛果期，头花蓼从开花到果实成熟约 12 天。成熟后 10 天左右自然脱落，每个花序的结果数约为 103 粒。头花蓼的最佳采种时间为 9 ~ 11 月，此时成熟果实较多，脱落较少，种子萌发率较高。

三、适宜区分析及生产基地选择

（一）生产适宜区分析

头花蓼野生资源主要分布于贵州、云南、广西、四川、湖南、重庆等地。贵州西部、西南部海拔 800 ~ 1400m 的区域如盘州市、水城市、六枝特区、普安县、晴隆县、兴义市、西秀区、黔西县、织金县、贵阳乌当区等，东南部及东部海拔 600 ~ 1000m 的区域如施秉县、雷山县、台江县、剑河县、黄平县等为头花蓼最适宜区。

（二）生产基地选择

按照头花蓼生产适宜区优化原则与其生长发育特性要求，选择头花蓼最适宜或适宜区且有良好社会经济条件的地区建立规范化种植基地。如在贵州省贵阳市乌当区、黔西县、平塘县、开阳县、桐梓县等地已选建的头花蓼规范化种植基地，其基本条件为海拔 600 ~ 1500m，大气无污染，中亚热带湿润气候，年平均温度 ≥ 12℃，年积温高于 3000℃，无霜期 ≥ 270 天，生长期空气相对湿度 70% ~ 90%，年均日照时数 1200 ~ 1500 小时，年平均降雨量 1000mm，雨热同期，水质无污染，有可供灌溉的水源及设施。选择土壤肥沃、疏松、保水保肥良好的壤土或砂质壤土，pH 值 5 ~ 7。当地党政对头花蓼生产基地建设重视，广大农民有种植头花蓼的积极性和经验，有便利的交通条件，有充足的劳动力资源和土地资源，种植地尽量连片。基地周围 10km 以内无生产污染的工矿企业，无"三废"污染和垃圾场等。

四、规范化种植关键技术

（一）选地整地

1. 选地　头花蓼是多年生蔓生性草本植物。喜凉爽气候，较耐寒。头花蓼不宜连作。若需连作，最多连作 3 年后则需换地种植。

（1）育苗地应选择与头花蓼种植地相隔一定距离，没有头花蓼种植史，具有灌溉排涝设施、病虫害综合防治设施、交通道路及农家肥无害化处理沤肥坑等设施的地块。

（2）良种繁育田和定植地应选土质疏松、透水透气性能良好、土层厚度 30cm 以上的砂质壤土。土壤反应以偏酸性（pH 值 5 ~ 7.5）为好。凡黏重板结，含水量大的黏土以及瘠薄、地下水位高、低洼易积水之地均不宜种植。

2. 整地　霜冻前，将前茬作物收获后，把秸秆收拾干净，并清除杂草和石块，翻耕深25～30cm，使部分病菌害虫暴露于土面冻死，减少虫害越冬。3～4月份，移栽前进行一次土壤翻耕，翻耕深25～30cm。并结合整地施底肥，亩撒施腐熟农家肥2000kg、45%硫酸钾型复合肥20kg覆于土中，并打碎土块，清除杂草、石块和宿根，按宽1m开标准厢，保持厢面宽1m，高10cm，厢沟30～40cm，把厢面整平耙细后备用，平地以东西向开厢为佳，缓坡要斜向开厢防止水土流失。

（二）播种育苗

头花蓼种子应在8～11月待整个果序为白色时开始分批采集。将整个果序采摘运回，放通风干燥处晾干，脱离，除去果序梗等杂质后装入透气良好的布袋。贮藏于通风干燥的种子阴凉库中。头花蓼一般采用大棚育苗或田间拱棚育苗。

1. 大棚育苗　在塑料大棚内用砖砌成宽1m、高20cm、长度随棚长的育苗床。苗床内应填细熟土（过8目筛）15cm，然后每亩均匀撒2000kg腐熟农家肥和45%硫酸钾型复合肥20kg做底肥，与床土拌匀后，用刮板刮平床面。育苗时，先将苗床喷透水，按2g/m^{2}称量种子，与200～300倍的细土混合均匀后，撒播在苗床上，撒完后盖一层地膜。

2. 田间拱棚育苗　在选好地块内，深翻土壤25cm，清除杂草、石块等杂物，打碎土块后，耙成宽1m、高10cm的苗床，施底肥及育苗方法同上，撒完种子后，搭拱棚，盖一层地膜。

（三）苗期管理

当出苗率达70%以上时，揭去地膜。揭膜后根据苗床湿度情况，注意浇水保湿。出齐苗后，及时除草，间苗按密度2cm×2cm用手拔除弱苗，保留500～600株/m^2。当棚内温度达到30℃时，打开大门及通风帘或揭棚，大田育苗法则揭开棚的两端，加强棚内通风。4月底到5月中旬移栽，移栽前1周，揭棚或打开大棚的通风帘，增加光照，减少浇水。移栽前一天将苗床喷透水，第二天拔取较大的健壮苗，用水泡过的稻草捆成小把，一般每把100株左右，然后放在盛器里，最好盖上湿布，随起随栽。不要一次性起苗太多，当天起的苗，当天必须栽完，不能放置过夜。

（四）移栽定植

移栽前3～4天，选用外观整齐、均匀，根系完整，无萎蔫现象，苗高6～12cm，真叶数5～11片的优质种苗，于4月下旬到5月上旬移栽，选阴天移栽。密度20cm×20cm～25cm×25cm。将苗放入穴内用手压紧，每穴1苗。定植当天浇透水。

（五）田间管理

1. 查苗补苗　移栽后的1个星期内要适时进行田间观察，搞好查缺补漏，及时补苗，确保田间基本苗数。

2. 中耕除草 头花蓼封行前，根据杂草多少情况决定锄草次数。封行后到采收前，每一个月拔除杂草一次。所有杂草要集中堆放于农家肥腐熟坑内，让其发酵腐熟成肥料。整个生长期禁止使用除草剂。

3. 合理施肥 头花蓼的施肥以基肥为主。对头花蓼进行追肥宜在封行前，使用45%硫酸钾型复合肥追肥一次即可。

4. 灌溉和排水 头花蓼怕涝，在移栽前的整地起厢时，顺地势挖好排水沟，保证雨水通畅排出。在整个生长期内，雨季每天要查看田间排水情况，发现积水的地块，应及时疏通，避免积水造成头花蓼烂根。

（六）主要病虫害防治

1. 病虫害综合防治原则 预防为主、综合防治，认真选地、实行轮作、选用和培育健壮无病的种子种苗，禁用带病苗。及时清除田间杂草与病残植株，有机肥必须充分腐熟，合理施肥。注意做好挖沟防涝工作。采用化学防治时，应当符合国家有关规定，优先选用高效、低毒的生物农药，禁止使用除草剂、杀虫剂和杀菌剂等化学农药，不使用禁限用农药。

2. 病虫害防治措施 头花蓼种植基地一般病虫害较少，注意极端天气，及时处理，防止病害发生，在防止过程中一般不宜施用农药。头花蓼种植地块最多连作3年后则需换地种植。合理轮作，不宜与十字花科等易带虫卵作物轮作，可与豆科作物轮作倒茬。移栽前与秋冬收货后，清除田间及周围杂草。移栽前深耕晒土，造成不利于幼虫生活的环境并消灭部分蛹。选地时尽量选择通风条件好、不积水的地块，减少病害的发生。地老虎可在幼虫期进行诱捕，移栽定植前，以鲜菜叶拌药（如甲氰菊酯等），于傍晚撒入田间地面进行诱杀或每天早上扒开萎蔫处幼苗的表土捕杀幼虫。地老虎、双斑莹叶甲、黄曲跳甲、斜纹夜蛾等成虫均具有趋光性，可以采用田间放置单灯太阳能智能灭虫器、诱杀成虫。特殊情况下，必须使用农药时，应严格遵守中药材规范化生产农药使用原则进行操作。如斜纹夜蛾幼虫危害期，用20%的甲氰菊酯乳油稀释2000倍均匀喷雾整个头花蓼植株。

五、采收、加工与包装

（一）采收

1. 采收时间 头花蓼当年采收，生长期达到120天后（每年9～10月）进行采收，此时植株已进入盛花期。

2. 采收方法 采收前20天，对头花蓼种植地停止使用任何农药。采收前3天停止灌溉，以利采收与产地加工干燥。采收前1天应清除头花蓼种植地的杂草异物。宜于晴天采收，顺畦面割取地上部分（不留基部老茎），抖去泥土，就地晾晒。采收后应及时运转，及时进行产地加工处理。

（二）加工

头花蓼产地加工干燥方法以传统的阴干或晒干为主。当采收季节遇上连绵阴雨时，宜采用热风循环烘房烘干。

（三）包装

包装前，将头花蓼药材集中堆放于干净、阴凉、无污染的室内回润，以利打包。以中药材压缩机压缩打包，打包件规格为 90cm×60cm×40cm。包装材料应清洁、干燥、无污染、无破损，并符合药材质量要求。包装时必须严格按标准操作规程操作，记录药材名称、规格、重量（毛重、净重）、产地、批号、包装工号、包装日期、生产单位、追溯码等，并应有产品合格证及质量合格等标志。

六、商品规格与质量要求

（一）药材商品规格

目前，中药材市场上暂无头花蓼商品分级标准。

（二）药材质量要求

应符合《贵州省中药材、民族药材质量标准》（2019 年版，第一册）头花蓼药材质量标准要求。

1. 杂质　不得过 8%。

2. 水分　不得过 12.0%。

3. 总灰分　不得过 14.0%。

4. 酸不溶性灰分　不得过 5.0%。

5. 浸出物　不得少于 15.0%。

6. 含量测定　本品按干燥品计算，含没食子酸（$C_7H_6O_5$）不得少于 0.050%。

石　斛

Shihu

DENDROBII CAULIS

一、概述

石斛原植物为兰科植物金钗石斛 *Dendrobium nobile* Lindl.、霍山石斛 *D.huoshanense* C.Z.Tang et S.J.Cheng、鼓槌石斛 *D.chrysotoxum* Lindl. 或流苏石斛 *D.fimbriatum* Hook. 的栽培品及其同属植物近似种。以新鲜或干燥茎入药，历版《中国药典》均予收载。其具有益胃生津，滋阴清热的功效，用于热病津伤，口干烦渴，胃阴不足，食少干呕，病后虚热不退，阴虚火旺，骨蒸劳热，目暗不明，筋骨痿软等症。

石斛既是应用历史悠久的珍稀名贵中药，又是列入可用于保健食品的用品，是中医临床传统珍稀名贵药食两用中药。

二、生物学特性

金钗石斛、铁皮石斛、环草石斛等石斛属植物为多年生附生性草本植物，野生条件下常附生于树干或岩石上，并常与苔藓植物伴生。石斛喜温暖、湿润及阴凉的环境，适于海拔 1000～2000m 的多山季节性森林、热带或亚热带的丘陵、丛林等地。生长期年平均温度在 18～21℃ 之间，1 月平均气温在 8℃ 以上，无霜期 250～300 天。年降雨量 1000mm 以上，生长处的空气相对湿度以 80% 以上最为适宜。以在半阴半阳之地，附生于布满苔藓植物的山岩石缝或多槽皮松树上的石斛质量为佳。

野生石斛可行种子繁殖和营养繁殖。在石斛果实中，含有上万粒细小种子，种子成熟时，果实裂开，种子随风飞扬，在适宜生长的附主植物树皮或岩石上，则可萌发并生长成为原球茎，并逐步生长成苗。一般生长 3 年后开花，植株不断产生萌蘖，茎的基部或茎节在接触地面时或在适宜的条件下，均能产生不定根而形成新的个体。花期 4～6月，果期 6～8 月。

三、适宜区分析及生产基地选择

（一）生产适宜区分析

石斛药材来源多，分布广。金钗石斛适宜生产区为贵州、云南、四川、广西、湖南、广东等，铁皮石斛的适宜生产区为云南、贵州、湖南、广西、广东、浙江等，环草石斛的适宜生产区为广西、贵州、云南、福建等。

（二）生产基地选择

石斛种植基地的选择，应根据石斛的生长习性，按产地适宜优化原则与其生长发育特性要求，选择最适宜区或适宜区且具良好社会经济条件的地区，因地制宜、合理布局地建立规范化生产基地。石斛基地应选在较低海拔的热带、亚热带山地河谷，并在有散射光照和通风透气稍荫蔽的温暖潮湿、半阴半阳及雾气弥漫的岩石上或树林下进行仿野生栽培。

四、规范化种植关键技术

（一）石斛种植附主选择与基质准备

1. 石斛种植的附主选择　石斛为附生植物，附主对其生长影响较大。而石斛是靠裸露在外的气生根吸收空气中养分和水分，其载体是岩石、砾石或树干，不能直接种植在地表，须在地面铺设种植基质或搭建种植床畦并覆盖合适基质进行栽种。石斛种植基质要富含有机质，pH 在 5.5～6.5 之间，透气、疏水性好。其种植基地应四周开阔，通风良好，地势平坦，道路通畅，并建有水池及排灌防涝防旱等设施。

石斛种植若选择岩石或砾石为附主，则应选砂质岩石或石壁或乱石头之处，并要相对集中，有一定的面积，而且阴暗湿润，岩石上生长有苔藓，周围有一定阔叶树作为遮荫的地块或林下进行石斛驯化栽培。若选择树干为附主，则应选树冠浓密，叶草质或蜡质，皮厚而多纵沟纹，含水分多并常有苔藓植物生长的阔叶树种为附主发展石斛驯化栽培。若选择树下荫棚栽培石斛，则应选在较阴湿的阔叶林下，用砖或石块砌成高 15cm 的高厢，将腐殖土、细沙和碎石拌匀填入厢内，理平整，厢面上搭 100～120cm 高的荫棚进行石斛驯化栽培。

2. 石斛种植的基质要求　石斛的驯化栽培方法及其生长基质的筛选，对石斛种植与资源恢复相当重要。若将生长在岩石、石壁、石缝、石砾或树干等环境的石斛移到地面驯化栽培时，必须具备其适宜的栽培基质。

3. 石斛种植的基质处理与准备使用　基质在使用前要进行消毒处理。若系植物根茎叶的基质，应通过堆制、浸泡和煎煮等法进行消毒处理。

（二）栽种时间与栽种方法

1. 栽种时间　石斛栽种宜选在春季 3～4 月、秋季 8～9 月为好，春季更宜。

2. 栽种方法　石斛的栽种方法主要有 4 种。

（1）**贴石栽种法**　选择阴湿林下的石缝、石槽有腐殖质处，将分成小丛的石斛种苗的根部，用牛粪泥浆包住，塞入岩石缝或槽内，塞时应力求稳固，以免掉落。或将小丛石斛种苗直接放入已打好的窝内，然后用打窝时的石花均匀的将基部压实，以风吹不倒力度，将基部和根固定在石窝内即可。若是在砾石上栽培，则将种苗平放在砾石上，然后用石块压住种苗中下部，基部、顶部裸露在外，仍以风吹不动为度。

（2）**贴树栽种法**　在阔叶林中，选择树杆粗大、水分较多、树冠茂盛、树皮疏松、有纵裂沟的常绿树，如黄桶、乌桕、柿子、油桐、青冈、香樟、楠木、枫杨树等，在较平而粗的树干或树枝凹处或在树枝（干）上每隔 30～50cm 用刀砍一浅裂口，并剥去一些树皮，然后将已备好的石斛种苗，用竹钉或绳索将基部固定在树的裂口处，再用牛粪泥浆涂抹在其根部及周围树皮沟中。

（3）**大棚栽种法**　无论在标准化大棚、简易大棚，还是荫棚内进行石斛栽种定植时，都应先将经处理熟化好的树皮、锯木屑、小砾石等基质拌匀，在棚内的苗床作畦，在苗床上铺 3～5cm，将石斛驯化种苗以适宜密度进行定植。若在荫棚下栽种时，于畦上搭 1.7m 的荫棚，向阳面挂一草帘，以利调节温湿度和通透新鲜空气，并经常保持畦面的湿润。

（4）**石斛林下仿野生栽培法**　本法应在适宜石斛生长并有野生石斛的阔叶林下进行石斛栽种植。其既可采用贴石栽种，又可采用贴树栽种，据所选林下场地的林木密度、山石位置等实际情况，就地取材，灵活选择，因地适宜，合理布局其贴石栽或贴树的栽种点，并建水池、排灌、荫棚、沤粪池及作业道等设施。

（三）田间管理

1. 及时排灌与除草　石斛栽种后应保持湿润的环境，要适当浇水，但严防浇水过多，切忌积水烂根。若遇久雨或大雨，又要防涝，以免根烂叶黄。

2. 光照管理与修枝　大棚石斛光照管理，在生产实际上则是及时调节郁蔽度。石斛整枝包括修剪及分蔸。石斛栽种后，在每年春季萌发前或冬季采收石斛后，将部分老茎、枯茎或部分生长过密植株剪除，调节其透光程度，避免过度郁蔽而影响石斛正常生长。

3. 合理施肥　栽种石斛时不须施基肥，除定植后叶面适当喷施磷酸二氢钾 500 倍液以促生根成活外，但在石斛种苗成活以后，就必须注意施肥，以提高石斛的产量和质量。一般于石斛栽种后第二年开始施追肥，每年 1～2 次，第 1 次为促芽肥，在春分至清明前后进行，以刺激幼芽发育。第 2 次为保暖肥，在立冬前后进行，使植株能够贮存养分，以安全越冬。施用的肥料，通常都是用油饼、豆渣、羊粪、牛粪、猪粪、肥泥加磷肥及少量氮肥混合调匀后，在其根部薄薄地施上一层。

4. 冬季管理与清洁田园　每年 1～2 月，及时锄草、清理田间、修剪病虫害残株及枯枝落叶，结合深耕细作、冬耕晒土，可避免附在杂草或枯枝落叶上越冬的病原菌传播进场地，以大大减少病虫害的发生率和危害程度。

（四）主要病虫害与综合防治

石斛病虫害的防治应遵循预防为主，综合治理的原则进行。从安全、经济、有效的角度，因地制宜的综合运用农业的、生物的、化学的、物理的防治措施进行多方位、多角度的控制金钗石斛病虫害发生与流行。

从林下或大棚种植石斛的病虫害发生规律分析，其病虫害发生的种类与危害基本相同，只在危害程度、初发期和盛发时间上有所差异。在必须施用农药时，应严格按照《中华人民共和国农药管理条例》的规定，采用最小有效剂量选用高效、低毒、低残留量农药。其选用品种、使用次数、使用方法和安全间隔期，应按 GB 8321 的规定严格执行。具体施用时，应按照 GB 4285-1989 农药安全使用标准及 NY/T-393-2000 生产绿色食品的农药使用准则执行。在遮阳条件下，有的农药分解比较缓慢，亦不能使用，如毒死蜱等。在石斛种植过程中，严禁使用各类激素、生长素和高毒、剧毒、高残留农药。

五、采收、加工与包装

（一）采收

石斛栽后 2～3 年即可采收，生长年限愈长，单株产量愈高。鲜石斛四季均可采收，但以秋后采者质好，如赤水金钗石斛通常在 11 月采收，主要采收叶片开始变黄的两年生以上的茎枝。铁皮石斛适宜的采收时间为 11 月至翌年的 3 月。采收时，一般采用剪刀从茎基部将老植株剪割下来，留下嫩的植株，让其继续生长，加强管理，来年再采。

（二）加工

1. 石斛鲜品产地加工　将采收的石斛，除去须根和叶片后，用湿沙贮存，也可平装在竹筐内，盖以蒲席或草席贮存于室温阴凉通风处，并应防冻，忌浇水，以免造成腐烂变质。

2. 石斛干品产地加工　在鲜石斛净选后，放入水中浸至叶鞘容易剥离时，刷去或搓掉茎上膜质，晾干水汽。烘干火力不宜过大，烘至 7～8 成干时，再行搓揉一次再烘干。取出喷少许开水，然后顺序堆放，用竹席或草垫覆盖好，使颜色变成金黄，再烘干至全干即成。也可采用砂炒法加工，将石斛置于盛有炒热河沙的锅内，用热沙将石斛压住，经常上下翻动，炒至有微微爆裂声、叶鞘干裂而撬起时，立即取出置放于木搓衣板上反复搓揉，除尽残留叶鞘。再用流水洗净泥沙，在烈日下晒干，夜露之后反复搓揉，如此反复 2～3 次，使其色泽金黄，质地紧密，干燥即可。

（三）包装

将干燥石斛药材用无毒无污染材料，如编织袋、纸箱等按规格包装。在包装前应检查是否充分干燥、有无杂质及其它异物，所用包装应符合药用包装标准，并在每件包装上注明品名、规格、等级、毛重、净重、产地、批号、执行标准、生产单位、包装日期及工号等，并应有质量合格的标志。

六、商品规格与质量要求

（一）药材商品规格

石斛药材鲜品以有茎有叶，茎色绿或黄绿，叶草质，气清香，折断有黏质，无枯败叶，无腐坏、泥沙、杂质者为合格。干品以无芦头、须根、杂质、霉变、泡杆，无枯朽糊黑，无膜皮，足干，条结实，质柔韧，色金黄或色黄，嚼之渣少或有黏质者为佳品。其鲜品药材商品规格为统货，现暂未分级。干品药材商品规格按不同品种可为统货或分级。

1. 金钗石斛　统货：足干，色黄，无芦头、须根、杂质，无枯死草，无膜皮，不撞破，无霉坏，嚼之渣少或有黏质。

2. 铁皮石斛　统货：足干，色褐绿或略黄，无芦头、须根、杂质，无枯死草，无膜皮，不撞破，无霉坏，嚼之有黏质。

3. 环草石斛　一级：足干，无芦头、须根、杂质，无枯死草，无膜皮，色金黄，身细坚实，柔软，横直纹如蟋蟀翅脉。二级：足干，其余与一级基本相同，但有部分质地较硬。三级：足干，色黄，其余与一级基本相同，但条较粗，身较硬。

4. 铁皮枫斗 特级：呈螺旋团状，环绕紧密，颗粒均匀整齐，多数可见 2 ～ 3 个旋环，长 0.8 ～ 1.2cm，直径 0.5 ～ 0.9cm。质坚硬，多数一端具 "龙头"，另一端为切面，少数两端为切面，表面略具角质样光泽，质坚实。嚼之有浓厚黏滞感，渣少。一级：呈螺旋团状，环绕紧密，颗粒稍不整齐，多数可见 2 ～ 4 个旋环，长 0.8 ～ 1.3cm，直径 0.4 ～ 0.9cm，多数两端均为切面，极少数一端具 "龙头"，表面略具角质样光泽，质坚实。嚼之有浓厚黏滞感，渣少。二级：呈螺旋团状，环绕较松，颗粒不整齐，多数可见 2 ～ 5 个旋环，长 0.5 ～ 1.0cm，直径 0.4 ～ 1.0cm，多数两端均为切面。表面略具角质样光泽，质坚实。嚼之有浓厚黏滞感，渣较多。

（二）药材质量要求

应符合现行《中国药典》石斛药材质量标准要求。

1. 甘露糖与葡萄糖峰面积比 应为 2.4 ～ 8.0。

2. 水分 不得过 12.0%。

3. 总灰分 不得过 6.0%。

4. 浸出物 不得少于 6.5%。

5. 含量测定 按干燥品计算，金钗石斛含石斛碱（$C_6H_{25}NO_2$）不得少于 0.40%。霍山石斛多糖以无水葡萄糖（$C_6H_{12}O_6$）计，不得少于 17.0%，鼓槌石斛含毛兰素（$C_{18}H_{22}O_5$）不得少于 0.030%。

吉祥草

Jixiangcao

HERBA REINECKIAE

一、概述

吉祥草药材来源于百合科植物吉祥草 *Reineckia carnea*（Andr.）Kunth。别名：观音草、解晕草、广东万年青、松寿兰、结实兰等。以干燥全草入药或鲜用，收载于《贵州省中药材、民族药材质量标准》（2003 年版）、《江西省中药材标准》及《广西中药材标准》。吉祥草味苦、甘，性凉，归肺、大肠经。具有滋阴润肺，凉血止血的功能，用于肺燥咳喘，阴虚咳嗽，咯血，遗精，跌扑损伤。吉祥草还是贵州苗族习用药材，苗药名："Reib youx sad"（近似汉译音："锐油沙"），味苦、甜，性冷，入热经。具有滋阴肺，凉血止血，解毒利咽的功能。主治肺燥咳嗽，阴虚咳嗽，咽喉肿痛，目赤翳障，吐血，衄血，便血，肺结核，急、慢性支气管炎，哮喘，黄疸型肝炎，慢性肾盂肾炎，遗精，跌扑损伤，骨折，痈肿疔疮等症。

吉祥草在印度自古被视为神圣之草，是宗教仪式中不可缺少的圣物。其梵名为 "kusa"（音译："姑奢""矩尸"等。意译："香茅""吉祥茅"等）。吉祥草始载于唐代陈藏器撰《本草拾遗》，谓吉祥草"生西国，胡人将来也"。其后诸家本草均有记述，如宋代《天宝本草》载："清肺止咳化痰。治衄，赤疮，火眼，跌打损伤。"明代李时珍著《本草纲目》云："吉祥草，叶如樟兰，四时青翠，夏开紫花成穗，易繁。"清代赵学敏著《本草纲目拾遗》亦载曰："解晕草，今人呼为广东万年青。以其出粤中，故名。《纲目》有名未用吉祥草下，濒湖所引吉祥草，即此也。"并言其"理血，清肺，解火毒"，为治咽喉症要药。清代吴其濬著《植物名实图考》又载云："松寿兰，叶微宽，花六出稍大，冬开，盆盎中植之。秋结实如天门冬，实色红紫有尖。""治筋骨痿，用根浸酒，加虎骨胶；治遗精加骨碎补。"现代广州部队《常用中草药手册》称："吉祥草润肺止咳，补肾接骨。治肺结核咳嗽、吐血，哮喘，慢性肾盂肾炎，遗精，跌打，骨折。"《四川中药志》称："吉祥草治虚弱干呛咳嗽，可以炖猪心、肺服。"《贵阳民间药草》亦称："以吉祥草一两炖猪肺或肉吃，治喘咳等。"

　　吉祥草有较大的市场空间和很好的开发前景。吉祥草作为著名苗药制剂"咳速停"糖浆（胶囊）的主要原料，仅 2019 年"咳速停"糖浆（胶囊）单品需求量近 1200 吨。此外，"复方吉祥草含片""宜肝乐颗粒""咳清胶囊""肝复颗粒""六味伤复宁酊"等都是以吉祥草为主要原料的产品，在贵州中药民族药产业中有着重要地位。

二、生物学特性

　　吉祥草 3 月初移栽定植后，经过 15～20 天有 1～2 芽萌发成幼苗，幼苗先长出 2～3 片条形的互生叶。到 50 天左右，叶片数增至 3～6 片，形成植株。5 月下旬，株高和叶长进入快速增长期，新芽不断萌发，横走茎延长，节上形成不定根而不断长成新株。7～8 月份平均每植株形成 3～5 个分株，此时新芽缓慢萌发或停止萌发，但叶长继续增长。进入秋季，吉祥草又出现一次新芽萌发高峰，秋末吉祥草老叶即开始慢慢变黄老化，最终干枯脱落，但是整个过程并不明显。翌年 4 月植株发出新芽时，老叶基本老化脱落完，被先后发出的新叶替代，5 月新叶进入快速生长期。之后的生长情况与定植当年基本上一致。

　　匍匐茎于定植当年 11 月初萌发新芽头，长 3～6cm，被白色或浅红色的鳞片包裹。当芽继续生长，鳞片脱落，芽长成匍匐茎，根状茎匍匐于地下及地表，地表部分绿色或浅绿色，亦间有紫色者，地下部分常为白色。分株定植一年后可长出 2～4 个新芽，次年春季新芽上的叶鳞逐渐萎缩脱落，匍匐茎逐渐长粗长长，长可达 5～15cm，直径 2～6mm，偶见达 12mm 者。新生叶丛生于根状茎顶端，也见生于节部，此时原来的叶片老化脱落，新生叶迅速生长，形成新蔸。新蔸上再长 2～4 个新芽，再逐渐长成顶端或节间长有新叶的匍匐茎，如此不断分株发育成丛。一般新发的匍匐茎生长在土表，次年有部分长入土中。

　　吉祥草花期和果期重叠，盛花期集中在 8～9 月，果实成熟的盛果期集中在 11～12 月。7 月初左右穗状花序含苞待放，8 月份花穗数最多，9 月份随着总的花穗数变少，之后继续进入花的凋谢期，10～11 月份，很少见到花穗。在定植之后次年 5、6 月偶见浆果，但盛果期在 11 月份左右。吉祥草花期比果期集中，果期延续的时间较长。

三、适宜区分析及生产基地选择

（一）生产适宜区分析

吉祥草在全国大部分省区均有分布，如江苏、浙江、安徽、江西、湖南、湖北、河南、陕西（秦岭以南）、四川、云南、贵州、广西和广东。生于阴湿山坡、山谷或密林下，海拔 170 ～ 3200m。

（二）生产基地选择

遵循适于吉祥草生长地域性、安全性和可操作性的原则，选择吉祥草种植最适宜区，或适宜区内无污染源，空气、土壤、水源达中药材 GAP 规定质量标准，并有良好社会经济环境的地区建设吉祥草药材生产基地。

四、规范化生产关键技术

（一）选地整地

1. 选地　选择交通便利、通电、有灌溉水源、排水方便、土壤有机质大于 1.5%、pH 值 5.5 ～ 7.0。土质疏松的黄壤、黄棕壤、石灰土、黄色石灰土、夹砂土等。林下种植还应考虑郁闭度为 0.4 ～ 0.8 的林分遮蔽条件。

2. 整地与底肥　春季 2 ～ 4 月份或秋季 9 ～ 11 月份，选晴天整地。深翻土 30cm以上，清除杂草、石块等杂物，打碎土块，做成宽 1m、高 10 ～ 15cm 的厢，厢间距30 ～ 40cm。移栽前在畦面均匀撒施生物有机肥 120kg/ 亩，整细土壤与厢土混匀，同时除去各种杂草宿根及较大的石砾，耙平厢面。

（二）移栽定植

1. 栽种时间　春季 2 ～ 4 月份或秋季 9 ～ 11 月份栽种，选阴天栽种。

2. 栽种方法　按 15000 株 / 亩准备种苗。移栽株行距 15cm×20cm。采用沟栽，挖深 8 ～ 10cm 的直沟，在挖好的沟里放入吉祥草种苗，按照每 15cm 摆放一株，摆放时根系直放，且朝向一致，约 8cm 回土覆盖，浇透水。

（三）田间管理

1. 补苗　定植后 20 天左右，补齐缺苗。

2. 中耕除草　中耕除草与追肥结合进行，每年人工除杂除草 4 ～ 6 次。

3. 水分管理　田间持水量 60% ～ 70%，过多则清杂排水。

4. 追肥　追尿素 4 次。前三次为根际追肥，春栽：第一次为定植成活后，第二次为7 月中旬，第三次为翌年 3 月。秋栽：第一次为定植成活后，第二次为翌年 3 月上旬，第三次为翌年 7 月中旬。每次按 10kg/ 亩追肥，距植株根部约 8cm 处放置肥料，配合除草再回土覆盖肥料。第四次在封行前后按 1kg/ 亩将尿素用清水稀释为 2% 的浓度均匀喷施叶面。

（四）主要病虫害防治

1. 病虫害综合防治原则 从吉祥草种植基地整个生态系统出发，综合运用各种防治措施，创造不利于病虫害滋生和各类天敌繁衍的环境条件，保持吉祥草种植基地生态系统的平衡和生物多样性。在吉祥草种植的整个过程中要求药农施用要严格控制。吉祥草种植基地病虫害防治控制指标，以鲜品产量损失率计算（或估评），低于 15% 为优等指标，15% ～ 25% 为合格指标，若高于 25% 以上要作适度调整或实施的防治技术措施作改进。

2. 病虫害防治措施 ①叶斑病：可采取轮作、抗病育种、加强田间管理、大田内挖沟切断菌源和土壤消毒等措施，以进行综合防治。发现病株则及时除去染病植株，并集中烧毁，防治病害蔓延。并对发病植株土壤进行大范围消毒处理，用 50% 多菌灵可湿性粉剂 800 ～ 1000 倍液喷雾，或每亩用 75% 百菌清可湿性粉剂 800 ～ 1000 倍液喷雾，或 36% 甲基硫菌灵悬浮剂 1500 ～ 1800 倍液喷雾。在使用过程中应注意使用的浓度和次数，使用方法，注意事项等，勿长期使用一种药物。②小地老虎：采用农业防治与化学防治相结合的防治措施。秋季、春季翻耕所选种植地，让土壤暴晒，可杀死大量幼虫和蛹。4 ～ 10 月，田间挂杀虫灯诱杀成虫。及时铲除田间杂草，消灭卵及低龄幼虫。高龄幼虫期每天早晨检查，发现新萎蔫的幼苗可扒开表土捕杀幼虫。药剂防治：每亩用 20% 的甲氰菊酯乳油 1000 倍液均匀喷雾，或用 30% 噻虫高氯氟悬浮剂 8 ～ 10mL/ 亩标准进行喷雾。

五、合理采收、加工与包装

（一）采收

1. 采收时间 春栽为生长期满 18 个月的 8 ～ 10 月，秋栽为生长期满 18 个月的 4 ～ 6 月。采收前 20 天停止使用任何农药，采收前 3 天停止灌溉。

2. 采收方法 选择阴天或者晴天，从一端起挖，依次挖掘全株。

（二）加工

1. 清洗 用清水冲洗掉吉祥草根部泥土，再放进洗药池浸泡 60 分钟后冲洗干净。置容器中滤干水滴。

2. 干燥 将洗净的吉祥草均匀撒于干净、无污染的晒坝或晒席上，厚约 15cm。每天翻动 2 ～ 4 次，晒至含水量在 10% ～ 12% 之间。也可烘干，把洗净的药材装入网筛，层层铺放平整，厚度不超过 10cm，烘至手捏即脆。将晾晒干或烘干的吉祥草药材集中堆放于干净、无污染、常温的室内放置 1 ～ 2 天，使干脆药材变软，利于打包包装。

（三）包装

采用立式小型液压打包机，用校正好的磅秤称取已回润的吉祥草药材 30 ～ 50kg，装入打包箱压实。做好批包装记录，其内容主要包括药材名称、规格、重量（毛重、净重）、产地、批号、包装工号、包装日期、生产单位等。附上药材包装标识及质量合格证、"怕湿""防潮"等图标，按批号分别码垛堆放、入库。

六、商品规格与质量要求

（一）药材商品规格

吉祥草药材以无杂质、霉变、虫蛀，身干，根茎粗大、无枯腐，色黄或黄绿，质坚实，叶片绿褐色或棕褐色，宽厚者为佳品。其药材商品规格为统货，现暂未分级。

干货统货。根茎呈细长圆柱形，长短不等，粗大，直径 0.2 ～ 0.5cm，表面黄棕色或黄绿色，体轻、质坚硬。常有残留的膜质鳞叶和弯曲的须状根，根上密布白色毛状物。叶片绿褐色或棕褐色，宽厚，多皱纹，无明显缺块、破碎。无枯腐根、茎、叶，无杂质、虫蛀、霉变。

（二）药材质量要求

按照《中国药典》（2020 年版一部）吉祥草药材质量标准进行检测。

1. 水分　不得过 12.0%。

2. 总灰分　不得过 15.0%。

3. 酸不溶性灰分　不得过 6.0%。

4. 浸出物　不得少于 20.0%。

5. 含量测定　含总皂苷以薯蓣皂苷元（$C_{27}H_{42}O_3$）计，不得少于 1.0%。

第九章　叶和皮类药材规范化生产示范

淫羊藿
Yinyanghuo
EPIMEDII FOLIUM

一、概述

淫羊藿来源于小檗科植物淫羊藿 *Epimedium brevicornu* Maxim.、箭叶淫羊藿 *E.sagittatum*（Sieb.et Zucc.）Maxim.、柔毛淫羊藿 *E.pubescens* Maxim. 或朝鲜淫羊藿 *E.koreanum* Nakai。其药用部位为干燥叶，历版《中国药典》均有收载。淫羊藿辛、甘，温，归肝、肾经。具补肾阳，强筋骨，祛风湿的功能。用于肾阳虚衰，阳痿遗精，筋骨痿软，风湿痹痛，麻木拘挛。淫羊藿尚系以苗药、侗药、瑶药为代表的常用民族民间药，常用其地上部分、全草或根，并可鲜用或干用。

淫羊藿药用历史悠久，历代本草及苗医药文献均有记载。始载于《神农本草经》列为中品，称其"味辛，寒，无毒。治阳痿，绝伤，茎中痛，利小便，益气力，强志"。《名医别录》载淫羊藿"生上郡阳山山谷"和"西川北部"，具有"坚筋骨，消瘰疬赤痛，下部有疮，洗出虫"功效，并言"丈夫久服，令人有子"。《本草经集注》称其"服之使人好为阴阳。西川北部有淫羊，一日百遍合，盖食此藿所致，故名淫羊藿"。《本草图经》载"今江东、甘陕、泰山、汉中、湖湘间皆有之。叶青似杏，叶上有刺。茎如粟杆。根紫色，有须。四月花开，白色，亦有紫色，碎小独头子。五月采叶，晒干。湖湘出者，叶如小豆，枝茎紧细，经冬不凋，根似黄连。关中俗呼三枝九叶草，苗高一、二尺许，根叶均堪使"，则可看出，古本草所指的淫羊藿系指小檗科淫羊藿属植物，其中，只有淫羊藿 *E.brevicornu* 在陕西、内蒙古有分布，故可判定其为我国古本草最早记载的淫羊藿之一。而其所载"湖湘出者，叶如小豆，枝茎紧细，经冬不凋，根似黄连"的常绿淫羊藿应为盛产于湖南、贵州、四川等地的箭叶淫羊藿 *E.sagittatum*。在《救荒本草》又载"今密县山野中亦有，苗高二尺许，茎似小豆茎，极细紧。叶似杏叶，颇长，近蒂皆有一缺。又似绿豆叶，亦长而光。梢间开花，白色，亦有紫色花"。与柔毛淫羊藿 *E.pubescens* 的产地、苗高、叶形、花色及花茎数均相符。《质问本草》载淫羊藿"四月开白花，亦有紫色者，高一、二尺，一茎三桠，一桠三叶"，其附图中距较内轮萼片长，由产地、花期、花色、苗高、二回三出复叶及花形可断定为朝鲜淫羊藿 *E.koreanum*。从上可见，我国古代药用淫羊藿应为淫羊藿属的多种植物。

淫羊藿属共有 40 余个品种，虽全国各地民间均有使用本地分布品种的传统，但市场应用是以《中国药典》收载品种为主，因此以下仅对种植面积较大的箭叶淫羊藿的规范化生产关键技术进行叙述。

二、生物学特性

多年生草本，植株高 20～60cm，具两枚对生复叶。地下根茎短，质硬，直径约 3cm。叶基生和茎生，二回三出复叶，小叶 9 枚，极少具 5 枚或 3 枚。小叶卵形或阔卵形，先端急尖或短渐尖，叶缘具锯齿状刺齿，基部深心形，侧生小叶基部裂片稍偏斜，急尖或圆形，花期时叶小而薄，长约 2cm，宽约 1.5cm，成熟时叶厚纸质，长约 8cm，宽约 6.5cm，叶上表面常有光泽，网脉显著，背面疏生柔毛或几乎无毛，基出 7 脉。圆锥花序顶生，松散，被腺毛，长 15～3cm，具 20～50 朵花，花梗长 5～20mm。花白色或淡黄色，直径约 1.5cm。外萼片狭卵形，暗绿色，长 1～3mm，内萼片披针形，先端渐尖，白色或淡黄色，长约 10mm，宽约 4mm。花瓣远短于内萼片，具极小的橘黄色瓣片，角状距狭窄，坚挺，白色，长 2～3mm。雄蕊伸出，长 3～4mm，花药长约 2mm，瓣裂。蒴果长约 1cm，宿存花柱长约 3mm。花期 5～6 月，果期 6～8 月。

三、适宜生产基地选择

（一）生产适宜区分析

淫羊藿分布于陕西南部、甘肃南部和东部、河南东部以及四川、青海、宁夏等地，生于海拔 650～2100m 的灌丛、林下及沟边。为喜阴植物，分布于灌丛，乔木林下或林缘半阴湿的环境中。多生于阴坡，以沟谷腐殖质土丰富且阴湿地带生长的淫羊藿植株较为高大而粗壮。淫羊藿种群的伴生植物以葡萄科、禾本科、毛茛科、伞形花科、蓼科及一些蕨类植物为主。淫羊藿为地下根茎生活型植物，生活能力较强，种群结构较稳定，但淫羊藿群落内植物种类较多，密度大，种间竞争激烈，而淫羊藿种子苗成活较少，越冬芽亦少，繁殖能力相对较弱，很难进入密林深处与蕨类植物密集的地方繁衍。

淫羊藿的生产区域以甘肃、陕西等省为宜，箭叶淫羊藿的生产区域以湖南、湖北、贵州、重庆等省（市）为宜，柔毛淫羊藿的生产区域以四川、陕西、湖北、重庆等省（市）一带为宜，朝鲜淫羊藿的生产区域以吉林、黑龙江、辽宁等一带为宜，巫山淫羊藿的生产区域以四川、重庆、贵州、湖北、陕西等一带为宜。

（二）生产基地选择

按照中药材生产适宜区优化原则，选择淫羊藿不同品种的适宜区，且有良好社会经济条的地区建立相应品种规范化种植基地。

四、规范化种植关键技术

（一）选地整地

1.选地 在海拔 150 ～ 1600m 的种植适宜区，选择排水良好的砂质土壤地进行林下套种或缓坡、平地规范化种植。林下套种选择坡度 25°～ 50°，北坡、东北坡和西北坡的杂木林、经果林，林地郁闭度以约 70% 为宜。规范化种植不考虑坡向，以 pH 值 4.5 ～ 6，土壤疏松、肥沃、有机质 ≥ 2.5%，平整连片，利于搭建遮阳棚的地块为宜。

2.整地 根据坡度、林木郁闭度等除去林下杂草与小灌木，调整遮阳率至约 75% 为宜。翻犁出空隙地块，根据地形做成畦，畦宽 50 ～ 100cm 不等，高 25cm，畦间沟宽 25 ～ 30cm。栽种前，深耕 30cm 以上，结合整地施用腐熟的牛厩肥 1000 ～ 1500kg/ 亩或有机肥 200 ～ 300kg/ 亩。大田四周开宽 40cm、深 40cm 的排水沟，以利排水。

（二）移栽定植

1.移栽时间 7月至次年 2月，雨后或阴天栽苗。

2.移栽方法 林下套种根据地形确定株行距，常为 25cm×25cm。规范化种植株行距为 20cm×20cm。打穴，穴深 10 ～ 15cm。每穴 1 株苗，直立栽种，栽种后覆浅土。栽种后及时浇透水，忌漫灌。

（三）田间管理

1.补苗 若发现死苗、病苗等不正常苗时，应及时拔除，并选择雨后或阴天补苗，保证存活率大于 85%。

2.中耕除草 及时清除杂草，一般在 5月上旬和 6月下旬集中除草一次，保持种植地内不得有高于淫羊藿植株的杂草。

3.松土复畦 如发现畦土板结或被雨水冲垮，应及时松土和复畦。每年结合冬季清园、追肥、覆土，护垄复畦一次。操作过程避免伤及植株。

4.防旱排涝 淫羊藿不耐干旱、怕涝，因此在 3 ～ 9月淫羊藿生长旺盛期，要防止干旱，如遇干旱则需及时浇水。随时清理疏通种植地内的畦沟及排水沟，保持排水畅通，以便过多的雨水能及时排出。

5.追肥 3 ～ 5月，结合降雨与灌溉，追施复合肥 15 ～ 20kg/ 亩，采用穴施。9 ～ 10月追施腐熟的农家肥 1500 ～ 2000kg/ 亩或有机肥 200 ～ 300kg/ 亩，采用穴施或条施，结合施肥松土、覆土。

（四）主要病虫害防治

1.病虫害防治原则 以"预防为主"，大力提倡运用"综合防治"方法。在防治工作中，力求少用化学农药。在必须施用时，严格执行中药材规范化生产农药使用原则，慎选药剂种类。在发病期选用适量低毒、低残留的农药，严格掌握用药量和用药时期，尽量减少农药残毒影响，最好使用生物防治。

2. 病虫害防治措施 ①叶褐斑枯病：及时清除病残体并销毁，减少浸染源。发病初期可施药防治，常用药剂有50%代森锌可湿性粉剂600倍液，50%退菌特可湿性粉剂800倍液，1∶1∶160波尔多液、30%氧氯化铜600～800倍液、50%多菌灵可湿性粉剂500～600倍液、70%甲基托布津可湿性粉剂800～1000倍液、75%百菌清可湿性粉剂500～600倍液。上述药剂应交替使用，以免产生抗药性。②皱缩病毒病：选用无病毒病的种苗留种。在淫羊藿生长期，及时灭杀传毒虫媒。发病症状出现时，若需施药防治，可选用磷酸二氢钾或20%毒克星可湿性粉剂500倍液，或0.5%抗毒剂1号水剂250～300倍液，或20%病毒宁水溶性粉剂500倍液等喷洒，隔7天1次，连用3次。促叶片转绿、舒展，减轻危害。采收前20天停止用药。③锈病：清洁田园，加强管理。清除寄主。发病期，可选用15%粉锈宁可湿性粉剂1000～1500倍液，或50%萎锈灵乳油800倍液等药剂喷施防治。④白粉病：清洁田园，加强管理。发病期，可选用50%多菌灵500倍液、75%甲基硫菌灵1000倍液。病害盛发时，可喷15%粉锈宁1000倍液等药剂喷施防治。⑤蝗虫类：零星发生，不单独采取防治措施。在秋、春季铲除田埂、地边5cm以上的土及杂草，把卵块暴露在地面晒干或冻死，也可重新加厚地埂，增加盖土厚度，使孵化后的蝗蝻不能出土。选用20%速灭杀丁乳油喷雾。保护利用麻雀、青蛙、大寄生蝇等天敌进行生物防治。⑥尺蠖：零星发生时人工捕杀。幼虫发生时，选用50%辛硫磷1500～2000倍液、50%杀螟松、90%敌百虫或50%杀螟腈1000倍液，或拟除虫菊酯类农药6000～8000倍液喷施。⑦舟形毛虫：在7～8月份成虫羽化期设置黑光灯诱杀成虫。虫量不多时，可摘除虫叶、虫枝和杀死幼虫。低龄幼虫期喷1000倍20%灰幼虫脲悬剂。虫量大时可喷500～1000倍的每毫升含孢子100亿以上的BT乳剂杀较高龄幼虫。

五、合理采收、加工与包装

（一）采收

1. 采收时间 种植两年即可采收。夏、秋季枝叶茂盛时采收。

2. 采收方法 采收前20天内禁止施用任何农药，采收前清除地内杂草，割取地上部分。

（二）加工

拣选除杂草、病株及异物。摊晾于干净的晒场内进行晾晒，晾晒药材的厚度以10～15cm为宜，勤翻动，晾晒至淫羊藿药材茎叶干脆。晾晒过程中应防止禽畜进入晾晒场，避免污染药材。

（三）包装

用塑料编织袋包装，包装袋应清洁、干燥、无污染、无破损。包装上标明药材名称、规格、重量、产地、批号、包装日期、生产单位等，并应有质量合格证。

六、商品规格与质量要求

（一）药材商品规格

市场淫羊藿药材品类繁多，因基本为以野生产品，不同产区品种不同，且多品种混杂，其中以产于甘肃的淫羊藿品质较优，市场价高。主要以品种、产地、杂质情况及淫羊藿苷含量进行商品规格分级。

特级：干品，叶片青绿或黄绿色，叶片占90%以上，碎叶少于1%，杂质≤2%，无根头，无霉变、虫蛀，淫羊藿苷含量≥1%。

一级：干品，叶片黄绿色，叶片占80%～90%，碎叶占1%～2%，杂质≤2%，基本无根头，无霉变、虫蛀，淫羊藿苷含量0.5～0.8%。

合格品：干品，叶片黄绿色或棕黄绿色，叶片占70%～80%，碎叶比低于4%，杂质≤3%，基本无根头，无霉变、虫蛀，淫羊藿苷含量不小于0.5%。

无含量品：干品，叶片绿色或棕黄绿色、黄色，叶片占60%以上，杂质≤3%，碎叶比低于4%，杂质少，基本无根头，无霉变、虫蛀，淫羊藿苷含量小于0.5%。

（二）药材质量要求

按照《中国药典》（2020年版一部）淫羊藿药材质量标准进行检测。

1.杂质 不得过3%。

2.水分 不得过12.0%。

3.总灰分 不得过8.0%。

4.浸出物 不得少于15.0%。

5.含量测定 本品按干燥品计算，叶片含朝藿定A（$C_{39}H_{50}O_{20}$）、朝藿定B（$C_{38}H_{48}O_{19}$）、朝藿定C（$C_{39}H_{50}O_{19}$）和淫羊藿苷（$C_{33}H_{40}O_{15}$）的总量，朝鲜淫羊藿不得少于0.50%，淫羊藿、柔毛淫羊藿、箭叶淫羊藿均不得少于1.5%。

杜 仲

Duzhong

EUCOMMIAE CORTEX

一、概述

杜仲为杜仲科植物杜仲 *Eucommia ulmoides* Oliv. 的干燥树皮，历来以皮为名贵药材而著称，其味甘温，具有补肝肾、强筋骨、安胎的功效，用于治疗肝肾不足、腰膝酸痛、筋骨无力、头晕目眩、胎动不安，现代临床用于治疗高血压病。杜仲叶亦入药，微辛，温，归肝、肾经，具有补肝肾，强筋骨功效，用于肝肾不足，头晕目眩，腰膝酸痛，筋骨痿软。

杜仲作为中国特有的名贵经济物种，《神农本草经》便明确记载杜仲："主治腰脊疼，补中，益精气，坚筋骨，强志，除阴下痒湿，小便余沥。久服轻身不老。"列为上品。除了杜仲皮与杜仲叶药用外，其果实是提取天然橡胶的工业原料，种子是提取杜仲籽油的食品原料，杜仲叶、雄花及其提取物也被开发为茶叶、雄花茶、杜仲亚麻酸胶囊、杜仲精粉等保健食品，前景广阔。此外杜仲还是园林绿化及水土保持树种，其应用已从单一的药用扩展到杜仲橡胶等多个重要领域，具有重要的研究及开发价值，在生态保护、交通通讯、医疗保健、油料食品、绿色养殖等行业具有举足轻重的地位。目前，杜仲被列为国家二级保护植物，并列入重点支持发展的木本油料树种，作为主要树种纳入《国家储备林树种目录》。贵州是杜仲全国主要产区之一，目前已发展为贵州著名特产药材，1989 版《中国道地药材》将其归为"贵药"。在得天独厚的自然条件下，贵州产杜仲品质优良，历史上遵义产的杜仲以四川、重庆为集散地，曾称川杜仲，后正名为遵义杜仲。

杜仲属单科单属单种，雌雄异株，为第三纪冰川运动的孑遗植物，中国为现存杜仲资源的原产地，自然分布在我国的中亚热带到暖温带地区。通常认为，杜仲起源于陕西、甘肃、四川三省交界的秦岭山脉，向南扩展到贵州及与贵州接壤的云南、广西、湖北、湖南以及与湖南接壤的广东地区，向东到江西、浙江、安徽三地，野生杜仲的分布中心主要在中国的中部地区。但由于长期过度的开发利用，野生杜仲已极度稀少，难以见到。目前杜仲的分布形式主要有 4 种：①偏远地区及一些自然保护区内尚存的野生单株。②残存于农户院落周围数量不多的成树。③各地零星的引种栽培。④集中成片栽培，但大多为近年发展的 1949 年后引种栽培，其分布范围远远大于自然分布区范围。杜仲栽培史可大致概括为三个时期：① 1952 年前群众自发栽植应用时期。② 1953 ～ 1983 年，集中成片发展起步时期，在此期间林业部在湖南慈利、贵州遵义等 4 县市建立了一定规模的国营杜仲林场。③ 1983 年后，为杜仲商品基地建设时期。④ 1983 年 12 月，以林业部为主的中央四部一局选定湖南慈利、贵州遵义、陕西略阳、陕西岚皋等 20 个县市为杜仲商品生产基地县，各省也先后办了一批基地。到 1991 年，全国杜仲面积约 200 亩，占全国经济林总面积的 0.6%，杜仲皮年产量在 1500 ～ 2000 吨之间。截至 2019 年 10 月，中国杜仲种植面积增加到 550 万亩，占世界杜仲资源总量的 99% 以上，其中良种基地增加 20 万亩。从价格的历史走势来看，1989 ～ 1991 年杜仲价格达顶峰，最高价时达 80 元 / 千克左右，随后一直下行，2003 年探底，安国药市最低价 4.7 ～ 5 元 / 千克，后来略涨，近几年来，杜仲的价格一直比较平稳，饮片的批发价基本稳定在 11 ～ 15 元 / 千克，加工好箱装统货 14.5 元 / 千克左右，优质板皮售价 16 ～ 17 元 / 千克。

由于杜仲研究的不断深入，特别是保健品的兴起，国内外需求量增加。据不完全统计目前中国每年产杜仲皮 6000 ～ 8000 吨，其中，国内需求量约 3000 吨，年出口量 1200 ～ 1800 吨。由于杜仲生长需要一个较长的时期，且杜仲野生资源稀少，野生、栽培、引种品质难以分辨，种子资源匮乏。在大规模种植中，成年树资源破坏严重，种子来源于少数的几个种源，因而形成了大面积种源单一，许多杜仲资源在其栽培化进程中失去了大量的遗传变异，而纯系的栽培品种，常因遗传基础的狭窄，在突发的病虫害或环境胁迫面前损失惨重。为了加快发展杜仲产业，更好地维护生态安全，提升橡胶产业增效，实现区域发展和脱贫致富。《全国杜仲产业发展规划（2016—2030年）》规划了杜仲的发展目标：近期目标，2020～2025年间，杜仲资源种植实现1000万亩。远期目标为2025～2030年间，杜仲资源种植实现3500万亩，其中国家储备林杜仲林基地200万亩，规划培育龙头企业15个、杜仲优秀品牌20个，杜仲橡胶生产实现120万吨，实现栽培与采摘的机械化，杜仲新技术研发和新产品生产达到国际一流水平，实现杜仲全产业链技术和装备为国际领先水平。中国杜仲产业出现良好的发展局面，在下一步国家储备林建设中将更多重视杜仲种植和推广。

二、生物学特性

杜仲为雌雄异株植物，在植株性未成熟前，不能从种子、苗木和幼树的外部形态来区别杜仲性别。其雄株花芽萌动早于雌株，雄花比叶先开放，花期较长，雌株花与叶同放，花期较短。

杜仲生长速度在1～10年内较慢，播种后的2～3年内基本不分枝，4年后生长开始加快，主干出现分枝，10年左右才开花。生长最快的时期在种植后第10～20年，第20～30年树的生长速度逐渐下降，第30年以后，树的生长速度急剧下降，第50年以后，其生长基本上处于停滞状态。在年生长期中，成年植株春季返青，初夏进入旺盛生长期，入秋后生长逐渐停止。

杜仲萌芽力特强。根际或枝干，一旦经受创伤，休眠芽立即萌动，长出10～20根萌芽条，有的可达40根，自然地最后只能留存1～3株。对树干进行大面积环状剥皮后，能迅速愈合再生新皮，3年后即可恢复到原来树皮厚度。

三、适宜区分析及生产基地选择

（一）生产适宜区分析

杜仲喜温暖湿润气候。适应性强，耐寒，能在21℃的低温下生长。种植土壤以深厚、疏松肥沃、排水良好、pH值5～7的微酸性至微碱性的沙质壤土或黏壤土为佳。杜仲为喜阳植物，适宜阳坡生长。适宜生长在中性或偏碱性的土壤中，其土壤类型为初育土中的石灰土、粗骨土等，铁铝土中的红壤、黄壤等，半淋溶土中的褐土、黑土等。适宜的月均降水量为65～70mm。

中国栽培杜仲分布范围十分广泛，主要栽培区域包括河南、湖南、湖北、贵州、陕西、四川、安徽、云南、江苏、山东、江西、重庆、福建、甘肃等地。贵州是我国杜仲中心产区之一。主要栽培区域有播州区、红花岗区、正安县、湄潭县、绥阳县、务川县、赫章县、织金县大方县、罗甸县、平塘县、贵定县、盘州市、六枝特区等，其中红花岗区、湄潭县、绥阳县为杜仲栽培最集中的区域。杜仲适宜生长在贵州省的西北部，其中最适宜区主要有毕节市大方县、遵义市红花岗区的小部分地区。适宜区主要有大方县、黔西县、金沙县及遵义市的部分地区。次适宜区主要有毕节赫章县、织金县、纳雍县、贵阳清镇市、修文县、开阳县，播州区、红花岗区、桐梓县、赤水市、习水县、绥阳县等。这些地区具备了杜仲生长的适宜环境条件，再加规范化管理，可为贵州杜仲产业可持续化发展提供保障。

（二）生产基地选择

根据杜仲对温度、光照、水分、土壤以及地形海拔的要求，以及现有杜仲的资源分布情况，在产地适宜性优化原则下，选择其最适宜区或适宜区且具有良好社会经济条件的地区建立规范化生产基地。全国大部分地区可以引种，但是冬季最低气温0℃以上的地区不宜种植。贵州现已在巷口镇、虾子镇、湄潭县、鱼泉镇等地选建了杜仲规范化种植基地，并开展杜仲种质资源保护抚育、良种复壮与规范化种植关键技术研究及示范工作。杜仲对温度的适应幅度较宽，耐寒，在年均温9～20℃，最高气温44℃，最低气温-33℃的条件下均能正常生长，但是冬季最低温应在0℃以下，以保障杜仲的低温休眠，这对杜仲的生长有利，也能防治病虫害。杜仲耐旱能力和耐水湿的特性都比较强，一般情况下自然降水能满足杜仲的生长。杜仲为喜强光照树种，耐阴性比较差。杜仲对土壤适应性很强，酸性土壤和钙质土壤均能生长，在沙质壤土和砾质壤土中生长较好，在黏重、透气性较差的土壤中生长不良。杜仲对地形和海拔也有广泛的适应性，在25～2500m的平原、丘陵、台地、盆地、高原和山地等均能生长，但是以100～1500m海拔处的生长势最佳。基地的空气、土壤、水质等环境条件需符合国家规定的安全标准。

四、规范化生产关键技术

（一）选地整地

1.选地 育苗地宜选择土质疏松肥沃、向阳、土壤湿润、排灌方便、富含腐殖质、无育苗史的地块。造林地应选择在地势向阳的山脚、山坡中下部以及山谷台地，以土层深厚、疏松、肥沃、湿润、排水良好的微酸性或中性壤土为好。

2.整地 育苗地应于冬季深翻，将土块打碎，清除杂草及石块。苗床整细耙平后做成高12～18cm，宽1.2m的畦。移苗穴按株行距（2～2.5）m×3m，深30cm×80cm见方挖穴，穴内施入土杂肥2.5kg、饼肥0.2kg、过磷酸钙0.2kg及火土灰等。

（二）移栽定植

1.种植材料 生产上以种子育苗移栽为主。选择20～30年树龄、无病虫害、未剥过皮的健壮母株采种，于10～11月收集淡褐色或黄褐色、饱满有光泽的种子。

（1）种子催芽处理 ①沙藏催芽：播前45～50天进行沙藏，沙藏前先用35～40℃

温水将种子浸泡 24 小时，捞出后与备好的干净粗沙按 1:3 或 1:5 的体积比充分混匀，控制湿度以手握成团，手松即散不滴水为度。②温汤浸种：将干藏的种子用 60℃的热水浸种，搅拌至热水变凉，继续浸泡 2～3 天，每天换 20℃温水 1 次，捞出晾干后即可播种。③赤霉素处理：将干藏的种子用 30℃的热水浸种 15～20 分钟，捞出后置于 0.02% 的赤霉素溶液（赤霉素粉剂 20mg，溶于 100mL 的蒸馏水中）中浸泡 24 小时，捞出晾干立即播种。

（2）种子消毒　处理后的种子，用 0.2%～0.3% 的高锰酸钾溶液浸种处理 2 小时，取出，密封 30 分钟，再用清水冲净，阴干至粒与粒之间不粘连。

2. 播种　冬播在 11～12 月，春播在 2～4 月。以条播法较好，具体操作：按 20cm 株行距开沟，沟的深度为 3～4cm，将处理好的种子均匀地播入沟内，然后把备好的细松土覆盖在种子上，盖土厚度 2～3cm，每公顷播种量在 60～64.5kg 为佳。

3. 间苗　按株距 8～10cm 间苗，间苗宜在阴天或傍晚进行，轻轻挑出（尽量带泥），间出的苗应及时移栽。栽后浇水，7～10 天后用尿素施肥 1 次。

4. 移栽　幼苗在育苗地生长一年后，于第二年春季叶芽萌动之前进行定植移栽。选择苗高 100cm 左右的无病苗，边起苗边移栽。移栽前先在挖好的穴底施入适量腐熟的农家肥，每穴施入磷酸二铵 500g，与底土搅拌在一起，栽植深度以略高于原土痕迹为宜。

（三）田间管理

1. 中耕除草　每年进行 2 次中耕除草，第 1 次在 4～5 月份，第 2 次在 7～8 月份。对土壤黏重、板结林地，从种植后第 2 年开始进行深翻，每隔 1 年进行 1 次。

2. 合理施肥　杜仲在苗期一般施 3 次肥，苗高 6～10cm，6 月和 8 月时各施肥 1 次，每公顷施尿素 10kg。定植后，每年春季按每公顷施圈肥 1000～1500kg，并加草木灰适量。

3. 灌溉排水　杜仲在播种后 35～50 天内萌芽出土，此时应防烈日和干旱。如遇到天旱，应在上午 10 时以前或下午 4 时以后浇水。浇水次数应根据旱情而定，每次要浇透。雨季要清理排水沟，及时排除积水。浇水要结合追肥进行，新梢生长期、休眠期各浇水 1 次，剥皮前 3～5 天浇水 1 次。

4. 修剪整形　对于幼苗，把离地面 10cm 的细小树枝剪掉。当树高 3～4m 时，剪去主干顶梢和密生枝、纤弱枝、下垂枝。修剪有利于养分集中，促进主干和主枝生长。

（四）主要病虫害防治

1. 病虫害综合防治原则

（1）遵循"预防为主，综合防治"的植保方针　杜仲的病虫害防治应该遵循"预防为主，综合防治"的原则，通过选育抗病性强品种、健康无病害和损伤种苗、科学施肥、科学田间管理等措施，综合利用农业防治、物理防治、配合科学合理的化学防治，综合防治病虫害的发生、发展。农药优先选用生物农药，其次选用化学农药，防治时应有限制地使用高效、低毒、低残留的农药，并严格控制浓度、用量、施用次数，安全使用间隔期遵守国标 GB 8321.1-7，没有标明农药安全间隔期的品种，执行其中残留量最大有效成分的安全间隔期。

（2）杜仲种植基地必须符合农药残留量的要求　国家对中药材的农药残留量已经作出了限量要求，在杜仲种植的整个过程中要求药农施用要严格控制，切记不得滥用或乱用农药，要有种植基地农药残留量超标，产量再高，药材也是劣质品的意识。

2. 病虫害防治措施　杜仲病虫害防治，应以农业措施为主，物理防治和施药防治为辅的原则进行，若必须施药防治，应采取早治早预防的原则。

（1）农业防治　①宜选择土壤疏松、肥沃、灌溉及排水条件好的地块育苗，尽量避开重茬苗圃地，精选优质种子并进行催芽处理。②加强田间管理，适时翻耕土地，保持林种地空气流通，使用充分腐熟的农家肥作肥料。③加强抚育管理，冬季土壤封冻前施足充分腐熟的有机肥，增强树势。④及时清除虫害植株及侵染源，减少机械损伤。⑤冬季结合清洁田园，清扫枯枝落叶，并进行剥皮、白涂剂涂刷树干等处理。

（2）物理防治　①用简单工具或光、热、温度及动物的趋性能来防治病虫害。②利用频振式杀虫灯、粘虫板诱杀成虫，达到降低田间落卵量。③利用虫对糖、酒、醋的趋性进行诱杀。④在幼虫盛发期进行人工捕杀幼虫。⑤播种前深翻晒土杀虫灭菌。

（3）化学防治　使用高效、低毒、低残留的环境友好型农药品种，禁止使用高毒、高残留等国家及行业明令禁止使用的农药。农药使用必须遵行科学、合理、经济、安全的原则，控制使用次数和用量。

五、合理采收、加工与包装

（一）采收

1. 采收时间　5～7月剥皮采收效果最好。剥皮宜选择温度25～35℃、相对湿度80%以上的阴天，晴天在下午4时后进行。注意不要在下雨天剥皮。

2. 采收方法　选择定植10年以上，胸径在12cm以上的健壮植株采收树皮。一般采用大面积环剥法、砍树剥皮法两种方法。

（1）大面积环剥法　先在树干分枝处的下面横切一刀，再纵切一刀，呈T形，深度控制在只切断韧皮部而不伤及形成层，沿横切的刀痕撬起树皮，把树皮向两侧撕裂，随时切断残连的韧皮部，绕树干一周全部割完，再向下撕至离地面10cm处，割断。杜仲大面积环剥后必须养护：①加强灌水，保持空气相对湿度达到80%以上。②暂停喷洒农药，病虫防治工作以人工摘除病叶、病枝，或使用生物防治方法为主。③秋季应加盖网眼塑料薄膜，再加一层牛皮纸或草席，达到防寒、防灼伤的目的，解除时间视天气情况而定。

（2）砍树剥皮法　此种剥皮方法多在老树砍伐时使用。于齐地面绕树干切一环状切口，按商品规格要求的长度向上再切第二道切口，在两切口之间再纵切后环剥树皮，然后把树放倒，照此法按需要的长度在主枝上剥取第二筒、第三筒，直到皮剥完为止。不合长度的较粗树枝的皮剥下后也可作碎皮药用。

（二）加工

采收后的树皮先用开水浇烫，然后展开，放置于通风、避雨处的稻草或麦草垫上，将杜仲皮紧密重叠，再用木板加石块压平，四周用草袋或麻袋盖严，使之发汗。7 天后检查，如内皮呈黑褐色或紫褐色，即可取出晒干，用刨刀刨去外皮，使之平滑，修整边缘，刷净泥灰。

（三）包装

将检验合格的产品进行不同商品规格分类，使用清洁、干燥、无污染、无破损的包装袋进行密封包装。每包装袋上标明品名、规格、产地、批号、包装日期等，并附有质量合格标志。

六、商品规格与质量要求

（一）药材商品规格

杜仲现行药材商品规格分为 4 个等级。

特等：干货，呈扁平状，两端切齐，去净粗皮，表面呈灰褐色，里呈黑褐色，质脆，断处有胶丝相连。整张长 70 ～ 80cm，宽 50cm 以上，厚 0.7cm 以上，碎片不超过 10%。味微苦。无卷形、杂质、霉变。

一等：干货，呈扁平状，两端切齐，去净粗皮，表面呈灰褐色，里面黑褐色，质脆，断处有胶丝相连。整张长 40cm 以上，宽 40cm 以上，厚 0.5cm 以上，碎片不超过 10%。味微苦。无卷形、杂质、霉变。

二等：干货，呈平板状或卷曲状，表面呈灰褐色，内面呈青褐色，整张长 40cm 以上，宽 30cm 以上，厚 0.3cm 以上，碎片不超过 10%。无杂质、霉变。

三等：干货，凡不符合特等、一等、二等标准，厚度最薄不得小于 0.2cm，包括枝皮、根皮、碎块，均属此等。无杂质、霉变。

出口杜仲商品规格要求：按厚薄分厚杜仲、薄杜仲，每张均需"修口"。其中出口厚杜仲的规格又分为一、二、三等：①一等厚杜仲：肉皮厚，刮去粗皮呈黄褐色，无霉点及碎片，最小块面积 15cm² 以上，两端切成斜口，厚 1cm 以上。②二等厚杜仲：除厚 0.5cm 以外，其余特征同一等厚杜仲。③三等厚杜仲：除厚 0.3cm 以外，其余特征同一等厚杜仲。出口薄杜仲的规格又分为一、二等：①除厚 0.2 ～ 0.3cm 以上，其余特征同一等厚杜仲。②二等薄杜仲：除厚 0.2cm 左右以上，其余特征同一等厚杜仲。

（二）药材质量要求

应符合现行《中国药典》杜仲药材质量标准要求。

1. 浸出物 不得少于 11.0%。

2. 含量测定　本品含松脂醇二葡萄糖苷（$C_{32}H_{42}O_{16}$）不得少于 0.10%。

厚　朴
Houpo
MAGNOLIAE OFFICINALIS CORTEX

一、概述

厚朴药材来源于木兰科植物厚朴 *Magnolia officinalis* Rehd.et Wils. 或凹叶厚朴 *Magnolia officinalis* Rehd.et Wils.var.*biloba* Rehd.et Wils.。别名：厚皮、重皮、赤朴、烈朴、川朴、温朴、紫油厚朴（通称）等。以干燥树皮、根皮及枝皮入药。厚朴，《中国药典》历版均予收载。《中国药典》（2020 年版一部）称：厚朴味苦、辛，性温。归脾、胃、肺、大肠经。具有燥湿消痰，下气除满的功能，用于治疗湿滞伤中、脘痞吐泻、食积气滞、腹胀便秘、痰饮喘咳。同时，《中国药典》（2020 年版一部）尚将厚朴或凹叶厚朴的干燥花蕾入药，以"厚朴花"名收载。其味苦，性微温，归脾、胃经。具有芳香化湿、理气宽中的功能，用于脾胃湿阻气滞、胸脘痞闷胀满、纳谷不香。

厚朴药用历史悠久，以"厚朴"之名，始载于《神农本草经》，被列为中品，其"味苦，温，无毒。治中风、伤寒、痛、寒热、惊悸气、血痹、死肌，去三虫。生山谷。"此后，诸家本草如《吴普本草》《名医别录》《本草经集注》《本草图经》等均予收载，如南北朝梁代陶弘景《本草经集注》载云："出建平、宜都（今四川东部、湖北西部），极厚，肉紫色为好。"相关描述与今四川、湖北所产厚朴紫色而油润相符。宋代苏颂《图经本草》谓："厚朴，出交趾、冤句，今京西、陕西、江淮、湖南、蜀川山谷中，往往有之，而以梓州（今四川三台）、龙州（今四川江油）者为上。木高三、四丈，径一、二尺。春生，叶如槲叶，四季不凋。红花而青实：皮极鳞皱而厚，紫色多润者佳，薄而白者不堪。三月、九月、十月采皮，阴干。"《广雅》谓之重皮，方书或作厚皮。张仲景治杂病，"厚朴三物汤，主腹胀脉数。厚朴半斤，枳实五枚，以水一斗二升，煎二物取五升，内大黄四两，再煎取三升。温服一升，腹中转动更服，不动勿服"。明代刘文秦《本草品汇精要》收载厚朴，称"蜀川、商州、归州、梓州、龙州最佳"等，对厚朴产地等记述亦相符。而明代李时珍《本草纲目》除对厚朴释名为烈朴、赤朴、厚皮等外，其对厚朴还有"朴树肤白肉紫，叶如槲叶。五、六月开细花，结实如冬青，子生青熟赤，有核。七、八月采之，味甘美"的记述。在炮制方面，唐《日华子本草》记载的厚朴"去粗皮，姜汁炙或浸炒用"等炮制方法，仍沿用至今。厚朴在中医临床上广泛应用，为燥湿化痰、下气除满、宽中化滞、平胃温中之传统常用圣药，并为多种常用中成药的重要原料和出口创汇品。厚朴也是贵州盛产"三木"（杜仲、黄柏、厚朴）之一，是贵州著名大宗道地药材。

二、生物学特性

（一）植物形态

落叶乔木。树皮厚，不开裂。小枝粗壮，浅黄色或灰黄色。幼时有粗毛。顶芽粗大，无毛，叶柄粗壮，长 2～5cm，叶大，近革质，7～9 片聚生于枝端。叶片长圆状倒卵形，长 22～45cm，宽 10～24cm，先端短急尖或圆钝，基部楔形，上面绿色，无毛，下面灰绿色，被灰色柔毛，有白粉。花白色，直径 10～15cm，芳香。花被片为 9～12 或更多。聚合果长圆状卵圆形，长 9～15cm，蓇葖果有长 3～4cm 的喙。种子三角状倒卵圆形，长约 1cm。

（二）生长周期

厚朴为多年生乔木，其生长发育过程分为苗木生长和林木生长两个阶段。

1. 苗木生长阶段 分为出苗期、生长初期、速生期和生长后期四个时期。

（1）出苗期 从 3 月上旬播种，播后 50～60 天出苗，到 6 月 90% 以上的幼苗出齐。

（2）生长初期 从 6 月中下旬幼苗地上部分出现真叶，地下部分出现侧根开始，到 7 月下旬 8～10 片叶子生成、幼苗的生长最大幅度上升时为止，幼苗生长缓慢，苗高只有年生长量的 50%，根系 30%～50%。

（3）速生期 8 月上旬至 10 月中旬。该期苗木生长量最大，根系发达，叶片增加至 16～20 片，形成完整的营养器官。

（4）生长后期 从 10 月下旬苗木生长逐渐缓慢开始，至 11 月中旬叶片脱落、停止生长为止。该期苗木生长量最小。

2. 林木生长阶段 树龄小的植株。出芽、显蕾、开花、结果时间略早几天，而落叶时间则晚些，不同的海拔高度对同龄植株的开花、结果影响较大，海拔高的地区植株开花、结果时间明显晚于海拔低的同龄植株。5～13 年属于速生阶段，其高度、胸径年净增长量明显高于其他年限的植株，到 20 年时，其生长速度减缓。不同海拔高度植株的高度和胸径的年净增长有所不同，海拔高度高的区域，植株胸径年净增长大于海拔低的区域，而高度净增长则低于海拔低的区域。

厚朴中有效成分的含量与植物的生长发育年限有关，随着树龄的增加基本上呈逐渐积累增加的过程。从 3～8 年，总厚朴酚及浸出物积累量增加较缓慢。从接近 10 年开始，积累量增加较快。将 25 年与 53 年树龄的总厚朴酚含量进行比较可以看出，经过 28 年的生长，含量仅从 10% 增加至 12%，表明厚朴生长至一定年限后，其有效成分增加速度又会减慢。

（三）生长发育习性

1. 营养生长习性 厚朴，为多年生并生长缓慢的树种，一年生苗高仅 30～40cm，但幼树生长较快。一般 3 ～ 4 月平均气温 15℃左右开始萌芽，气温 22 ～ 25℃、月降水量 200m 以上时，生长量会达到高峰，在适宜的海拔范围内，海拔增高生长期延长，有利于厚朴的生长。10 月开始落叶。厚朴侧根发达，萌芽力强，主根不明显，但 10 年生以下很少萌蘖。一般有侧根 9 ～ 15 条，90% 以上的根系分布在 0 ～ 40cm 的土层内，有强烈的趋肥性和好气性。厚朴树 5 年生以前生长较慢，5 ～ 6 年生增高长粗最快，15年后生长不明显。皮重增长以 6 ～ 16 年生最快，16 年以后不明显。20 年生高达 15m，胸径达 20cm。栽培适地生长快，10 年以前年高生长量 0.5 ～ 1m，以后生长缓慢。8 ～ 13年开始开花结实，15 年左右可间伐剥皮，50 年生厚朴高 15 ～ 20m，胸径 30 ～ 35cm，在林间能长成直杆良材。

凹叶厚朴，为多年生落叶乔木或灌木，但生长较快，5 年以上就能进入生育期。3月初萌芽，10 月开始落叶：萌芽力强，10 年生以下萌蘖较多，特别是主干折断后，会形成灌木。

2. 开花结果习性 厚朴一般在气温 18 ～ 20℃时花叶同时开放，每朵花开放持续期 15 天左右，花期 5 ～ 6 月，果期 8 ～ 10 月。树龄 8 年以上才能开花结果，20 年后进入盛果期，寿命可长达 100 余年。凹叶厚朴生长较快，5 年以上就能进入生育期。花期 4 ～ 5 月，果期 10 月。一般 3 月下旬花、叶同时生长、开放。花开放持续 3 ～ 4 天，花期 20 天左右。生育期要求年平均气温 16 ～ 17℃，最低温度不低于 –8℃，年降水量800 ～ 1400mm，相对湿度 70% 以上。9 月果实成熟、开裂。种子干燥后会显著降低发芽能力。种子种皮厚硬，含油脂、腊质，水分不易渗入。发芽时间长，发芽率低。低温层积 5 天左右能有效地解除种子的休眠。发芽适温为 20 ～ 25℃。

（四）生态环境要求

厚朴喜凉爽、湿润、多云雾、相对湿度大、阳光充足之地，怕严寒、酷暑与积水的气候与环境。但幼苗怕强光，幼龄期需荫蔽，高温不利其生长发育，而成年树宜向阳。以选疏松肥沃、富含腐殖质、呈中性或微酸性粉砂质壤土栽培为宜。山地黄壤、黄红壤也可栽种。野生厚朴常混生于阳光充足的落叶阔叶林、毛竹林内，或生于常绿阔叶林缘及向阳山坡，植被多为杂灌木和苦竹。在溪谷、河岸、山麓等湿润、深厚、肥沃林地生长良好。但高温干热的环境不利其生长发育。

厚朴对生态环境的主要要求如下：年平均温度 9 ～ 20℃，生育期要求年均气温 16 ～ 17℃，1 月份平均温度 2 ～ 9℃，最低温度不低于 –8℃，≥ 10℃年积温为4500 ～ 5500℃，无霜期 260 ～ 300 天，年降水量 800 ～ 1400mm，相对湿度 70% 以上。年平均日照 1200 ～ 1500 小时。成年树喜阳光，但在强烈的阳光和空旷的环境中生长不良。而厚朴幼龄期则需适当遮荫，切忌阳光直照。以多雾、潮湿，年降水量为800 ～ 1800mm（一般在 1400mm 左右），阴雨天较多，雨水较均匀，水热同季为佳。幼苗最忌干旱，但水分又不宜过多，要求排水良好，否则根系生长不良，地上部分生长迟缓，甚至叶片枯萎。以结构疏松、土层深厚、肥沃、腐殖质含量高、排水保湿性良好、既不怕干旱又不怕水涝的微酸性或中性的土壤为佳。在海拔 800 ～ 1800m 的山地林间肥沃、疏松、腐殖质丰富、排水良好的山地黄壤和石灰岩形成的冲积钙土为宜。但土层板结、黏性重、瘠薄、凸形坡等组合立地不宜种植厚朴。

凹叶厚朴喜温暖湿润气候，但其耐炎热能力比厚朴强，生长也较快，又能耐寒。以土壤疏松肥沃，富含腐殖质，呈微酸性或中性疏松、肥沃及排水良好壤土为宜。忌黏重土壤。幼苗期需半阴半阳的环境，成苗期需温暖、湿润及光照充足。生长于海拔 1200m 以下的落叶阔叶林、毛竹林内，或常绿阔叶林缘及向阳山坡中须在海拔 400m 以上之地栽培。

三、适宜区分析及生产基地选择

（一）生产适宜区分析

厚朴及凹叶厚朴在贵州全省均有分布，主要分布于黔北、黔东、黔西北、黔中、黔西南及黔东南等区域，厚朴主要生于海拔 800～1500m 的疏林或村寨等地；而凹叶厚朴主要生于海拔 800～1200m 的山坡林间或村寨林缘等地。

厚朴主产于贵州习水、红花岗区、桐梓、正安、道真、务川、湄潭、凤冈、思南、石阡、松桃、梵净山、兴义、兴仁、普安、盘州、水城、六枝、西秀、紫云、普定、关岭、剑河、雷公山、开阳、息烽、黔西、织金、金沙、赫章等地。凹叶厚朴主产于贵州绥阳、梵净山、施秉、雷公山、榕江等地。

贵州省厚朴生产最适宜区为黔北山原山地的习水、赤水、湄潭、红花岗区、桐梓、正安、道真、务川、湄潭、凤冈等。黔东山原山地的思南、石阡、德江、印江、松桃、江口等；黔东南低山丘陵的剑河、雷山、凯里、丹寨、天柱、榕江、岑巩、镇远、三穗等；黔西北山原山地的黔西、织金、赫章、七星关区等；黔中山原山地的开阳、息烽、西秀、紫云、普定、关岭等，以及黔西南山原山地的兴义、兴仁、普安、盘州、水城、六枝等。凹叶厚朴生产最适宜区为绥阳、印江、松桃、江口、施秉、剑河、凯里、榕江等。以上各县（市、区）不但具有厚朴或凹叶厚朴在整个生长发育过程中所需的自然条件，而且受当地党政重视，广大群众有其栽培及加工技术的丰富经验，故该区域为厚朴或凹叶厚朴生产的最适宜区。

除上述厚朴或凹叶厚朴生产最适宜区外，贵州省内其他凡符合厚朴或凹叶厚朴生长习性与生态环境要求的区域均为其生产适宜区。

（二）生产基地选择

按照厚朴产地适宜性优化原则及其生态环境要求，选择其最适宜区或适宜区，并具良好社会经济条件的地区建立规范化生产基地。现已在贵州省遵义市的习水县及安顺市等地选建厚朴规范化种植基地，并开展厚朴种质资源保护抚育、良种繁育与规范化种植关键技术研究及示范推广。例如，习水县厚朴规范化基地属亚热带湿润季风气候，四季分明，据 1991～2010 年气象资料统计，习水县年均气温为 13.5℃，年极端最高气温为 36℃，年极端最低气温为 -6.4℃，≥10℃平均有效积温为 4270.0℃，年均无霜期为 268

天，最长无霜期为 303 天，年均降水量为 1109.9mm，年均雨日为 207.9 天，年均相对湿度为 85%。

四、规范化种植关键技术

（一）选地整地

1. 选地　厚朴种苗繁育地，应选择土壤肥沃、质地疏松或新开垦的坡向朝东的缓坡地块为宜。菜地或地瓜（甘薯）地不宜种植厚朴。

2. 整地　新垦荒地应采取"三翻三耙"的作床方法，深翻 30～40cm，清除草根杂物后，耙平，1 周后再翻 1 次，并施石灰每亩 50～100kg、腐熟堆肥或草木灰 1000～1500kg，2 周后进行第 3 次翻地，耙细整平后，按东西方向作畦，畦宽 1m，高 25cm，长度按地形而定。畦床做好后撒少量石灰清毒，覆盖 1cm 厚的细土，稍压平备用。

（二）播种时间与播种方法

1. 播种时间　厚朴种子播种冬、春均可，冬播于 12 月至翌年 1 月，春播于 2～4 月，但多春播。

2. 播种方法　播种前，将经前法处理好的厚朴种子放在阳光下晒至种壳开裂 70%～80%，用 800 倍托布津或多菌灵浸泡 10 分钟后，晾干再播。在整好的畦床按行距 20～25cm 开沟 0.5～3m，每隔 3～6m 播种子 1 粒，将种子播于沟内，并覆草木灰或厚约 3cm 畦面再盖 3cm 厚的稻草或麦秆保温。每亩播种量为 13～18g。

（三）苗期管理

厚朴春播 30～60 天出苗，苗高 3cm 时揭去盖草，拔除杂草，清沟培土，避免因杂草与幼苗争水、肥、空气、光而影响幼苗生长。在 2、5、8 至 10 片真叶时，结合中耕追肥。先稀后浓，亩施稀释的人粪尿 1000kg 或尿素 1.5～2.5kg，切忌直接施到苗木上，防止灼伤。厚朴种子育苗前期要经常除草，每年追肥 1～2 次，多雨季节要防积水，并搭棚遮荫。幼树期每年一般需中耕除草 2 次。林地郁闭后，一般仅冬季中耕除草、培土 1 次。并结合中耕除草进行追肥，可施人畜粪肥、堆肥等。

厚朴苗期可加施草木灰或火烧土，以促进苗木木质化。雨季注意排水，防止根腐病发生。夏季高温干旱，要适当遮荫，也可套种其他作物遮荫，浇水抗旱。

厚朴育苗期常见病害有叶枯病，喷 1:1:100 波尔多液防治。根腐病、立枯病，可拔除病株，病穴用石灰消毒，还可喷 50% 托布津 1000 倍液防治。常见虫害有褐天牛，可捕杀成虫。

（四）种苗出圃

厚朴播种有苗后，当年苗高可达 30cm 以上。在苗高不低于 30cm，直径不小于

0.8cm 时，即可移栽。不能达到出圃标准的小苗，应按行距 33cm 株距，18 ～ 23cm 再植继续培育，直到达出圃标准时则可移出圃移植。

（五）无性繁殖育苗

1. 压条繁殖育苗

（1）低压法 选择生长 10 年左右厚朴，树势旺盛的枝条，于 2 ～ 3 月将除去部分叶片的割伤枝条压入挖好的沟中，使枝梢直立露出土外，盖土踏实，翌年春天当苗高 30 ～ 60cm 时，即可割离母株移栽。

（2）高压法 于 2 ～ 3 月，选 1 ～ 2 年生健壮厚朴枝条，在距枝条基部 2 ～ 3cm 处环剥皮宽 4 ～ 6cm，剥后 3 ～ 5 天用谷皮灰、火烧土、菜园土、锯屑和适量的过磷酸钙拌和，搓成糊状物（湿度以手捏成团，放下不散为度）包裹住环剥处，并防止松动，3 ～ 4 月枝条抽梢长出叶片，5 月环剥处膨大结瘤，6、7 月生根，一般于翌年 1 ～ 2 月可割离母株移栽。

2. 分蘖繁殖育苗 立冬前或早春 1 ～ 2 月，选高 0.6 ～ 1m，基部粗 3 ～ 5m 的厚朴萌蘖，挖开母树根基部的泥土，沿萌蘖与主干连接处的外侧，用利刀以 35° 左右斜割萌蘖至髓心，握住萌蘖中下部，向切口相反的一面施加压力，使苗木切口处向上纵裂，裂口长 5 ～ 7cm 然后插入一小石块，将萌条固定于主干，随即培土至萌蘖割口上 15 ～ 20cm 处，稍加压实，施入人畜粪尿 3 ～ 5kg 促进生根。培育 1 年后，将厚朴苗木从其母树蔸部割下移栽。

此外，厚朴还采用扦插繁殖育苗，于 2 月选茎粗 1cm 的 1 ～ 2 年生枝条，剪成长约 20cm 的插条，扦插于苗床中培育。还可以在采收厚朴时留下树蔸，冬季覆土，第二年春天即长出萌蘖苗，连同母株根部劈开挖起移栽或在苗圃继续培育，即所谓的 "劈马蹄" 育苗等。

（六）种植造林

厚朴繁殖的幼苗，应于 2 ～ 3 月或 10 ～ 11 月落叶后定植，按株行距 3m×4m 或 3m×3m 开穴，每穴栽苗 1 株。厚朴苗木出圃后，切除主根，根部充分蘸足泥浆。栽于预先开好的穴内。入土深度较旧土痕深 3 ～ 8cm，回表土于穴内，手执苗木根茎，稍上提抖动，使根系自然伸展，填土适度，踏实，使根系与土壤密接，并盖上一些松土，以减少土壤水分蒸发。移栽深度以厚朴苗茎露出地面 5cm 为宜。干旱的地方要浇定根水，再盖上一些松土。 厚朴 – 杉木混交造林，对厚朴、杉木生长均有促进作用，并且可减少病虫危害。

（七）田间管理

1. 补苗 移栽成活后，须全面检查，发现死亡缺株者，应及时补栽同龄苗木，以保证全苗生产。

2. 套种与除草 厚朴幼林郁蔽前可以适当套种豆类、花生、薏苡或玉竹、黄精、淫羊藿等矮秆喜阴作物或药材。并结合对套种作物进行适当除草、松土、施肥等耕作，促进厚朴幼树生长。未套种的厚朴林地，头 3 年内亦应适当进行除草、松土、施肥等耕作。对郁蔽的厚朴林，每隔 1 ～ 2 年，在夏、秋季杂草生长旺盛期，要中耕培土 1 次，并除去基部的萌蘖苗。中耕深度约 10cm，不能过深，否则易伤厚朴根系。

3. 合理施肥 厚朴定植后前几年，应在中耕培土后立即施肥。一般选择阴天或晴天下午，于距移植厚朴苗 6cm 处挖的小穴内，施入腐熟的农家肥，或施入经粉碎的油饼粉，或施入复合肥，每亩施用农家肥 500kg。特别要加强对厚朴种子林的培育，其种子林应在一般施肥的基础上，每隔 2 ～ 3 年尚须亩施过磷酸钙 50kg，以促使其苗壮生长。

4. 合理修剪 厚朴成林后，要不定期地进行修枝整形，修剪弱枝、下垂枝和过密的枝条，以利养分能集中供应主干和主枝，促使其枝叶生长良好，繁茂苗壮。

（八）主要病虫害及防治

在厚朴造林过程中，常见的主要病虫害及防治方法如下。

1. 根腐病 病原为尖孢镰刀菌 *Fusarium oxysporum* Schlechc。其主要危害厚朴根部，多发生在幼苗期和移栽定植期内，使植株根部腐烂，枝茎出现暗黑斑纹，继而造成全株死亡。其发病规律为病原菌在土壤中和病残体上越冬，发病季节借雨水传播，从苗木根部侵入。病部从 6 月中下旬开始发病，7 ～ 8 月为发病盛期，9 月以后随着气温下降、苗木木化程度增高，发病便可停止。防治方法：选择排水良好、地下水位低、向阳的地段种植，并注意排灌，防止传染。作畦前用硫酸亚铁粉末进行土壤消毒。发病期用石硫合剂喷洒，也可用敌克松 600 倍液浇注病株根部，每隔 10 天 1 次，连续 3 次或及时拔除病株烧毁，在病穴撒生石灰或硫黄粉消毒，并多施草木灰等钾肥，增强抗病力。

2. 叶枯病 病原为壳针孢属真菌（*Septoria* sp.），其危害叶片，使叶面病斑黑褐色，呈圆形，直径 2 ～ 5mm，后逐渐扩大而密布全叶，病斑呈灰白色。发病后期可致病叶干枯死亡。且该病多发生在大面积的人工厚朴纯林中。防治方法：冬季清除枯枝病叶，集中烧毁，减少越冬菌源。发病初期喷 1:1:20 波尔多液或 65% 代森铵 800 倍液，每隔 7 ～ 8 天 1 次，连续 2 ～ 3 次。

3. 煤污病 病原为真菌中的一种子囊菌。其多发生在海拔 300m 以下通风不良的阴坡林地。防治方法：合理选择向阳地种植，注意修枝整形，防止通风不良。发生期喷 1:1:120 波尔多液，每隔 10 ～ 14 天喷 1 次，连续 2 ～ 3 次。

4. 褐天牛 褐天牛（*Nadezhdiella cautori* Hope）成虫咬食厚朴嫩枝皮层，造成枯枝。雌虫喜在五年生以上厚朴植株的树干基部咬破树皮产卵，产卵处皮层常裂开突起。初孵化幼虫在树皮下穿凿不规则的虫道，稍成长后则蛀入树皮在皮下蛀食，约经 6 周向木质部蛀入并排出屑，被害植株逐渐缺水凋萎，终至死亡。防治方法：夏季检查树干，用钢丝钩杀初孵化幼虫。5 ～ 7 月成虫盛发期，在清晨检查有洞孔的树干，捕杀成虫。树干涂抹白剂（按生石灰 1 份、硫黄 1 份、水 40 份混合制成）防止产卵。用药棉浸 80% 敌敌畏乳油原液塞入树干蛀孔，用泥封孔，杀死幼虫。

5. 白蚁 白蚁 *Odnottermes tawaniana* Shiraki 常筑巢于温暖、阴暗、潮湿的土中或

厚朴树干，危害厚朴根部。防治方法：用灭蚁灵毒杀，或挖巢灭蚁。

6. 金龟子　越冬成虫在来年 6 ～ 7 月夜间出动咬食厚朴叶片，造成缺刻或光杆，闷热无风的晚上更为严重。防治方法：冬季清除杂草，深翻土地，消灭越冬虫口。施用腐熟的有机肥，施后覆土，减少产卵量。用辛硫磷 1.5kg 拌土 15kg，撒于地面翻入土中，杀死幼虫。危害期用 90% 敌百虫 1000 ～ 1500 倍液喷杀。

上述厚朴良种繁育与规范化种植关键技术，可于其生产适宜区内，并结合实际因地制宜地进行推广应用。

五、合理采收、加工与包装

（一）采收

1. 采收时间

（1）厚朴　一般于定植造林 20 年左右开始剥皮采收，剥皮采收时间以 4 ～ 8 月最适宜。此时树身水分充足，有黏液，剥皮比较容易。

（2）凹叶厚朴　一般于定植造林 15 ～ 20 年采皮为好，但年限越长，树皮质量越好。剥皮采收时间与厚朴同。

2. 采收方法

（1）一次砍伐采收法　采收时将厚朴树连根挖起，分段剥取茎皮、树皮和根皮，此法对资源破坏严重。由于这种采收法是杀鸡取卵，一般都在对厚朴林进行间伐时采用。

如不做压条繁殖连根挖出，剥下的树皮则称为"根朴"。树干部分按 30cm 割一段，刮去粗皮，一段段地剥下，再剥树枝，大筒套小筒，横放盛器内，防止树液流出，此称为"朴"。

（2）局部剥皮采收法　亦可利用剥皮再生机理，采用环剥技术剥取部分厚朴树皮，让原树持续生长，以后再剥。经研究与实践表明，厚朴局部剥皮应选择树干直、生长势强的 10 ～ 15 年生树为宜，于阴天（相对湿度最好为 70% ～ 80%）进行环剥。先在离地面 6 ～ 7cm 处，向上取一段 30 ～ 35cm 长的树干，在上下两端用环剥刀绕树干横切，上面的刀口略向下，下面的刀口略向上，深度以接近形成层为度。然后呈"丁"字形纵割一刀，在纵割处将树皮撬起，慢慢剥下。长势好的树，一次可以同时剥 2 ～ 3 段，被剥处用透明塑料薄膜包裹，保护幼嫩的形成层，包裹时上紧下松，要尽量减少薄膜与木质部的接触面积，整个环剥操作过程手指切勿触到形成层，避免形成层因此坏死。剥后 25 ～ 35 天，被剥皮部位新皮生长，即可逐渐去掉塑料薄膜。第二年，又可按上法在树干其他部位剥皮。

（3）捶打剥取法　厚朴树较细小分枝和树根，不能用剥取主干树皮的方法时，即可用小木槌对细小分枝和树根进行捶打，使皮木分离，然后剥取树皮。

（二）加工

1. 阴干法　将厚朴皮置通风干燥处，按皮的大小、厚薄不同分别堆放，经常翻动，大的尽量卷成双筒，小的卷成筒状，然后将两头锯齐，放过三伏天后，一般均可干燥。切忌将皮置阳光下曝晒或直接堆放在地上。

2. 水烫发汗法　将剥下的厚朴皮自然卷成筒状，以大筒套小筒，每3～5筒套在一起，再将套筒直立放入开水锅中淋烫至皮变软时取出，用青草塞住两端，竖放在大小桶内或屋角，盖上湿草发汗。待皮内表面及横断面变为紫褐色至棕褐色并呈现油润光泽时，取出套筒，分开单张，用竹片或木棒撑开晾干。亦可用甑子将套筒厚朴蒸软，取出，用稻草捆紧中间，修齐两头，晾晒。夜晚可将皮架成"井"字形，使其通风，利于干燥。

3. 传统精加工法　按特殊要求或出口规格要求，分下述5步进行：①选料：挑选外观完整、卷紧实未破裂、皮质厚、长度符合要求的植株。②刮皮：用刮皮刀刮去表面的地衣及栓皮层，要求下刀轻重适度、刮皮均匀，刮净。③浸润。刮好的厚朴整放在5cm深的水中，头浸软后调头再浸，浸软后取出。④修头：用月形修头刀将浸润的厚朴两头修平整，然后用红丝线捆紧两头。⑤干燥：将修好的厚朴横放堆在阴凉干燥通风处自然干燥。

（三）包装

将干燥厚朴皮，按40～50kg打包成捆，用无毒无污染材料（一般为麻布袋或聚乙烯编织袋）压缩包装。在包装前应检查是否充分干燥、有无杂质及其他异物，所用包装应符合药用包装标准，并在每件包装上注明品名、规格、等级、毛重、净重、产地、批号、执行标准、生产单位、包装日期及工号等，并应有质量合格的标志。

六、商品规格与质量要求

（一）药材商品规格

厚朴不同品名的商品药材有不同商品规格。如"筒朴"以无杂质、霉变，身干，无口皮，内表皮色紫棕，油性足，断面有小亮星，香气浓郁者为佳品。其药材商品规格按温朴、川朴、蔸朴、耳朴、根朴分为不同等级。

1. 川朴（筒朴）

一级：干货。卷成单筒或双筒状，两端平齐，表面黄棕色，有细密纵皱纹，内面紫棕色，平滑，划之显油痕，断面外侧黄棕色，内面紫棕色，显油润，纤维少。气香，味苦辛。筒长40cm，不超过43cm，重500g以上，无青苔、杂质、霉变。

二级：干货。卷成单筒或双筒状，两端切平，表面黄棕色，有细密纵皱纹，内面紫棕色，平滑，划之显油痕，断面外侧黄棕色，内侧紫棕色，显油润，具纤维性。气香，味苦辛。筒长40cm，不超过43cm，重200g以上，无青苔、杂质、霉变。

三级：干货。卷成单筒或不规则块片状，表面黄棕色，有细密纵皱纹，内面紫棕色，平滑，划之略显油痕，断面显油润，具纤维性。气香，味苦辛。筒长40cm，不超过43cm，重不小于100g，无青苔、杂质、霉变。

四级：干货。凡不符合以上规格者以及有碎片、枝朴，不分长短大小，均属此等。气香，味苦辛，无青苔、杂质、霉变。

2. 温朴（筒朴）

一级：干货。卷成单筒或双筒状，两端平齐，表面灰棕色或灰褐色，有纵皱纹，内面深紫色或紫棕色，平滑，质坚硬，断面外侧灰棕色，内侧紫棕色，颗粒状。气香，味苦辛。筒长40cm，重800g以上，无青苔、杂质、霉变。

二级：干货。卷成单筒或双筒状，两端平齐，表面灰棕色或灰褐色，有纵皱纹，内面深紫色或紫棕色，平滑，质坚硬，断面外侧灰棕色，内侧紫棕色，颗粒状。气香，味苦辛。筒长40cm，重500g以上，无青苔、杂质、霉变。

三级：干货。卷成单筒或双筒状，两端平齐，表面灰棕色或灰褐色，有纵皱纹，内面紫棕色，平滑质坚硬，断面紫棕色。气香，味苦辛。筒长40cm，重200g以上，无青苔、杂质、霉变。

四级：干货。凡不符合以上规格者以及有碎片、枝朴，不分长短大小，均属此等。气香，味苦辛，无青苔、杂质、霉变。

3. 蔸朴

一级：干货。为靠近根部的干皮和根皮，似靴形，上端呈筒形，表面粗糙，灰棕色或灰褐色，内面深紫色，下端呈喇叭口状，显油润，断面紫棕色颗粒状，纤维性不明显，气香，味苦辛，块长70cm以上，重12000g以上，无青苔、杂质、霉变。

二级：干货。为靠近根部的干皮和根皮，似靴形，上端呈单卷筒形，表面粗糙，灰棕色或灰褐色，内面深紫色，下端呈喇叭口状，显油润，断面紫棕色，纤维性不明显。气香，味苦辛。块长70cm以上，重2000g以下，无青苔、杂质、霉变。

三级：干货。为靠近根部的干皮和根皮，似靴形，上端呈单卷筒形，表面粗糙，灰棕色或灰褐色，内面深紫色，下端呈喇叭口状，断面紫棕色，纤维性不明显。气香，味苦辛。块长70cm以上，重500g以下，无青苔、杂质、霉变。

4. 耳朴

统货：干货。为靠近根部的地干皮，呈块状或半卷形，多似耳状。表面灰棕色或灰褐色，内面淡紫色，断面紫棕色，显油润，纤维性少。气香，味苦辛。大小不一，无青苔、杂质、泥土、霉变。

5. 根朴

一级：干货。呈卷筒状长条形，表面土黄色或灰褐色，内面深紫色，质韧，断面油润。气香，味苦辛。条长70cm，重400g以上，无木心、须根、杂质、泥土、霉变。

二级：干货。呈卷筒状或长条形，形弯曲似盘肠，表面土黄色或灰褐色，内面紫色，质韧，断面略显油润。气香，味苦辛。长短不分，每枝重400g以下，无木心、须根、杂质、泥土、霉变。

（二）药材质量要求

应符合现行《中国药典》厚朴药材质量标准要求。

1. 水分 不得过 15.0%。

2. 总灰分 不得过 7.0%。

3. 酸不溶性灰分 不得过 3.0%。

4. 含量测定 本品按干燥品计算，含厚朴酚（$C_{18}H_{18}O_2$）与和厚朴酚（$C_{18}H_{18}O_2$）的总量不得少于 2.0%。

皂角刺
Zaojiaoci
GLEDITSIAE SPINA

一、概述

皂角刺为豆科植物皂荚 *Gleditsia sinensis* Lam. 的干燥棘刺。别名：皂荚刺、皂刺、天丁、皂角针、皂针等。全年均可采收，干燥，或趁鲜切片，干燥。皂角刺药材为皂荚主刺和 1～2 次分枝的棘刺。主刺长圆锥形，长 3～15cm 或更长，直径 0.3～1cm。分枝刺长 1～6cm，刺端锐尖。表面紫棕色或棕褐色。体轻，质坚硬，不易折断。切片厚 0.1～0.3cm，常带有尖细的刺端。木部黄白色，髓部疏松，淡红棕色。质脆，易折断。气微，味淡。皂角刺被历版《中国药典》所收载。皂角刺辛、温，归肝、胃经。具有消肿托毒，排脓，杀虫的功效，用于痈疽初起或脓成不溃，外治疥癣麻风。

皂角刺为传统中药材，其记载始于《本草图经》，苏颂谓："醋熬嫩刺针作浓煎，以敷疮癣。杨士瀛云：能引诸药上行，治上焦病。"《本草衍义补遗》载："治痈疽已溃，能引至溃处。"《医学入门》亦载："皂刺，凡痈疽未破者，能开窍。已破者能引药达疮所，乃诸恶疮癣及疠风要药也。"《本草纲目》李时珍云："治痈肿，妒乳，风疠恶疮，胞衣不下，杀虫。"又云："皂角刺治风杀虫，功与荚同，但其锐利直达病所为异耳。"《本草汇言》载："皂角刺，拔毒祛风。凡痈疽未成者，能引之以消散，将破者，能引之以出头，已溃者能引之以行脓。于疡毒药中为第一要剂。又泄血中风热风毒，故疠风药中亦推此药为开导前锋也。"《本草崇原》载："去风化痰，败毒攻毒。定小儿惊风发搐，攻痘疮起发，化毒成浆。"《本经逢原》载："角刺治痘疹气滞，不能起顶灌脓者，功效最捷。可见皂角刺在我国的用药历史悠久，且具有良好的消肿排脓、搜风拔毒、行气理气之功效。"

2008 年，皂角刺属于货缺价扬的冷备首选品种。2009～2010 年，皂角刺不能满足药用需求，上市无量，供求的矛盾日渐突出。2010 年，随着人工费用的提高和采收难度的增大，产地新货产量降低，市场一般统货售价 70～80 元/千克，好的统货稳定在 90～100 元/千克，优质选货高达 120 元/千克左右。2011 年，采刺人员减少，新货产量不大，市场大货难求。2011 年产新，尽管药市疲软药价下跌，但皂角刺价格仍然趋升，皂角刺大统个售价 110～120 元/千克，小统个售价 70～80 元/千克，部分商家开始惜售货源。2012年皂角刺产新，价高刺激上市量增多，行情回落，但由于资源紧缺，价格没有大幅走低。2013年，皂角刺需求不断扩大，但资源有限，产量供不应求，货源持续紧张，市场行情再次攀升，致使正品大皂角刺价格突破120元/千克，小皂角刺随着涨到90～100元/千克。2014～2015年皂角刺大刺稳中有升，价格在120～130元/千克，小皂角刺还是90～100元/千克。6～8年生的皂荚树即能开花结果，8年后进入盛果期，每株皂荚可年产皂角刺1kg，产果12kg，按每亩150株皂荚计，每亩可收皂角刺150kg，收果180kg，收入3～4万元。此外，皂荚的适应性强，生态效益好能调节气候、保持生态平衡，大面积营造适宜山区生长的皂荚林基地，是促进农村产业结构调整、增加农民收入的一项重要措施，是偏远山区农村种植结构调整及农民脱贫致富的首要选择，可极大地促进这些地区的精准扶贫，产生广泛的社会效益和生态效益。

皂角刺的化学成分主要包含有黄酮、多酚、皂苷、三萜和少量的甾醇、氨基酸等。皂角刺具有抗炎、免疫调节、抗肿瘤、抗过敏等多种药理活性，可用于抗凝血、抗肝纤维化、消炎、镇痛、免疫调节等。在治疗皮肤脓肿的中药方剂中，皂角刺是主要用药成分，药效非常明显。皂角刺还可抗麻风杆菌，外治麻风。现代临床经验也证明，在皮肤脓肿未溃破时，用皂角刺治疗可快速消除皮肤脓肿。脓肿溃破之后，用皂角刺治疗可快速促进伤口愈合。疠风药中将它列为开导前锋。近年来，皂角刺作为抗癌抑癌的主要中药，为中医治疗乳腺癌、肺癌、大肠癌、宫颈癌等多种癌症常用的配伍药材之一，效果显著，副作用小。皂角刺和皂角树枝水煎剂可用来治疗鼻咽癌，还可治疗软腭乳头状癌、鼻咽癌淋巴结转移及胃癌，均有很好的疗效。此外，皂角刺与其他中药配伍成复方进行活血止痛、治疗骨质增生、治疗皮肤病、清热解毒抗菌、治疗糖尿病并发症等临床应用。

二、生物学特性

皂荚树体高大，高可达30m。其适应性广泛、抗逆性强，耐旱节水，根系发达，适生于无霜期少于180天，最低温度-20℃，光照不少于2400小时的环境。皂荚树雌雄异株，雌树结荚能力强且结果期长，需6～8年才能开花结果，结果期长达数百年。树干灰色至深褐色有粗壮的枝刺。树叶为一回羽状复叶，卵状披针形至长圆形。花杂性，黄白色，组成总状花序。荚果带状，两面鼓起，劲直或扭曲，弯曲作新月形。种子多颗，呈光亮的棕色，长圆形或椭圆形。

皂荚3月中下旬芽开始萌动并膨大，展叶初期为3月下旬至4月上旬，下旬达到盛期。在清明节前后进入开花期，持续10～15天。5月初皂荚开始进入果实生长发育期，果期可达6个月。皂荚的落叶期始于10月下旬左右，持续时间约12天。果实成熟时由绿色变为褐色，完全变为黑褐色时则进入成熟期。枝条、皂角刺从4月开始旺盛生长，皂角刺快速生长期集中在4月份。皂角刺则宜在每年的9月至翌年的3月采收，采收时在皂荚树上选择较长、较粗的棘刺从基部割下。皂荚种子为硬实种子，通过长时间的自然吸涨才能发芽，但是发芽率较低，经过一定的人为处理可提高发芽率。常见的处理方法有浓硫酸浸泡法、种子侧面刻痕、种皮划孔、碱水浸泡等。

皂荚是一种优良的多功能型树种，具有良好的生态效应和经济效应，是我国开发利用的理想资源，但是由于长期以来的过度利用，自然生境的破坏，皂荚遗传资源的分布已处于严重的片段化状态，在其分布区内的很多遗传资源已处于濒危状态，群体遗传多样性保存面临严峻的挑战。

三、适宜区分析及生产基地选择

（一）生产适宜区分析

皂荚是我国特有的乡土树种，分布广泛，覆盖面积达国土面积50%左右，在河北、山西、福建、广东、广西、陕西、宁夏、甘肃、四川、贵州、云南、山东、江苏、浙江等地均有分布。生长在山坡林中或谷地路旁，海拔自平地至2500米。喜温湿，易成活，少病害，对土壤要求不严，生长速度慢，寿命很长，可达六七百年甚至上千年。它属于深根性树种，喜光不耐庇荫，耐旱节水、耐高温，喜生于土层肥沃、深厚的地方，但在年降水量300mm左右的石质山地、轻盐碱地也能正常生长。皂荚虽然分布广泛，但是由于长期以来自然环境的破坏，人为的干扰，皂荚遗传资源的分布已处于严重的片段化状态，在其分布区内的很多遗传资源已处于濒危状态。

（二）生产基地选择

贵州皂荚树本土资源丰富，各地市均有分布，仅织金县就有50～100年的古皂角树150余株，100～300年的30余株，300～500年的10余株。在经过长期的人为采伐利用和自生自灭过程保留了下来，在我国境内现已找不到完整的天然群体的情形下，这些皂荚古树种质资源显得异常的珍贵，同时也说明它们对当地的气候环境条件已经具有相当优良的适应性。

贵州省贫困地区退耕还林的规模，居全国首位。贵州省除了陡坡耕地和重要水源地急需退耕还林外，还有大面积的低质低效林需要改造。皂荚有很强的抗逆性，其抗旱节水、耐盐、耐高温、固氮改土，在石质山坡、中性、微酸性及轻度盐碱地土壤均能种植，不仅是优良的中药材和工业原料，也是经济林、用材林、防护林及园林绿化的理想树种，是贵州退耕还林和脱贫攻坚双重任务的良好选择。因此，在2018年贵州大力实施农村产业革命之时，皂荚被选为农业产业结构调整主导特色产业之一，截至目前，织金和黔西两县就已种植了50多万亩皂荚树。

皂荚种植基地位于织金县与黔西县接壤处的猫场镇、马场镇、龙场镇、观音洞镇、金碧镇等地，区位优势独特，交通网络完备。境内的平均海拔为1200～1345m，是山区丘陵地带，地势平缓，土质肥沃，大气无污染，属亚热带季风湿润气候，年平均温度13.9℃，冬无严寒，夏无酷暑；无霜期大于280天，年均日照时数1100～1500小时，年降雨量1100～1400mm，雨热同期，水质无污染，有可供灌溉的水源及设施；土壤肥沃、疏松、保水保肥、耕作层厚30cm左右的壤土或砂质壤土；pH值为6.0～7.5、有机质 2.5% 以上。猫场镇已成为全国最大的皂荚米加工和集散基地，劳动力资源和土地资源充足，现有劳动力 3.5 万余人，而且乡镇周围无生产污染的工矿企业，无"三废"污染。

四、规范化种植关键技术

（一）选地整地

皂荚为阳性树种，喜光不庇荫，根系发达，耐旱节水，对土壤要求不严，喜生于土层肥沃深厚的地方。因此，宜选择在年平均气温 10～20℃，极端最低温度不低于零下 20℃，无霜期 180 天以上；土层厚度在 50cm 以上，土壤有机质含量 1.0% 以上；地下水位 1m 以下，排水良好，病虫害少；土壤 pH 值 5.5～8.5 的壤土、沙壤或砾质壤土的丘陵区；坡度小于 25°的阳坡或半阳坡，平地则需选择不易积水的地方。

造林前首先应将有碍于苗木生长的地被物或采伐剩余物、火烧余物等清理干净，其次结合蓄水保墒需要，耕翻土壤和准备栽植穴，以局部整地为主。根据苗木大小确定整地标准，小穴整地规格一般采用 30cm×50cm×50cm。大穴整地规格一般为 0.7～1m 见方的大穴，冬季开挖，早春回填。

（二）播种时间与播种方法

选择树干通直，生长较快，发育良好，种子饱满的 30 年以上盛果期的壮龄母树，于 10 月中下旬种子变为红褐色时，选择饱满的成熟皂荚采种。采种后要摊开暴晒，不要堆放，以免发热腐烂，降低种子的发芽率，晒干后将荚果碾（砸）碎后，去果皮，风选净种。种子含水量不高于 10%，净度不低于 90%。

1. 种子处理

（1）种子消毒　用 0.5% 高锰酸钾溶液浸泡种子 2 小时，捞出后用塑料袋密封 0.5 小时，再用清水冲洗。如进行硫酸浸泡催芽，可不需消毒。

（2）种子催芽　将皂荚种子放入非金属容器中，加入 98% 浓硫酸，加入量约为种子重量的 1/10，充分搅拌、浸种 18～22 分钟。如发现有 30% 左右的皂荚种子种皮有细小的裂纹时，则应马上停止浸泡，倒出硫酸液并迅速用清水冲洗干净种子，直到种子表面的残留水 pH 值为 7 时为止。接着，在容器中用种子体积 5～6 倍、40～60℃的温水，对种子连续浸泡 2～3 天，每天需换等体积的温水 2 次，使种子充分吸水膨胀。多日不吸水膨胀的硬实种子，可重复以上步骤继续催芽。

2. 播种时间　以春播为好，也可秋播。春播应在春季地温达到 10℃以上时播种，南方一般在 3 月上、中旬，北方一般在 3 月中、下旬。秋播应在土壤封冻前进行，覆土稍厚，4～6cm，播后还应浇封冻水。

3. 土壤处理　播种前应对土壤进行消毒和杀虫处理，常用药剂有硫酸亚铁、辛硫磷、丁柳克百威等。具体用法：①硫酸亚铁：每平方米用 3% 的水溶液 4～5kg，于播种前 7 天均匀浇在土壤中。②辛硫磷：5% 辛硫磷颗粒 35～45kg/hm² 处理土壤，

50% 乳油 3.5 ～ 4.5kg/hm² 加 10 倍水喷洒于 25 ～ 30kg 细土上，制成毒土撒入土壤中。③丁柳克百威：每亩用 0.5 ～ 2kg 混拌适量细土制成毒土，撒入土壤中。

4. 播种方法　播种前 5 ～ 6 天把苗床先灌足底水，待表面阴干，墒情适宜时，即可播种。条播，行距 30cm，沟深 8 ～ 10cm，播种间距 5 ～ 6cm，覆土厚度 3 ～ 4cm，覆土后耧平且略加镇压，播后覆盖地膜。如果墒情不适宜，要浇溜沟水。待苗出齐后于傍晚或阴天揭去地膜。

5. 播种量　播种量根据种粒大小、种子纯度、计划育苗量以及圃地环境条件、育苗技术等确定，一般为 20 ～ 30kg/ 亩。

（三）田间管理

1. 苗期管理

（1）松土除草　幼苗出土期间，松土宜浅不宜深，并及时清除杂草。

（2）定苗　苗高 6 ～ 10cm 时，分批、及时进行间苗、定苗，株距 10 ～ 15cm，留苗 1 ～ 1.5 万株 / 亩。

（3）施肥　苗高达 10 ～ 20cm 时，结合降雨或灌溉条件进行第一次追肥，以后生长季节再追肥 3 ～ 4 次，每次间隔 3 ～ 4 周为宜，每亩施人粪尿 100kg 或尿素 4kg。7 月后改施复合肥，每次 15 ～ 20kg/ 亩，2 ～ 3 次后停施。

（4）灌溉排水　苗木生长期间根据天气情况及时灌溉，雨季注意排水。

（5）大苗培育　若培育 2 年生以上大苗，可在秋末苗木落叶后进行第一次移植，株行距 0.5m×（0.5 ～ 1）m。郁闭后隔行或隔株移植。

2. 苗木出圃、栽植

（1）苗木质量　1 年生实生苗，地径应在 0.5cm 以上，苗高高于 50cm。除地径、苗高主要指标符合苗木质量标准外，还应保持根系的完整，不损伤根皮，不损伤顶芽，无检疫性病虫害。采用裸根出圃，起苗时保持根系完整，小规格苗木 50 ～ 100 株 / 捆。苗木出圃应出具苗木检验证书。检验方法和规则按照 GB/T 6000 有关规定执行。

（2）栽植季节　春秋两季均可栽植，以晚秋栽植为主，也可利用当年苗进行雨季栽植。冬季严寒干燥的地区以春季土壤解冻后栽植为宜。

（3）栽植密度　栽植密度应根据经营目的、栽植模式、立地条件和经营水平等确定。栽植密度一般为（1 ～ 2）m×（2 ～ 3）m。初植密度大的，在林分郁闭后，进行定株抚育，留优去劣，去密留稀，确保林内通风透光。

（4）栽植方法　栽植前，树穴底部施基肥，肥料应选择腐熟的有机肥，每穴应施饼肥 1 ～ 2kg 或施腐熟厩肥 5 ～ 10kg，将肥料与土拌匀，施入坑内，回填表土后进行栽植。

不能及时栽植的苗木应选择背风庇荫、排水良好的地方进行假植。栽植时采用截干、蘸泥浆、生根粉蘸根、应用保水剂、地膜覆盖等技术，可提高栽植成活率。裸根苗木栽植边填土边轻轻往上提苗、踏实，使根系与土壤密接。栽植深度以土壤沉实后超过该苗木原入土深度 1 ～ 2cm 为宜，栽植后及时浇透定植水。

3. 栽后管理

（1）灌溉与排水　栽后应浇足头遍水。栽后第一年适时浇水，确保成活。一般幼龄树每年灌水 2～3 次，成年树 1～2 次。雨水多的地区或降雨多的季节应注意及时排水，防止涝害。

（2）除草松土　栽植后 1～3 年，松土、除草、浇水、培土相结合，防止土壤板结，增强土壤通透性。全年中耕除草 3～5 次。清除的杂草和绿肥等可覆盖树盘，厚度 15～20cm，上面覆压少量细土。

（3）施肥　肥料种类、施肥量与氮、磷、钾比例应结合各地具体情况确定。基肥以腐熟的农家肥为主，每亩施 2000～3000kg，适当加入速效肥。追肥时 1～3 年树龄每年追施复合肥 0.3～1kg/ 株，一年两次，第一次在 3 月中旬，第二次在 6 月上中旬，离幼树 30cm 处沟施。4～6 年树龄每年追施复合肥 1～2kg/ 株，沿幼树树冠投影线沟施或穴施。6 年以后，施肥量逐年适量增加。氮、磷、钾的配合比例，尚未采刺的幼树以（1∶1∶1）～（1∶2∶2）为宜，已采刺的幼树以 1∶2∶3 为宜。

（4）间作套种　不宜间种高秆作物，以花生、豆类、辣椒较为适宜。也可选用桔梗、丹参、牡丹、生地黄、黄芩、柴胡、板蓝根、白术、银杏等药用植物或绿肥植物。作物与皂荚间应保持 50cm 距离。

（5）整形修剪　前三年应培养良好的干形，及时抹芽修枝，促进主干生长。及时剪除过密枝、重叠枝、交叉枝、病虫枝，培养合理的树体结构。

成年树应适时修剪整形，一般在落叶后进行，结合棘刺采收进行修剪。在生长季则进行疏枝、除萌、摘心等。适时平茬，利用当年新枝生产大量皂角刺，平茬后保留多个主枝，在主枝上培育适宜数量的侧枝。根据其生长结果习性，宜疏剪不宜短截，对直立生长枝应开角拉枝，对老枝、衰弱枝采取回缩、更新等技术措施。

（四）主要病虫害防治

1. 病虫害综合防治原则　应本着"预防为主、综合防治"的植保方针，坚持以农业防治、物理防治、生物防治为主，化学防治为辅的原则，必须使用化学药剂防治时，应符合 GB/T 8321 和 NY/T 1276 的规定。

2. 病虫害防治　①立枯病：该病为土壤传播，应实行轮作。播种前，种子用多菌灵 800 倍液杀菌。应加强田间管理，增施磷、钾肥，使幼苗健壮，增强抗病力。出苗前喷洒 1∶2∶200 波尔多液 1 次，出苗后喷洒 50% 多菌灵溶液 1000 倍液 2～3 次，保护幼苗。发病后及时拔除病株，病区用 50% 石灰乳消毒处理。②炭疽病：将病株残体彻底清除并集中销毁，减少侵染源。应加强管理，保持良好的透光通风条件。发病期间可喷施 1∶2∶100 波尔多液，或 65% 代森锌可湿性粉剂 600～800 倍液。③褐斑病：及早发现，及时清除病枝、病叶，并集中烧毁，以减少病菌来源。应加强栽培管理、整形修剪，使植株通风透光。发病初期，可喷洒 50% 多菌灵可湿性粉 500 倍液，或 65% 代森锌可湿性粉剂 1000 倍液，或 75% 百菌清可湿性粉剂 800 倍液。④白粉病：选用抗病品种。增施磷酸二氢钾，控制氮肥的施用量，提高植株的抗病性。冬季剪除重病植株上所有当年生枝条并集中烧毁。在发病严重的地区，春季萌芽前喷洒波美 3 ～ 4 度石硫合剂。生长季节发病时可喷洒 80% 代森锌可湿性粉剂 500 倍液，或 70% 甲基托布津 1000 倍液，或 20% 粉锈宁乳油 1500 倍液，以及 50% 多菌灵可湿性粉剂 800 倍液。⑤煤污病：加强栽培管理，合理安排种植密度。及时修剪病枝和多余枝条，通风透光。对上年发病较为严重的田块，春季萌芽前喷洒波美 3 ～ 5 度石硫合剂，消灭越冬病源。生长期发病的植株，喷洒 70% 甲基托布津可湿性粉剂 1000 倍液，或 50% 多菌灵可湿性粉剂 1000 倍液以及 77% 可杀得可湿性粉剂 600 倍液。⑥蚜虫：喷施 2.5% 溴氰菊酯 2500 倍液，或其他内吸杀虫剂。药剂 5 ～ 7 天喷施 1 次，次数视病情而定。⑦皂荚豆象：可用 90℃热水浸泡 20 ～ 30 秒，或用药剂熏蒸，消灭种子内的幼虫。⑧蚧虫：注意改善通风透光条件，蚧虫自身的传播范围很小，做好检疫工作，不用带虫的材料，是最有效的防治措施。如果已发生虫害，可用竹签刮除蚧虫，或剪去受害部分，危害期喷洒敌敌畏 1200 倍液。⑨皂荚食心虫：秋后至翌春 3 月前，处理荚果，防止越冬幼虫化蛹成蛾，及时处理被害荚果，消灭幼虫。⑩凤蝶：人工捕杀或用 90% 的敌百虫 500 ～ 800 倍液喷施。⑪天牛：人工捕杀成虫，树干涂白。清除蛀道虫粪后，用注射器将菊酯类药 3000 倍液注入蛀道内，或以棉球浸药液制成药球，再用镊子或钢丝将药球推入孔洞，毒杀幼虫。在天牛幼虫期或蛹期释放肿腿蜂、花绒寄甲等天敌类昆虫。

上述良种繁育与规范化种植关键技术，可于其生产适宜区内，并结合实际因地制宜地进行推广应用。

五、合理采收、加工与包装

（一）采收

1. 采收时间 棘刺充分成熟，表现出品种固有的色泽，全树（全园）着色及成熟度基本一致时采收，一般在落叶后至翌年春萌芽前。采收后即晒干，或趁鲜切片、干燥。

2. 采收方法 3 ～ 4 年生树采棘刺时，首先考虑树形的培养，留好骨干枝和枝组。一级骨干枝留 60 ～ 70cm 短截，二级骨干枝留 40 ～ 50cm 短截，其余枝条疏除。然后将主干、一级、二级骨干枝上棘刺与其余枝条上的棘刺用修枝剪分别采收，分别存放，剪棘刺时将棘刺从基部剪掉，注意不要带木质部，不要留刺橛。5 年生以上树采棘刺时将主干、一二级骨干枝上棘刺与其余枝条上的棘刺用修枝剪分别采收，分别存放。剪棘刺时将棘刺从基部剪掉，注意不要带木质部，不要留刺橛。

3. 分级储存 采收好的棘刺清除叶柄、枝条等杂质，按选货、通货进行分级包装储存。

（二）加工

1. 炮制方法一 除去杂质，未切片者略泡，润透切厚片，干燥。皂角刺质地坚硬，分枝多长且刺尖锐，在加工过程中很容易刺手，应注意操作避免受伤。

2. 炮制方法二 也可将干燥的皂角刺除去杂质，经辊压机辊压，过筛除去芒刺后淋润，待软硬适中后，切成 8 ～ 10cm 的小段，干燥。

（三）包装

分级好的棘刺分别放在通风的地方阴干至含水量小于 18% 时，用 5 层瓦楞纸箱或 2 层编织袋按标准质量装好，贴上标签，注明质量、级别、采收日期、生产单位。存放在通风良好的库房，存放时地面垫 10 ～ 15cm 枕木。

六、商品规格与质量要求

（一）药材商品规格

当前药材市场皂角刺规格按照直径进行划分，直径越大等级越高，共分为一、二、三等 3 个等级。

一级：干货。为主棘和 1 ～ 2 次分枝的棘刺，为上品棘刺。主刺长圆锥形，10 ～ 13cm 或更长，直径大于 0.4cm，分刺长 1 ～ 7cm，刺端锐尖，表面紫棕色或棕褐色，体轻、质坚硬，不易折断。

二级：干货。为皂荚树树枝上的棘刺。主刺长 4 ～ 8cm 或更长，直径大于 0.3cm，分刺长 1 ～ 4cm，刺木部黄白色，髓部疏松，淡红棕色，质脆，易折断。

三等：干货。为皂荚树树枝上的棘刺。主刺长 2 ～ 5cm 或更长，直径小于 0.3cm，分刺长 1 ～ 3cm，刺木部黄白色，髓部疏松，淡红棕色，质脆，易折断。

（二）药材质量要求

应符合现行《中国药典》皂角刺药材质量标准要求。

第十章　花类药材规范化生产技术示范

山银花
Shanyinhua
LONICERAE FLOS

一、概述

　　药材山银花是忍冬科植物灰毡毛忍冬 *Lonicera macranthoides* Hand.–Mazz.、红腺忍冬 *L.hypoglauca* Miq.、华南忍冬 *L.confusa* DC. 或黄褐毛忍冬 *L. fulvotomentosa* Hsu et S.C.Cheng 的干燥花蕾或带初开的花。别名：大银花、岩银花、山银花、木银花等，以干燥花蕾或带初开的花入药。山银花味甘，性寒，归肺、心、胃经。具有清热解毒，疏散风热的功能，用于痈肿疔疮，喉痹，丹毒，热毒血痢，风热感冒，温病发热。

　　"山银花"之名首载于 1977 年版《中国药典》，属于植物名称而非药物名称。2005年版《中国药典》认为 1977 年是特殊历史时期，所载内容不严谨，为了强调所谓"道地性"，于是将忍冬科的几个药用植物分开成两个药物名称，即金银花、山银花，在金银花项下只载忍冬，而在山银花项下收载了灰毡毛忍冬、红腺忍冬、华南忍冬。2010年版、2015 年版和 2020 年版的《中国药典》均把山银花定义为忍冬科植物灰毡毛忍冬、红腺忍冬、华南忍冬或黄褐毛忍冬的干燥花蕾或带初开的花。《中华本草》第七卷"金银花"项下"附注"中指出金银花除药典品种外，尚有 9 种忍冬属植物的花蕾在部分地区作"金银花"用，其中主流品种灰毡毛忍冬在湖南、广西及贵州部分地区作"金银花"用。2006 年出版的《中药材质量标准研究》指出灰毡毛忍冬在西南、中南地区作金银花收购，为商品金银花主要品种之一。

　　忍冬是金银花最早的药用名称，宋以前无金银花之名。"金银花"之名，首见于宋代《苏沈良方》治痈疽方："忍冬嫩苗一握，甘草半两、生用。""宁国尉王子驳传一方，用金银花。"南宋《履巉岩本草》是本草书籍中首先记载"金银花"一名者："鹭鸶藤，性温，无毒。治筋骨疼痛，捣为细末，每服二钱，热酒调服。如只剉碎，用木瓜、白芍药、官桂、当归、甘草一处，用酒、水各半盏，煎至八分，去滓，空心，食前热服，善治脚气。一名金银花。"南宋李迅的《集验背疽方》载有单用金银花的"治乳痈发背神方"："金银花，一名忍寒草。上，采叶研为滓，每用不限多少，纳瓷瓶中，入水，用文武火浓煎，临熟入好无灰酒与药汁相半，再煎十数沸，滤滓，时时服之。"南宋陈无择的《三因极一病证方论》也有单用忍冬草一味的"忍冬丸方"："忍冬草，不以多少，根、茎、花朵皆可用。一名老翁须，一名蜜啜花，一名金银花。洗净用之。"明代朱橚的《救荒本草》首次以"金银花"作为忍冬的正名，其文曰："金银花，《本草》名忍冬，一名鹭鸶藤，一名左缠藤，一名金钗股，又名老翁须，亦名忍冬藤。旧不载所出州土，今辉县山野中亦有之。其藤凌冬不凋，故名忍冬草。附树延蔓而生，茎微紫色，对节生叶，叶似薜荔叶而青，又似水荼臼叶，头微团而软，背颇涩，又似黑豆叶而大，开花五出，微香，蒂带红色，花初开白色，经一二日则色黄，故名金银花。此后，兰茂的《滇南本草》云："金银花，味苦，性寒。清热，解诸疮、痈疽发背、无名肿毒、丹瘤、瘰疬。藤能宽中下气、消痰、祛风热、清咽喉热痛。"《本草求真》："金银花，解毒去脓，泻中有补，痈疽溃后之圣药。"金银花生产应用历史悠久。

贵州种植山银花年限较为久远，如黔北绥阳县小关乡种植灰毡毛忍冬源于20世纪70年代，至今有五十多年历史，黔西南安龙县德卧镇种植黄褐毛忍冬长达四十余年。种植技术方面，贵州山银花的种植技术较成熟。山银花是贵州种植发展最快、面积最大的中药材品种，尤其是贵州本地起源的黄褐毛忍冬和灰毡毛忍冬。贵州金银花、山银花主要分布在黔北遵义市和黔中安顺市，其中以黔北地区的种植面积最大，如绥阳县小关乡现有种植面积达10万亩，2013年被中国经济林协会授予"中国金银花之乡"称号。

近年来，由于山银花市场地位下降，价格低迷，经济效益欠佳，药农积极性不高，山银花质量、产量参差不齐，导致贵州山银花种植面积持续减少，严重影响了药农的经济收入。正是由于对山银花生物学特性、化学成分、药理药效等认识不足，系统研究不够，不及金银花的研究，因此系统研究山银花生物学特性、光合特性、品质及产量迫在眉睫，亟需制订山银花规范化生产技术规程，从源头上控制山银花药材质量，为山银花药材"有序、安全、有序"生产奠定坚实的基础。

二、生物学特性

忍冬年生长发育阶段可分为6个时期，即萌芽期、新梢旺长期、现蕾期、开花期、缓慢生长期和越冬期。其中，萌芽期植株枝条茎节处出现米粒状绿色芽体，芽体开始明显膨大，伸长，芽尖端松弛，芽第一、二对叶片伸展。进入新梢旺长期，新梢叶腋露出花总梗和包片，花蕾似米粒状。现蕾期果枝的叶腋随着花总梗伸长，花蕾膨大。进入缓慢生长期后，植株生长缓慢，叶片脱落，不再形成新枝，但枝条茎节处出现绿色芽体。主干茎或主枝分支处形成大量越冬芽，此期应为储藏营养回流期。当日平均温度为3℃时，生长处于极缓慢状态，越冬芽变红褐色。

1. 藤蔓　山银花定植第一年，地上主蔓生长迅速并产生大量分枝。藤茎有较明显的年生长周期，每年早春气温回升到18℃时开始生长。3～4月夏季高温前为藤蔓的第1个生长高峰期。随后，进入高温干旱季节，生长缓慢。8月下旬至9月初，藤蔓进入第2个生长高峰期，秋末生长放缓。

2. 花与果实　山银花一般在定植后第 2 年开始开花结果，此后每年都可开花结果。一年当中，山银花一般有 3 ～ 4 次盛花期，每茬开花后 1 个月左右果实成熟。根据灰毡毛忍冬花蕾开放状况，可将灰毡毛忍冬分为开花型和花蕾型。开花型灰毡毛忍冬根据花发育过程中大小、颜色、形态的变化，将花蕾发育分为米蕾期、三青期、二白期、大白期、银花期和金花期 6 个时期。因花蕾不开放，花蕾型灰毡毛忍冬无金花期和银花期。大白时期的开花型和黄白时期的花蕾型灰毡毛忍冬，柱头生长至花蕾顶端后盘绕，开花型灰毡毛忍冬花蕾开放时，其柱头和花药顶住花瓣，花筒中部裂开，花蕾开放。灰毡毛忍冬花蕾期通常在 4 月下旬到 6 月上旬，花期在 6 月上旬到 7 月中旬，花期持续 1 个月左右，盛花期集中在 6 月中下旬，持续时间 20 天左右，单株盛花持续时间在 5 ～ 8 天，通常在初花后 2 ～ 4 天进入盛花期，不同生态环境下，开花及持续时间稍有差异。

3. 根　一般实生苗产生 1 条主根，扦插苗可产生多条根，以后 1 ～ 2 条发育成主根。地下部分的生长发育第 1 ～ 2 年以主根生长为主，同时也产生大量纤细的侧根，主根多垂直向下生长。第 3 年后主根生长开始放缓，且开始横向生长，而侧根的加粗生长明显。

三、适宜生产基地选择

（一）生产适宜区分析

灰毡毛忍冬生态相似度为 95% ～ 100% 区域有湖南、贵州、四川、湖北、江西等省，其中面积较大的区域包括湖南省和贵州省。结合灰毡毛忍冬生物学特性，并考虑自然条件、社会经济条件、药材主产地栽培和采收加工技术，建议选择引种栽培研究区域以湖南、贵州、四川、湖北、江西一带为宜。

灰毡毛忍冬种质来源主要为本地野生或从湖南、重庆、陕西省引种。种植本地品种的区域主要有绥阳、西秀区、六枝、平坝、印江、思南、大方、黔西、惠水，引种外来品种的种植区域主要有兴仁、金沙、西秀区、紫云、松桃、思南、长顺、福泉、独山、贵定、红花岗区、务川、大方、黔西、印江、六枝、清镇、息烽、铜仁、余庆、德江、江口、石阡、玉屏、丹寨、天柱、从江等。以上各地均具有灰毡毛忍冬生长发育所需的自然条件，也得到当地政府重视，广大群众有灰毡毛忍冬栽培及加工技术的丰富经验，灰毡毛忍冬质量好、产量较大。

除上述灰毡毛忍冬最适宜区外，贵州省其他各县市（区）凡符合其生长习性与生态环境要求的区域均为其适宜区。

（二）生产基地选择

按照山银花生产适宜区优化原则与其生长发育特性要求，选择山银花最适宜或适宜区且有良好社会经济条的地区建立规范化种植基地。现已在紫云县猫营镇黄鹤营村、黔南州长顺县广顺农场、遵义市绥阳县建立了山银花示范种植基地 9000 亩，辐射带动当地山银花种植 10 万亩等。基地选择时选择年平均气温 10 ～ 20℃，平均降雨量 900 ～ 1500mm，平均日照时数为 1000 ～ 1600 小时，无霜期 270 天以上，海拔为 500 ～ 1800m 的水平地或山地的中下部，土质深厚、疏松肥沃、pH 值 5.0 ～ 7.5，土壤有机质含量大于等于 1% 的沙质壤土或黄壤土种植。

四、规范化种植关键技术

（一）选地整地

1. 选地　选择年平均气温 10 ～ 20℃，平均降雨量 900 ～ 1500mm，平均日照时数为 1000 ～ 1600 小时，无霜期 270 天以上；海拔为 500 ～ 1800m 的水平地或山地的中下部，土质深厚、疏松肥沃、pH 值 5.0 ～ 7.5，土壤有机质含量 ≥ 1% 的沙质壤土或黄壤土种植。

2. 整地　采用等高（水平）梯田整地，株行距 1.5m×2.0m，穴深 40cm、宽 50cm，按体积比复合肥：有机肥以 1:2 比例拌匀（复合肥总养分 ≥ 48%，N–P_2O_5–K_2O=16–16–16，有机肥总养分 ≥ 5%），按 1 ～ 1.5kg/ 穴作底肥。

（二）移栽定植

11 月至次年 2 月移栽，每穴 1 株，根部舒展，覆土踩实，浇足定根水，穴面覆盖一层松土，以埋没根颈处为度。

（三）田间管理

1. 中耕除草　每年至少 4 次，分别在 2 ～ 3 月、5 ～ 6 月、7 ～ 8 月、11 ～ 12 月进行。

2. 水分管理　保持土壤墒情为适墒或黄墒（含水量 12% ～ 18.5%），多雨季节及时排水。

3. 肥料管理　肥料管理符合 NY/T 394 的规定。每年 3 次。按体积比复合肥：有机肥以 1:2 比例拌匀（复合肥总养分 ≥ 48%，N–P_2O_5–K_2O=16–16–16，有机肥总养分 ≥ 5%），开环形沟施肥后培土。第一次在 2 ～ 3 月植株未长出花蕾前，1.5kg/ 株。第二次在 6 ～ 7 月收花后，1kg/ 株。第三次在 11 ～ 12 月，2kg/ 株。

4. 整形修剪　栽后 1 ～ 2 年内，主干高度 30 ～ 40cm 时，剪去顶梢。第二年春季萌芽后，在主干上部留粗壮枝条 4 ～ 5 枝作主枝，分两层着生。在冬季，从主枝上长出的一级分枝中保留 5 ～ 6 对芽，剪去上部。以后再从一级分枝上长出的二级分枝中保留 6 ～ 7 对芽，剪去上部。再从二级分枝上长出的花枝中，摘去勾状形的嫩梢。剪除枯老枝、病虫残枝、细弱枝（直径 3mm 以下）、交叉枝、重叠枝等。

（四）主要病虫害防治

1. 病虫害综合防治原则

（1）遵循"预防为主，综合防治"的植保方针　从山银花种植基地整个生态系统出发，综合运用各种防治措施，创造不利于病虫害滋生和有利于其天敌繁衍的环境条件，保持山银花种植基地生态系统的平衡和生物多样性，将各类病虫害控制在允许的经济阈值以下。

（2）山银花种植基地必须符合农药残留量的要求　国家对中药材的农药残留量已经作出限量要求，在山银花种植的整个过程中要求药农施用要严格控制。若药农在山银花种植示范区种植，应培训药农提高认识，切记不得滥用或乱用农药，要告知药农，若山银花种植基地农药残留量超标，产量再高，质量仍为降低，药材则为劣质品。

（3）经济阈值的设定　山银花种植基地病虫害防治控制指标，以鲜品产量损失率计算（或估评），低于 15% 为优等指标，15%～25% 为合格指标，若高于 25% 以上今后要作适度调整或改进实施的防治技术措施。这些指标是建立在农药残留量的规定标准范围内。经济阈值设定在实施过程若有不妥可做修改。

2.病虫害防治措施　①白粉病：加强肥水管理，改善通透性，促使树势旺盛。剪除重病枝叶，并销毁。在山银花春季花芽萌动前，巡视山银花园，白粉病发生初期，可选用 12% 腈菌·三唑酮乳油 2500 倍液、30% 己唑醇悬浮剂 2000 倍液等药剂对病株喷雾。应交替使用上述药剂，每隔 5～7 天喷药 1 次，共 2～3 次。②褐斑病：加强肥水管理，改善通透性，促使树势旺盛。剪除重病枝叶，并销毁。高温高湿、炎热多雨的夏季，巡视山银花园，褐斑病发生初期，可选用 10% 苯醚甲环唑水分散粒剂 1500 倍液、75% 百菌清可湿性粉剂 800 倍液等药剂对病株喷雾。每隔 5～7 天喷药 1 次，共 2～3 次。③蚜虫：加强管理，及时清除地头杂草，注意整形修剪，合理的施肥、灌水，促进植株的茁壮成长。利用蚜虫对黄色有明显的正趋向性，在田间地头设置黄板进行诱杀，尤其是在有翅蚜迁飞高峰期比较合用。尽量利用蚜虫天敌的自然控制作用，蚜虫的天敌包括多种瓢虫（如七星瓢虫、龟纹瓢虫等）、食蚜蝇、中华草蛉等，在生产中要注意保护利用天敌，适当放养天敌，可减少化学农药的使用量。在若蚜发生高峰期，使用各种无公害农药防治，可选用 10% 吡虫啉可湿性粉剂 3000 倍液进行喷施，每隔 5～7 天喷药 1 次，共 2～3 次。农药在使用过程中应注意使用的浓度和次数、使用方法、注意事项等。对可能感染的农用器具应做好消毒处理。雨后及时排水。

上述山银花良种繁育与规范化种植关键技术，可于其生产适宜区内，并结合实际因地制宜地进行推广应用。

五、合理采收、加工与包装

（一）采收

1.采收前的管理　采收前 20 天停止使用任何农药。采收前 3 天停止灌溉。

2.采收时间　6～7 月，采收发育完整的待开的青白色花蕾（二白期）或初开放的白色花，即花蕾由绿色转为白色，上部显著膨大，即将开放，所谓的"含苞待放"。

3.采收方法　按先外后内、自上而下的顺序，将整个着花枝全部剪下，放置于竹（藤）篮（筐）等透气性好的容器中，做到"轻摘、轻握、轻放"。

（二）产地加工

1. 加工设备　蒸汽杀青机，蒸汽锅炉，茶叶烘干机，热风炉。

2. 加工方法

（1）拣选　去除叶片和花枝，留花蕾。

（2）杀青　将新鲜花蕾按 3～4cm 厚装入网筛，通过电机将水抽进蒸汽锅炉至水位显示仪 3/5 处，加热，待蒸汽锅炉压力达到 250000Pa 时，将装有花蕾的网筛从蒸汽杀青机的一端推入，杀青 15～20 秒后，从另一端推出。

（3）烘干　杀青后放入茶叶烘干机，可放 7 层，一层 3 盘。温度保持 80～100℃。通过手摇，各层网筛由上至下轮换，下层网筛通过烘干机下层出口取出，每 10 分钟轮换一次，每次轮换将下三层取出轮换至上三层，共轮换 2～3 次。20～30 分钟即可完成一次烘干。单次可烘 85kg 鲜品。

（三）包装、贮藏与运输

1. 包装　灰毡毛忍冬干花经烘干达到充分干燥的要求（干花含水量不超过 15%）后，在室内放置片刻，待干花热量散尽、恢复常温后，装于塑料袋中并紧扎袋口，密闭储藏。包装储运标志要求应符合 GB/T 191 的规定。必须有"怕湿""防潮"等图标。

2. 贮藏　灰毡毛忍冬药材应放在阴凉（0～20℃）、通风，干燥（相对湿度45%～75%）、避光的冷藏库中贮藏。库房地面铺垫有厚 10cm 左右木架，通风，干燥，并具备温湿度计、防火防盗及防鼠、虫、禽畜危害等设施。应合理堆放，堆码高度适中（一般不超 5 层），距离墙壁不小于 20cm，要求整个库房整洁卫生、无缝隙、易清洁。并随时做好台账记录及定期、不定期检查等仓储管理工作。

3. 运输　灰毡毛忍冬药材批量运输时，可用装载和运输中药材的集装箱、车厢等运载容器和车辆等工具运输。要求其运载车辆及运载容器应清洁无污染、通气性好、干燥防潮，并应不与其他有毒、有害、易串味的物质混装、混运。

六、商品规格与质量检测

（一）药材商品规格

山银花商品规格为 1 个规格两个等级。

一等：干货。花蕾呈棒状，上粗下细，略弯曲，花蕾长瘦，表面黄白色或青白色。气清香，味淡微苦。开放花朵不超过 20%。无梗叶、杂质、虫蛀、霉变。

二等：干货。花蕾或开放的花朵兼有，色泽不分，枝叶不超过 10%。无杂质、虫蛀、霉变。

（二）药材质量要求

应符合现行《中国药典》山银花药材质量标准要求。

1. 水分　不得过 15.0%。

2. 总灰分　不得过 10.0%。

3. 酸不溶性灰分　不得过 3.0%。

4. 含量测定　本品按干燥品计算，含绿原酸（$C_{16}H_{18}O_9$）不得少于 2.0%，含灰毡毛忍冬皂苷乙（$C_{65}H_{106}O_{32}$）和川续断皂苷乙（$C_{53}H_{86}O_{22}$）的总量不得少于 5.0%。

第十一章　其他类植物药材与动物药材规范化生产示范

灵　芝
Lingzhi
GANODERMA

一、概述

灵芝来自多孔菌科真菌赤芝 *Ganoderma lucidum*（Leyss.ex Fr.）Karst. 或紫芝 *Ganoderma sinense* Zhao，Xu et Zhang 的干燥子实体。别名：灵芝草、菌灵芝、木灵芝等。半夏在历版《中国药典》中均有收载。灵芝甘，平，归心、肺、肝、肾经。可补气安神，止咳平喘，用于心神不宁，失眠心悸，肺虚咳喘，虚劳短气，不思饮食。

灵芝在我国使用历史悠久，古籍中存有大量与"灵芝"相关的记载。西汉末年东汉初年的《神农本草经》是记载现代生物学意义上的灵芝的最早医药著作，其上品药中明确记载了六种灵芝，即：赤芝、黑芝、青芝、白芝、黄芝、紫芝。《神农本草经》中记载的黑、青、白、黄四芝，在其他文献中较少被详细描述，现所见者主要有《本草纲目》引苏恭讲：黑芝又非常撤且多黄白，稀有黑青者。《增广本草纲目》引瑞应图讲：芝草常以六月生，春青、夏紫、秋白、冬黑。赤芝在其生长幼小阶段菌盖具有白或黄白的色泽。紫芝的菌盖有时色较深，接近于青黑色。由此可以推测，古文中所指的黄、白、青、黑四芝也是指赤芝和紫芝。此外，根据《本草经集注》对紫芝的记载可以推测，古本草中所记载的"紫芝"，其代表种很可能就是灵芝属真菌紫芝 *G.sinense*，而"赤芝"的代表种则可能是同属真菌赤芝 *G.lucidum*。此两种真菌在我国的分布较广，现代所见的中药灵芝标本，其原植物也主要为这两种真菌。此外，灵芝在《新修本草》《经史证类备急本草》《别录》《药性论》《品汇精要》《中草药彩色图谱》《中国药典》《中国药用植物图鉴》《全国中草药汇编》《贵州中药资源》《贵州中草药名录》和《中华本草》等医药著作中均有记载。其中，根据《中华本草》（苗药卷）中的记载，灵芝亦为贵州省少数民族常用药，在贵州黔东南州用苗语表述为"jib det lul"（基倒陆），在贵州毕节地区称为"jenb lait"（敬奶），在贵州松桃称为"linx zid"（灵芝）。根据《苗族医药学》中的记载，灵芝被苗族用于治疗积年胃痛。而《贵州中草药名录》中也记载灵芝可补肾宁心，壮骨，抗癌，还可治神经衰弱，胸痞，胃炎，肝炎，痔疮。总之，灵芝应用历史悠久，是中医临床及中药工业中的常用大宗药材，也是贵州著名道地特色药材。

现代灵芝的栽培始于20世纪五六十年代后，中国、韩国和日本的灵芝人工栽培相继成功。随着人们对灵芝的药用及其保健作用的逐渐认识和掌握，各种各样的灵芝制品在市场不断涌现。据不完全统计，国内有数十家科研单位从事灵芝栽培和加工技术的研究，有数百家企业从事灵芝药品以及保健品的生产，主要包括灵芝抗癌类产品（如中华灵芝宝、中科灵芝孢子粉和扶元堂灵芝孢子粉等）、保健饮料（如灵芝茶）、灵芝美容品等，取得了较好的经济效益和社会效益。在世界范围内，灵芝消费量呈逐年上升趋势，韩国、日本、新加坡、美国、加拿大等国，每年都要从我国进口灵芝。例如，日本将灵芝加工提炼成"锗泉源"作为滋补品。而韩国制成灵芝粉胶囊，用来饭后服用，滋补身体。

灵芝的段木栽培由于受林木资源的限制，栽培量较小。而代料栽培周期短、效率高、灵芝的商品性也较好。自20世纪80年代以来，灵芝代料栽培技术得到快速推广和发展。多种农副产品的下脚料，如棉籽壳、玉米芯、锯木屑、农作物秸秆等都可以作为灵芝代料栽培的原料。随着科学技术的进步，灵芝的生产在我国得到快速发展，目前我国已成为世界市场上灵芝的主要生产和出口国。贵州食用药用菌市场潜力巨大，拥有丰富的菌种质资源、丰富的食用药用菌生产原料资源（阔叶植被丰富）、大量的农村劳动力资源以及旺盛的市场需求。贵州地处云贵高原东部，冬无严寒，夏无酷暑，雨量充沛，气候温和、森林茂密，是开发灵芝生产的最佳场所，也是灵芝的主产地。历史上贵州大山中的野生灵芝年产量就达数十吨之多。但随着灵芝野生资源的不断枯竭，灵芝已经逐渐转为人工栽培。为满足市面上对灵芝及其产品的需求，近些年来，贵州大力发展灵芝产业，在贵阳市白云区、惠水县、黔东南苗族侗族自治州丹寨县、黎平县、黔西南布依族苗族自治州册亨县、安龙县、铜仁市江口县、六盘水市六枝等地将灵芝种植技术标准进行了推广应用。然而，近几年来，由于缺乏计划、盲目生产，灵芝产品出现了供过于求的情况，导致目前的灵芝市场价格波动较大，栽培效益不理想。因此，积极开展灵芝中药材生产质量管理及规范栽培，强化灵芝采收加工及相关产业的规范化管理，有条件的地域均可因地制宜发展灵芝生产业，这对于贵州等山区经济发展，增加农民收入，脱贫致富都有重要意义。

二、生物学特性

灵芝是能在多种树木上生长繁殖的一种腐生药用真菌。灵芝喜高温高湿、通气良好，有散射光的环境。在8～35℃均可生长，菌丝体生长发育的适宜温度为24～26℃，菌盖及子实层形成的适宜温度是28℃左右。灵芝栽培中，菌丝体繁殖阶段不需要控制湿度，菌盖和子实层分化形成中，空气相对湿度为70%～90%，还要有足够的氧气，排除过多的二氧化碳和有害气体，还应有一定的散射光，避免阳光直射。灵芝生长发育以碳水化合物与含氮化合物为基础，其中包括淀粉、蔗糖、葡萄糖、纤维素、半纤维素及木质素，还需要一定的钾、镁、钙、铁、磷等微量元素。灵芝在pH

5～6生长最好，pH值3～7.5也能生长繁殖。

三、适宜生产基地选择

（一）生产适宜区分析

贵州省境内灵芝野生资源主要分布在北纬24°～27°，东经105°～108°区域内的海拔500～1500m的针阔混交林、阔叶林中，要求直射光少，主要生于阔叶树种腐木或树桩周围地上。在贵州主要分布于江口、石阡、雷山、荔波、剑河、安龙、兴仁、兴义、册亨、望谟、晴隆、贵阳、龙里、惠水、织金、安顺等地，尤以黔东南黔南和黔西南分布较广，储量较大。其中，贵州高原南部、东南部及西南部的平塘、册亨、独山、三都、凯里、雷山、丹寨、兴义、安龙、望谟、荔波和罗甸等区域地处云贵高原，东南部向广西丘陵过度的斜坡地带，地势西北高，东南低，境内大部分地区海拔500～1100m，平均气温15～20℃，平均降雨量1200～1600mm。冬无严寒、夏无酷暑，雨热同季，属典型的亚热带温暖湿润的季风气候。此地域野生灵芝资源分布较广，药材质量相对较高，当地农民也有多年中药材种植经验，能够按照规范化技术生产出高质量的灵芝药材。因此，该部分区域可尝试打造灵芝的仿野生抚育基地。贵州高原中部至东北部的贵阳、龙里、惠水、长顺、开阳、平坝、镇宁、红花岗区、西秀区、石阡、江口、思南等地区，地处云贵高原黔中山原丘陵中部，位于长江与珠江分水岭地带，水资源十分丰富。同时也是新一轮西部大开发战略确定的重点经济区，经济发达，交通方便。境内大部分地区海800～1400m，年平均气温为13～18℃，年平均总降水量为1000～1400mm。这些地区多数具有野生灵芝资源分布，气候特点与灵芝主要分布区域相似，可打造灵芝种质资源保存、良种繁育以及规范化种植基地。而部分区域，如威宁、赫章等地，由于海拔较高，气温较低，此海拔几乎未见有野生灵芝分布，因此很可能不适宜灵芝的大规模种植。

（二）生产基地选择

按照灵芝适宜区优化原则与其生长发育特性要求，选择其最适宜区或适宜并具良好社会经济条件的地区建立规范化生产基地。现已在黔东南州的凯里、黔南州的独山、贵阳市白云区及遵义市的湄潭等地建立了灵芝规范化种植基地。例如，昌昊金煌（贵州）中药有限公司在惠水建立的灵芝种繁和孢子粉生产种植基地，贵州省册亨县秧坝镇、达央乡和双江镇的多个村寨（如秧坝镇福尧村等）建立了灵芝林下仿野生种植基地。

四、规范化种植关键技术

（一）选地整地

选地整地：灵芝的栽培可选择在室内或室外，通常代料栽培可选择在室内，段木栽培选择在室外。灵芝栽培的最适温度是25～28℃，建议选择在春秋两季。场地的选择需要光照充足、夏季凉爽。室内可选择半地下室，更适于灵芝对温、湿条件的要求。而室外最好是选择在林荫下，一般选择稀疏阔叶林地。当然也可人工搭遮荫棚，郁闭度把握在 0.5 左右为佳。同时，选择的场地要求排水良好，土质疏松，水电供应等设备齐全。

根据段木菌材或菌袋的直径大小，以及菌丝分布的具体情况来安排摆放。段木菌材或菌袋摆放间距通常在 10cm 左右，行距 15～20cm。段木可覆土刚好没至段木菌材表面，菌袋可稍浅，保持在 3～5cm 厚（通常不覆盖完菌袋）。此外，灵芝容易招白蚁，因此，需要提前清理好场地，同时撒适量生石灰，以加强林地白蚁的防治。

（二）母种、原种和栽培种制作方法

1. 母种的制作　灵芝的母种制作，通常以马铃薯、葡萄糖和琼脂等为主要成分的 PDA 培养基进行培养。母种的制备过程和其他食用菌母种制作类似，其制作包括有孢子分离、组织分离和基质分离等。

2. 原种的制作　原种制作的培养基质，主要包括含有木质素、纤维素、蛋白质和矿物质的混合物。比如各种阔叶树种的木屑，草本作物的秸秆，此外还有玉米粉、小麦粉、大豆粉以及粮食加工等的下脚料，比如麦麸和米糠等。培养基可根据当地现有的资源进行灵活配制，参考配方如下：木屑 80%、麦麸 18%，石膏 1%，蔗糖 1%，含水量 60% 左右。木屑选择硬质木材原材料为最佳，但要避免使用芳香类植物木屑，同时要择优选择绿色环保的原料。灭菌接种以后，在黑暗环境下培养，温度维持在 24～28℃，空气湿度控制在 65% 左右，在菌丝的生长过程中，要经常检查，及时清除被杂菌感染的菌包。

3. 栽培种的制作　栽培种制作的配方，与原种制作基本一样。固体栽培菌种，通常根据拟接种基质的形态，制作成木条或者子弹头状，使用聚丙烯装填，然后灭菌培养。如果接种对象是菌袋，通常相应栽培菌种可以制作成木条状。如果以椴木为栽培对象，可以将栽培菌种制作呈子弹头状。如果制作成木条状，将木段分劈成长 16～20cm、宽 0.5～0.8cm、厚度 0.15～0.2cm 的木条，每个菌袋填装这样的木条 20 条左右，用相应的培养基质填满木条间隙。段木栽培菌种制作子弹头状，需要提前准备好耐高温的子弹头状聚苯醚模具若干，模具大小，长度在 1.3～1.8cm 的范围，粗端直径 0.6cm 左右。然后在模具中塞满培养基，每个 PP 袋可以装 50～100 个子弹头模具。根据种植方法，将两种类型菌种按照常规灭菌后，就可以接种培养，当菌丝布满菌种袋子以后，即可用来栽培灵芝了。

（三）田间管理

1. 发菌管理　接种完毕，搬入培养室，排放在培养架上，遮光、保温、发菌。要维持室内温度 24～28℃，温度低时要用电炉适当加温，并要保持通风换气。2～3 个月，菌丝即可布满菌袋。

2. 出芝管理　埋袋后 3～5 天内无需动薄膜，表土温度超过 28℃时揭膜通风。在 5

天后逐渐加大通风，每天掀膜 2～3 次，每次 20～30 分钟，以后逐步增加。如果覆土发白，可结合揭膜通风进行喷水，喷水量以覆土含水量 25% 为好，即土粒无白心。小菌蕾形成后，棚架内每日可喷水 1～2 次，以保持空气相对湿度 85%～95%。菌盖分化后喷水应注意尽量不落到菌盖上。

（四）主要病虫害防治

1. 病虫害综合防治原则　遵循"预防为主，综合防治"的植保方针，从灵芝种植基地整个生态系统出发，综合运用各种防治措施，创造不利于病虫害滋生和有利于其天敌繁衍的环境条件，保持灵芝种植基地生态系统的平衡和生物多样性，将各类病虫害控制在允许的经济阈值以下。

2. 防治措施　按病原一般可分为非侵染性病原和侵染性病原，由这两类病原引起的病害分别称为非侵染性病害和侵染性病害。

（1）非侵染性病害　由于非生物因素的作用，造成灵芝生理代谢失调而发生的病害为非侵染性病害，也称生理性病害。芝畸形，菌丝不生长或菌丝徒长，菌丝生长不良或萎缩。营养不良（包括营养过剩），温度过高或过低，水分含量过高或偏低，光照过强或过弱，生长环境中有害气体（如二氧化碳、二氧化硫、硫化氢等）过量，农药、生长调节剂使用不当，pH 值不适等。防治措施：根据具体情况采取相应措施即可，综合防治时要分析引起病害的主要原因，从而确定主要防范措施。

（2）侵染性病害　由病原物的侵染而造成灵芝生理代谢失调而发生的病害称侵染性病害。①青霉菌：培养室使用前打扫清洁，并用 40% 的甲醛 8mL 加 5g 高锰酸钾熏蒸 1 次。接种后，地面撒一层石灰，若与硫酸铜合用效果更好。对于培养料辅料，麦麸及米糠比例不超过 10%。配制培养料时，调整 pH 至 8.5～9.5。可用 1% 石灰拌料。培养基灭菌操作要规范，接种时严格要求无菌操作。防止用过量的甲醛消毒，以避免产生酸性环境。环境条件培养期间要加强管理。培养期间要多观察发现问题及时处理。空气湿度控制在 60%～65%，温度不得高于 30℃。特别注意当天夜里或者第 2 天袋内原料发酵的温度。控制垛内温度，保持在 28～30℃，若超过 37℃ 必须通风降温，或倒垛散热。发现栽培块上有小斑点时，应该立即先用干净纱布擦去青霉菌菌落，再用 pH 为 10 的石灰清水擦净，或用 0.1% 新洁尔灭擦净。石灰粉是青霉菌的最好杀菌剂。当严重污染，菌丝已钻入培养料内，应将斑块挖掉，用 4%～5% 石灰水冲洗后，再用同样的栽培种将洞补平压实，用胶布封好。搞好芝房病虫害管理，防止菌袋或畦床上的霉菌殃及芝体。长芝时要注意控制害虫叮咬芝体。连续下雨天气，畦床上方要有挡雨设施。一旦发生霉菌污染的病芝要及时摘除。②褐腐病：抓好产芝期芝房与芝床的通风和保湿管理，避免高温高湿。严禁向畦床、子实体喷洒不清洁的水。芝体采收后，菌床表面及出芝房要及时清理干净。发生病害的芝体要及时摘除，减少病害的危害。

（3）虫害　①线虫：芝场选择排水条件好，土壤渗水强，积水少的地方，减少适合线虫的生长条件。在芝场四周或地面喷洒 1∶1000 倍的敌百虫液，也可用浓石灰水或漂白粉水溶液进行喷雾。保持畦床环境卫生，控制其他虫害的入侵，切断线虫的传播途径。②螨类：畦床场地要选择远离仓库、饲料间，禽舍等地方，杜绝虫源侵入。畦床用磷化铝 10g 熏蒸 72 小时，能有效地杀死蜗牛。菌丝培养期间可用敌百虫粉撒放场地上，500g 药粉可处理 20m 培养场地，每 25 ～ 30 天处理 1 次。菌袋有发生螨害时，覆土前可用棉花蘸少许 50% 敌敌畏，塞入袋内进行熏杀，螨类危害严重的菌棒要及时予以废弃，以免螨虫大量繁殖。③叶甲科害虫：可用氯氰菊酯 3000 倍液喷洒地面、墙壁及栽培场所周围 2m 以内，关闭门窗 24 小时后通风换气即可。④夜蛾：一般采取人工捕捉。

五、合理采收、加工与包装

（一）采收

1. 采收时间　当发现灵芝的菌盖停止增大，芝盖边缘的白色生长圈消失，菌盖边沿的色泽和菌柄颜色一致时，可对灵芝进行采收。一年可采收两季,7 ～ 8 月和 9 ～ 10 月均可采收。

2. 采收方法　灵芝孢子收集可以采用真空吸尘器，不过需要勤换吸尘袋，以防负荷过大，损坏吸尘器的电机。也可以采用套袋的收集方法，套袋要选好套袋时机，在灵芝的白色生长圈消失不见，停止向外延伸的时候，是套袋最佳时机。通常用白纸制作成适宜的套筒，套上之前，先用水冲洗干净灵芝的菌盖和菌柄，把泥沙和一些杂质冲洗掉。套筒以后，地面上要铺上塑料薄膜，在菌盖、套筒和塑料薄膜上，都能够收集到大量的灵芝孢子。子实体的采收可用剪刀在子实体的基部剪下即可。

（二）加工

收获的灵芝孢子粉需要及时放在 55℃ 的环境下烘干，过筛。烘干后的孢子粉放在低温、弱光和干燥的环境下保存，也可直接用真空密封保存，或冻干保存。子实体采收后当天及时烘干，而且在烘干之前，子实体不宜水洗。先把子实体放置在烘干环境下，用 35℃ 烘干 4.5 个小时左右，然后升温至 55℃，接着烘干 1.5 个小时左右。烘干的标准，外观看菌盖背面呈金黄色或者米黄色为上乘。

（三）包装

用袋子包装，袋子要求具有较好的透气性，放在阴凉干燥处保存。运输时应防止重压，且不能与其他有毒、有害物质混装。运输工具必须清洁、干燥、无污染，保持干燥。

六、商品规格与质量要求

（一）药材商品规格

灵芝药材以无杂质、霉变、斑点、虫蛀，身干，菌盖大小 15cm 以上，菌盖圆整，色泽一致者为佳品。其药材商品规格按菌盖大小、肉质厚薄及色泽等分为 5 个等级。

特级：菌盖最窄面 15cm 以上，中心厚 15cm 以上，菌盖圆整，盖表面粘有孢子或有光泽，无连体，边缘整齐，腹面管孔浅褐色或浅黄白色，无斑点，菌柄长小于 1.5cm，含水量在 12% 以下，无霉斑，无虫蛀。

一级：菌盖最窄面 10cm 左右，中心厚 1.2cm 以上，菌盖圆整，盖表面粘有孢子或有光泽，无连体，边缘整齐，腹面管孔浅褐色或浅黄白色，无斑点，菌柄长小于 2cm，含水量在 12% 以下，无霉斑，无虫蛀。

二级：菌盖最窄面 5cm 以上，中心厚 1cm 以上，菌盖基本圆整，无明显畸形，盖表面粘有孢子或有光泽，边缘整齐，菌柄长 2cm 以内，含水量在 12% 以下，无霉斑，无虫蛀。

三级：菌盖最窄面 3cm 以上，中心厚 0.6cm 以上，菌盖展开，菌柄长不超过 3cm，含水量在 12% 以下，无霉变。

等外品：对菌盖的大小、厚度及柄的长短不做要求，含水量在 12% 以下，但不得有霉变。

（二）药材质量要求

应符合现行《中国药典》灵芝药材质量标准要求。

1. 水分　不得过 17.0%（通则 0832 第二法）。

2. 总灰分　不得过 3.2%（通则 2302）。

3. 浸出物　不得少于 3.0%。

4. 多糖、三萜及甾醇测定　本品按干燥品计算，含灵芝多糖以无水葡萄糖（$C_6H_{12}O_6$）计，不得少于 0.90%，含三萜及甾醇以齐墩果酸（$C_{30}H_{48}O_3$）计，不得少于 0.50%。

乌梢蛇
Wushaoshe
ZAOCYS

一、概述

乌梢蛇原动物为游蛇科动物乌梢蛇 *Zaocys dhumnades*（Cantor）。别名：乌蛇、黑花蛇、乌梢鞭、一溜黑等。以干燥体入药，历版《中国药典》均予收载。乌梢蛇味甘，性平，归肝经。具有祛风，通络，止痉的功能，用于风湿顽痹，麻木拘挛，中风口眼㖞斜，半身不遂，抽搐痉挛，破伤风，麻风，疥癣。

乌梢蛇药用历史悠久，原名"乌蛇"，始载于唐代甄权的《药性论》，其后，诸家本草多予收录。如宋代掌禹锡《开宝本草》云："乌蛇，背有三棱，色黑如漆。性善，不噬物。"并言:"主诸风瘙瘾疹,疥癣,皮肤不仁,顽痹。"宋代官修医药方书《圣济总录》,收载有不少乌梢蛇配伍药用的医方,如"治破伤风之抽搐痉挛,多与蕲蛇、蜈蚣配伍"等。宋代寇宗奭《本草衍义》又云:"乌蛇,尾细长,能穿小铜钱一百文者佳。有身长一丈余者。蛇类中此蛇入药最多。"乌梢蛇是药食两用佳品,是中医临床传统常用中药,也是我省民族民间、食药两用的道地特色药材。

二、生物学特性

乌梢蛇为变温爬行动物,体温随环境气温的变化而变化,对场地湿度及其环境的变化比其他蛇类更敏感,喜暖厌寒、喜静厌乱,气温过高或过低都不利于生长发育,最适宜的温度为20～30℃。当气温下降到-10℃左右时即停止活动,入蛰冬眠,不吃不动,冬眠期为半年左右;当气温上升到10℃以上时则出蛰活动,以7～8月为活动高峰期;当环境温度高行至45℃或低于-15℃时便不能生存。一般生长2～3年性成熟,雌雄异体,体内变精,卵生。成体具多次蜕皮特性,春秋二季蜕皮频繁,两次蜕皮之间相隔70天左右,每年蜕皮3～4次。乌梢蛇是食肉性动物,食性广,消化力强,食量大。主要以鼠类、蛙类、蜥蜴、蚯蚓、昆虫、泥鳅、鳝鱼等为食。

三、适宜区分析及生产基地选择

(一)生产适宜区分析

乌梢蛇主要分布于我国温带和亚热带各地,海拔1600m以下的中低山地带平原、丘陵地带或低山地区,如广东、海南、广西、云南、贵州、四川、重庆、湖南、湖北、江西、安徽、浙江、江苏、福建、台湾、陕西、甘肃、河南等地。现广东、海南、广西、云南、贵州、四川、重庆、湖南等地有人工养殖。

(二)生产基地选择

按照中药材生产适宜区优化原则与其生长发育特性要求,选择其最适宜区或适宜区且具良好社会经济条件的地区建立规范化乌梢蛇养殖基地。例如,贵州盛世龙方制药公司在龙里县谷脚镇哨堡选建的乌梢蛇养殖基地,其属北亚热带季风湿润气候,年平均气温14.8℃,最冷月均温4.6℃,最热月均温23.6℃;降水丰沛,年降水量1100mm左右,多集中在夏季;热量充足,年日照时数1160小时左右,无霜期283天;气候温暖湿润,无霜期长,日照和水资源十分丰富;土壤以黄壤、黑色石灰土、细沙土为主;植被为常绿落叶阔叶混交林、针叶林及灌丛等,有野生乌梢蛇出没,适于乌梢蛇养殖。且基地远离城镇及公路干线,无污染源,其空气清新,水为山泉,环境幽美,周围10km内无污染源。

四、规范化养殖关键技术

（一）养殖方法

1. 良种繁育　乌梢蛇种蛇目前多靠其野生资源，捕捉行动敏捷、颜色鲜亮，无伤痕并具光泽的乌梢蛇作为种蛇。乌梢蛇种蛇的选择，应在 2～3 年或 3 年以上达到性成熟后的蛇中选择。其雌雄鉴别方法：用手捏紧蛇的肛门孔后端，雌蛇肛门孔平凹，而雄蛇会从肛门孔伸出一对"半阴茎"。在春秋两季乌梢蛇发情配种前，将雌蛇与雄蛇按 3:1～4:1 比例，放养在一起作为繁殖群；其放养密度一般以每平方米不超过 10 条为宜，因雄蛇可与几条雌蛇交配。每年要逐代选择优良个体留种，作为优良种源，其选留种蛇的标准是体型大，无伤残，无疾病，食欲、发情交配行为正常。这是保障乌梢蛇良种与繁育的关键，应予高度重视，切实做好良种繁育。养殖方式一般分为缸（箱）养殖、室内养殖、室内外相结合养殖，以及自然保护养殖，蛇园宜选建在阴凉避风、位置较高并长有适度灌木草丛的斜坡地带。

2. 饲养　在乌梢蛇产卵期注意及时收集蛇卵，切勿使卵在阳光下暴晒，以免影响其孵化率。新生仔蛇生长很快，消耗营养多，应供给一些如蚯蚓或昆虫等高蛋白的饵料和充足的洁净水，使其生长蜕皮，严防饥饿的仔蛇自相残食的现象发生。随着幼蛇日龄增长，可投喂幼蛙、乳鼠等活物；再长大则可投放小白鼠、大白鼠、成蛙等活物进行饲养。乌梢蛇进入成蛇后，在非繁殖期间，应按性别、年龄不同分成不同群体进行饲养，避免因大小不同而互相残杀。要根据乌梢蛇喜食青蛙、蜥蜴、鱼、鼠及其他小动物的特性而适时投喂活食（每周起码投喂 1 次），并注意观察其吃食情况，掌握好投食量。在秋季乌梢蛇进入冬眠前，可适当增加投喂其喜食食物，贮备足够的营养和体脂，以迎冬眠期的到来，来年以更好地生长发育。

（二）养殖管理

1. 饲料管理　乌梢蛇在人工养殖条件下，饲料主要以蛙类为主，小杂鱼、泥鳅、黄鳝为辅。乌梢蛇消化能力很强，需 4～6 天投饲一次。要尽量结合乌梢蛇的食欲状况，合理选择，搭配饲料。每次的投喂量应依据该蛇的年龄、性别、个体状况、气候条件及两次投喂的间隔时间长短来灵活掌握，以稍有剩余为度。

2. 环境管理　乌梢蛇的活动期为每年 4 月中、下旬至 10 月中、下旬，需注意温湿度对乌梢蛇的影响，炎夏时应有遮荫设施，必要时还可采用喷水等设施降温；寒冬时应及时加草培土保暖；空气相对湿度至少要保持 50% 为宜。乌梢蛇有攀爬上树的特点，如蛇场内栽有较大树木，应定期修剪树杈，慎防树枝伸到围墙外，形成蛇外逃的自然天梯。饲养人员养成随时查看围墙、出水口等出口有无破损或缝隙的习惯。此外，还要加强安全措施检查，注意防止天敌入场食蛇。乌梢蛇的天敌有黄鼠狼、刺猬、大型老鼠和猫头鹰等。

（三）主要病虫害防治

目前在乌梢蛇养殖过程中，乌梢蛇的疾病多为寄生虫危害。防治方法：注意饵料的新鲜干净，并加强管理，另外，根据蛇的个体大小和体质强弱的不同，进行分开饲养，发现病蛇要及时隔离用药或淘汰，场地彻底消毒，更换沙土和垫草。

五、捕收、加工与养护

（一）捕收

乌梢蛇宜于夏、秋季捕收。主要捕收有叉蛇法、网兜法、索套法、蒙罩法及徒干捕蛇法等。无经验者多用蛇叉、网兜、索套、蛇钳等器械捕捉，但容易使蛇受伤，特别是内脏器官受伤，不能留作种蛇。徒手捕蛇者熟悉乌梢蛇习性，看准蛇头位置以迅速手法，从蛇的背后抓住蛇的颈部，或迅速捉住蛇尾，倒提起来悬空抖动，使蛇转动不灵。捉蛇时切忌不能让蛇头靠近人的身体，以免被蛇咬伤。

（二）加工

1. 蛇干加工　乌梢蛇蛇干产地加工主要有下述两种加工方法：一是"盘蛇"，将乌梢蛇先摔死，再在腹部用利刀从颈至肛门处剖开，除去内脏，取竹针串盘成圆形，头置中央，尾端插入腹腔内，置铁丝网架上，烘干或晒干，至表面略呈黑色为度即得。二是"蛇棍"，将乌梢蛇先摔死，再依上法剖腹，将蛇体折成长 20～30cm 回形，并同上干燥即得。若需剥皮者，则将剥皮的头、尾的皮保留，以利鉴别。

2. 蛇胆加工　乌梢蛇的蛇胆位于蛇体吻端至肛门之间的中点处，胆囊呈椭圆形，以墨绿色为佳；呈淡黄色或灰白色的"水胆""白胆"无药用价值。其蛇胆有活蛇、死蛇取胆及活蛇抽取胆汁法。活蛇（取胆前先禁食几天）、死蛇取胆时，均是依法破腹，取出胆囊，用线扎紧胆管，悬挂阴干或泡于白酒中即得；活蛇抽取胆汁时，是在活蛇取胆基础上进行。即左脚踩踏住蛇的头颈，左手握住蛇体中部，摸准胆囊，稍加压力，使其在腹壁微凸，用 70% 酒精消毒皮肤后，将注射器针头垂直刺入胆囊，缓缓抽取胆汁。视蛇体大小，每次抽取 0.5～2mL，以不抽尽为宜。将抽取的胆汁装入消毒玻璃瓶中，真空干燥即得。一般于 1 个月后可再次抽取。

（三）包装

将干燥乌梢蛇药材，按 20～30kg/ 箱，内衬防潮纸的纸箱盛装，严密包装即得。在包装前应检查乌梢蛇药材是否充分干燥、有无杂质及其他异物，所用包装应符合药用包装标准，并在每件包装上注明品名、规格、等级、毛重、净重、产地、批号、执行标准、生产单位、包装日期及工号等，并应有质量合格的标志。

（四）储藏养护

将干燥乌梢蛇药材包装后，于低温干燥、通风良好处储藏。本品易虫蛀、受潮、发霉、泛油及遭鼠害。因此贮藏前，还应严格检查质量，防止受潮或染霉品掺入；储藏期间，可在包装箱内同放花椒、山苍子或启封的白酒进行驱虫；贮藏时应保持环境干燥、整洁，加强仓储养护规范管理，定期检查、翻垛，发现吸潮或初霉品或虫蛀，应及时进行通风晾晒等处理。有条件的最好进行抽氧充氮养护。若发现轻度霉变、虫蛀等，应及时晾晒，也可以用磷化铝熏杀等处理。

六、商品规格与质量要求

（一）药材商品规格

乌梢蛇药材以无杂质、霉变、虫蛀，身干，头尾齐全，肉色黄白，质坚实者为佳品。其药材商品规格为统货，现暂未分级。

（二）药材质量检测

应符合现行《中国药典》乌梢蛇药材质量标准要求，浸出物不得少于 12.0%。

斑　蝥
Banmao
MYLABRIS

一、概述

斑蝥原动物为芫青科昆虫南方大斑蝥 *Mylabris phalerata* Pallas 或黄黑小斑蝥 *Mylabris cichorii* Linnaeus。别名：斑猫、斑蚝、花斑毛、花壳虫、黄豆虫等。以干燥虫体入药，历版《中国药典》均予收载。斑蝥味辛，性热；有大毒；归肝、胃、肾经。具有破血逐瘀，散结消癥，攻毒蚀疮的功能。用于癥瘕，经闭，顽癣，瘰疬，赘疣，痈疽不溃，恶疮死肌等。南方大斑蝥习称为"大斑芫菁"；黄黑小斑蝥习称为"眼斑芫菁"。

斑蝥药用历史悠久，《神农本草经》以"班蝥"之名收载，列为下品，称其"一名龙尾。味辛，寒，有大毒。治寒热鬼疰，虫毒，鼠瘘，恶疮，死肌，破石癃。生川谷"。此后，在历代本草及医籍多予录著。如南北朝梁代陶弘景《本草经集注》曰："此一虫五变，主疗皆相似。二、三月在芫花上，即呼为芫青；四、五月在王不留行草上，即呼为王不留行虫；六七月在葛花上，即呼为葛上亭长；八、九月在豆花上，即呼为斑豆，甲上有黄黑斑点；芫青，青黑色；亭长，身黑头赤。"宋代苏颂《图经本草》云："《本经》不载所出州土，今处处有之。"明代李时珍《本草纲目》中，详细地记述了斑蝥、地胆、芫菁和葛上亭长4种同类功效昆虫的形态、生境、采集和炮制方法、主治及附方等，与陶说相合。《深师方》用亭长，注亦同。并特别指出斑蝥可有效"治疬疡，解疔毒、狂犬毒、沙虱毒、轻粉毒"。综上可见，历代本草对斑蝥的描述与现今药用基本相同。斑蝥系我国中医传统常用中药，也是中药工业常用原料，为贵州著名道地特色药材。

二、生物学特性

斑蝥适应性较强，喜欢在透水性好的松软土壤中产卵，通常一年1代，在人工气候室恒温条件下内可以达到3～4代。一生分为卵、幼虫、蛹、成虫4个阶段，一生可产1～3次卵，眼斑芫菁一次可产卵40～50枚，大斑芫菁一次可产卵70～90枚。大斑芫菁的卵：9～10月卵开始孵化，幼虫共分7个阶段，1龄幼虫被称为三爪蚴，此龄幼虫主要功能是寻找蝗虫卵，可以在不吃东西的情况下存活30天，喜欢阳光，在太阳下活跃，其爬行速度较快。当蝗卵后蜕皮到2龄幼虫，一直到5龄幼虫，都是在蝗卵中居住，6龄幼虫爬出，寻找合适的土壤挖洞，建立土室，蜕皮为7龄幼虫，进行滞育越冬，在温度恒定在28～30℃时，可以打破滞育。成虫在6、7月出土，蜕皮为裸蛹，经过4～9天，成虫就会脱离外皮，爬出土室，此时的土壤湿度直接影响羽化的成功与否。在土壤较干燥，湿度低时，往往致使斑蝥死亡。7、8月份是成虫活动高峰期，喜阳光，常在日出后活动，飞翔能力较强，在离地3m左右高空飞行。气温越高越活跃，喜吃菜豆花、牵牛花、大丽花等花瓣。

三、适宜区分析及生产基地选择

（一）生产适宜区分析

斑蝥全国均有分布，主产于贵州、广西、河南、安徽、湖南、江苏、新疆、内蒙古等地。在海拔1000m以下的地带，≥10℃的积温3000～4000℃，年平均温度18～19℃，1月平均气温1～7℃，7月平均气温20～27℃，极端最低气温不低于-7℃，均适宜斑蝥生长。

（二）生产基地选择

按照斑蝥适宜区优化原则与其生长发育特性要求，选择其最适宜区或适宜区且具良好社会经济条件的地区建立规范化生产基地。如在贵州罗甸、望谟、贞丰、从江等海拔较低、气温较高的地方选建斑蝥规范化养殖基地最宜。养殖斑蝥对农药特别敏感，所以选择养殖基地时应首先选择远离其他农作物生产的地方，避开农药的喷洒范围。并应选择向阳，供水方便的地块搭建设施。

四、规范化养殖关键技术

(一) 选地整地与良种投放

养殖斑蝥，最好建立温室大棚。其温室大棚，宜采用拱度较大的大棚，在大棚的上层搭遮阳网，通风口处装防虫网（防止斑蝥逃脱），棚内地面最好用水泥硬化（方便收集虫卵），四周建排水设施。斑蝥养殖区外围，应建立种植区，主要种植扁豆、南瓜、玉米等植物，作为斑蝥成虫和东亚飞蝗的饲料。

(二) 饲料昆虫选择和养殖

斑蝥的幼虫喜捕食棉蝗、飞蝗等中大型蝗虫的虫卵，其中以东亚飞蝗的养殖技术比较成熟，加之东亚飞蝗的适应性强，繁殖迅速，是较好的饲料昆虫。东亚飞蝗在温室大棚中饲养一年可以繁殖 3～4 代。东亚飞蝗喜食玉米的鲜叶，每天在投喂鲜叶时应尽量把没吃完的玉米叶拣出，以防霉变。当东亚飞蝗到了交配季节，应放入集卵箱，使东亚飞蝗产的卵集中。集卵箱的构造：20cm 左右深度的塑料盒，盒中仅顶端开口，盒中放入杀虫处理过的沙土或蛭石，保持沙土或蛭石的含水量为 10% 左右。当东亚飞蝗产完卵，将集卵箱取出，在 10 月之前产的卵用于孵化，继续繁殖，10 月后产的卵用于喂养斑蝥，此时的蝗卵应放到阴凉的地方保存，当斑蝥的卵孵化出 1 龄幼虫时，放入集卵箱中，使幼虫捕食蝗卵。

(三) 养殖条件和养殖管理

斑蝥一般是一年一代，冬季靠滞育幼虫越冬，但在斑蝥的各个时期，恒温在 28℃时，可以打破滞育。养殖期间，将选取好的斑蝥种虫投放到养殖棚内，喂养扁豆花或南瓜花，此段时期在 7～9 月，气温较高，应拉上遮阳网，打开通风口，白天使大棚的温度不超过 35℃，夜间不必密封大棚升温。看到大量的斑蝥交配后，放入集卵盒，收集斑蝥卵。将收集好的斑蝥卵放置大棚中孵化，保持 10% 的含水量，等到幼虫爬出。

将斑蝥幼虫撒入盛有东亚飞蝗卵的集卵箱中，为了方便斑蝥幼虫寻找蝗卵，可将集卵箱中上层挖去 3～5cm 厚的土壤，保持土壤含水量 10% 左右。20～30 天时，斑蝥的幼虫会钻出到土壤的表面，此时的幼虫容易自相残杀，为了降低死亡率，可在土壤上放置塑料隔板，把集卵箱隔成多个小空格，减少它们遇到一起的概率，以降低死亡率。斑蝥幼虫筑好土室准备越冬时，将集卵箱放入温室大棚中，保持棚内温度略高于外界温度，在遇到冬季极端寒冷天气时，应密封大棚升温。到 5～6 月份时斑蝥开始羽化出土为成虫，用扁豆花或南瓜花喂养，10 天左右开始采收。

(四) 主要病虫害防治

目前在斑蝥养殖过程中，遇到的病害主要有球孢白僵菌 *Beauveria bassiana* 和曲霉 *Aspergillus* sp. 在幼虫和成虫引起的病害，防治的要点：保持土壤的含水量不超过 20%，在养殖之前喷洒杀菌剂。虫害主要是土壤中的革螨，革螨吸取斑蝥虫卵的体液，致使虫卵不能孵化，杀虫时一般采取物理方法，如在投放斑蝥前利用高温杀死土壤中的革螨，或者采用干燥的方法杀虫。在投放斑蝥后，如果发现革螨为害，可采取将虫卵移除土壤，变化条件的方法，来降低虫害的发生。

五、捕收、加工与养护

（一）捕收

为了保证斑蝥素的含量，并减少植物花朵的消耗，在斑蝥成虫羽化后 10 天内采集，留下部分身体强壮的斑蝥做种虫，其余在清晨露水未干时采集，放入光滑成漏斗型的塑料袋中，因为斑蝥会相互抓扯，无法爬出或飞走，将塑料袋的开口扎死即可。

（二）加工

将采收有斑蝥的塑料袋，放入冰柜中冷冻处死后，取出，置于阳光下晒干或通风干燥处阴干均可。根据斑蝥的不同用途采取不同的产地加工法，用作中成药的斑蝥一般要进行炮制加工处理。方法：取净斑蝥与米拌在炒锅内炒，不断翻动，至米呈浅黄色或浅黄棕色，取出全虫，放置室温下冷却，在 50 ～ 60℃烘 24 小时。每 100g 用米 200g。此炮制方法是利用斑蝥素可在 120℃时挥发的物理特性，以减少斑蝥素的含量，降低毒性。经研究通过炮制可以使斑蝥体内的游离斑蝥素损失 27% 以上，结合斑蝥素损失 60% 以上。但用作斑蝥素提取的斑蝥原料时，不需上述加工处理，以免斑蝥素的损耗。

（三）包装

将干燥斑蝥药材，应按规格严密包装。在包装前，每批药材包装应有记录，应检查是否充分干燥、有无杂质及其他异物；所用包装应是无毒无污染、对环境和人安全的包装材料，在每件包装上注明品名、规格、等级、毛重、净重、产地、批号、执行标准、生产单位、包装日期及工号等，并应有质量合格证及有毒的标志。

（四）养护

干燥斑蝥应贮存于干燥通风处，温度 25℃以下，相对湿度 65% 左右。本品易生霉，虫蛀。产地加工时，若未充分干燥，在贮藏（或运输）中易感染霉菌，受潮后可见黄色霉斑。因此贮藏前，还应严格检查质量，防止受潮或染霉品掺入；其为害的仓虫有珍珠螨和药材甲等，它们取食干燥的斑蝥，降低药物质量。如果长时间放置最好放入冷仓中，降低害虫和霉菌的危害。贮藏时应保持环境干燥、整洁与加强仓储养护规范管理，定期检查、翻垛，发现吸潮或初霉品或虫蛀，应及时进行通风晾晒等处理。

六、商品规格与质量要求

(一) 药材商品规格

斑蝥药材以无杂质、霉变、虫蛀，身干，虫体完整，色泽鲜明者为佳品。其药材商品规格为统货，现暂未分级。

(二) 药材质量检测

应符合现行《中国药典》斑蝥药材质量标准要求，含斑蝥素（$C_{10}H_{12}O_4$）不得少于0.35%。

主要参考文献

［1］国家药典委员会.中华人民共和国药典［M］.北京：中国医药科技出版社，2020.

［2］江苏新医学院.中药大辞典［M］.上海：上海科学技术出版社，1977.

［3］杨小翔，冉懋雄，赵致.贵州地道特色药材规范化生产技术与基地建设［M］.北京：科学出版社，2018.

［4］李敏.中药材规范化生产与管理（GAP）方法及技术［M］.北京：中国医药科技出版社，2005.

［5］康传志，王青青，周涛，等.贵州杜仲的生态适宜性区划分析［J］.中药材，2014，37（5）：760-766.

［6］贵州中药资源编辑委员会.贵州中药资源［M］.北京：中国医药科技出版社，1992.

［7］邱德文，杜江.贵州十大苗药研究［M］.北京：中医古籍出版社，2008.

［8］汪毅.黔本草：第一卷［M］.贵阳：贵州科技出版社，2015.

［9］曾令祥.贵州地道中药材病虫害认别与防治［M］.贵阳：贵州科技出版社，2007.

［10］桂镜生.中药商品学［M］.昆明：云南大学出版社，2015.

［11］郭巧生.最新常用中药材栽培技术［M］.北京：中国农业出版社，2000.

［12］吴征镒.中国自然地理－植物地理［M］.北京：科学出版社，1983.

［13］王文全.中药资源学［M］.北京：中国中医药出版社，2006.

［14］高明.药事管理与法规［M］.北京：中国中医药出版社，2006.

［15］任德权，周荣汉.中药材生产质量管理规范（GAP）实施指南［M］.北京：中国农业出版社，2003.

［16］张永清，杜弢.中药栽培养殖学［M］.北京：中国医药科技出版社，2015.

［17］郭兰萍，张燕，朱寿东，等.中药材规范化生产(GAP)10年：成果、问题与建议［J］.中国中药杂志，2014，39（7）：1143-1151.

［18］魏建和，陈士林，郭巧生.中国实施GAP现状及发展探析［J］.中药研究与信息，2004，（9）：4-8.

［19］黄娅.中药材规范化生产及GAP认证发展现状［J］.亚太传统医药，2006，（3）：42-45.

［20］黄璐琦，王永炎.药用植物种质资源研究［M］.上海：上海科学技术出版社，2008.

［21］萧凤回，郭巧生.药用植物育种学［M］.北京：中国林业出版社，2008.

［22］任跃英.药用植物遗传育种学［M］.北京：中国中医药出版社，2010.

［23］徐良.药用植物创新育种学［M］.北京：中国医药科技出版社，2010.

［24］郭巧生.药用植物资源学［M］.北京：高等教育出版社，2007.

［25］陈士林，肖培根.中药资源可持续利用导论［M］.北京：中国医药科技出版社，2006.

［26］中国药材公司.中国中药区划［M］.北京：科学出版社，1995.

［27］冉懋雄.道地药材区划研究［M］.北京：中医古籍出版社，1997.

［28］冉懋雄，邓炜.论贵州中药资源区域分布与区划［J］.中国中药杂志，1995，（10）：579-581.

［29］黄璐琦，郭兰萍.中药资源生态学研究［M］.上海：上海科学技术出版社，2007.

［30］陈士林，等.中国药材产地生态适宜性区划［M］.北京：科学出版社，2011.

［31］黄建国.植物营养学［M］.北京：中国林业出版社，2004.

［32］强胜.杂草学［M］.北京：中国农业出版社，2001.

［33］魏书琴，陈日曌，赵春莉.药用植物保护学（上）［M］.长春：吉林大学出版社，2013.

［34］冉懋雄，周厚琼.中国药用动物养殖与开发［M］.贵阳：贵州科技出版社，2002.

［35］朱圣和.中国药材商品学［M］.北京：人民卫生出版社，1990.

［36］李向高.药材加工学［M］.北京：农业出版社，1994.

［37］冉懋雄，周厚琼.现代中药栽培养与加工手册［M］.北京：中国中医药出版社，1999.

［38］谢宗万.中药材采收应适时适度，以优质高产可持续利用为准则论［J］.中国中药杂志，2001，（3）：8-11.

［39］冉懋雄，郭建民.现代中药炮制手册［M］.北京：中国中医药出版社，2002.

［40］武孔云，冉懋雄.中药栽培学［M］.贵阳：贵州科技出版社，2001.

［41］崔晋龙，郭顺星，肖培根.内生菌与植物的互作关系及对药用植物的影响［J］.药学学报，2017，52（2）：214-221.

［42］陈龙，梁子宁，朱华.植物内生菌研究进展［J］.生物技术通报，2015,31(8)：30-34.

［43］郭兰萍，周良云，莫歌，等.中药生态农业——中药材GAP的未来［J］.中国中药杂志，2015，40（17）：3360-3366.

［44］魏建和，屠鹏飞，李刚，等.我国中药农业现状分析与发展趋势思考［J］.中国现代中药，2015，17（2）：94-98+104.

［45］陈君，程惠珍，陈士林．中药材生产中的农药安全问题［J］．药品监管，2005，（2）：33-34.

［46］郭耀宗．中国药材 GAP 进展（第一辑）［M］．南京：东南大学出版社，2008.

［47］冉懋雄．论我国西部地区中药、民族药产业化建设与可持续发展［J］．中国现代中药，2010，12（1）：15-18.

［48］周荣汉．浅谈传统中药生产与现代农业革命［J］．中国现代中药，2012，14（12）：22-23.

［49］魏建和，屠鹏飞，李刚，等．我国中药农业现状分析与发展趋势思考［J］．中国现代中药，2015，17（2）：94-98+104.

［50］刘维屏．农药环境化学［M］．北京：化学工业出版社，2006.

［51］肖崇厚．中药化学［M］．上海：上海科学技术出版社，1997.

［52］林亚平，鲍家科．中药民族药质量标准研究专论［M］．贵阳：贵州科技出版社，2008.

［53］蔡宝昌．中药制剂分析［M］．第 2 版．北京：高等教育出版社，2007.

［54］万益群，鄢爱平，谢明勇．中草药中有机氯农药和拟除虫菊酯农药残留量的测定［J］．分析化学，2005，33（5）：614-618.

［55］陈建民，张雪辉，杨美华，等．中药中黄曲霉毒素检测概况［J］．中草药，2006，（3）：463-466.

［56］谢培山．中药色谱指纹图谱［M］．北京：人民卫生出版社，2005.

［57］罗国安，梁琼麟，王义明．中药色谱指纹图谱质量评价、质量监控与新药研发［M］．北京：化学工业出版社，2009.

［58］齐耀东，高石曼，刘海涛，等．中药材质量可追溯体系的建立［J］．中国中药杂志，2015，40（23）：4711-4714.

［59］张蓓蓓，蒋祥龙．中药材专业市场质量追溯管理模式及机制构建［J］．哈尔滨学院学报，2019，40（6）：39-41.

［60］范定臣，刘艳萍．皂荚良种培育与高效栽培技术［M］．郑州：黄河水利出版社，2018.

［61］蒋传中，刘峰华，梁宗锁．丹参 GAP 基地的实践［M］．北京：中国医药科技出版社，2014.

［62］魏升华，王新村，冉懋雄，等．地道特色药材续断［M］．贵阳：贵州科技出版社，2014.

［63］杨相波，贺勇，冉懋雄，等．地道特色药材淫羊藿［M］．贵阳：贵州科技出版社，2014.

［64］朱国胜，刘作易，郭巧生，等．贵州半夏研究［M］．贵阳：贵州民族出版社，2014.

［65］张玉方，王祖文，卢进，等．白花前胡主要栽培技术研究（I）［J］．中国中药杂志，2007，（2）：147-148.

［66］蓝祖栽，姚绍嫦，凌征柱，等.中药材山豆根栽培技术规程［J］.现代中药研究与实践，2009，23，（2）：9-10+30.

［67］沈亮，罗苑，张平刚，黄荣韶.山豆根资源现状及其质量标准研究进展［J］.大众科技，2011，（5）：145-146.

［68］孙庆文，赵杰宏.册亨县中药材种植技术手册［M］.贵阳：贵州科技出版社，2020.

［69］朱新宇，骆瀚超，何茂秋，等.苗药血人参的质量标准研究［J］.中国药房，2016，27（27）：3829-3831.

［70］刘莉，简应权，姚厂发，等.苗药血人参规范化种植肥效试验研究［J］.中草药，2018，49（5）：1169-1173.

［71］李恒.重楼属植物［M］.北京：科学出版社，1998.

［72］李国清，毕研文，陈宝芳，等.中草药桔梗人工栽培研究进展［J］.农学学报，2016，6（7）：55-59.

［73］刘先华.白芷栽培管理技术［J］.南方农业，2011，5（9）：30-31.

［74］刘光德，李名扬，祝钦泷，等.资源植物野生金荞麦的研究进展［J］.中国农学通报，2006（10）：380-389.

［75］梁斌，张丽艳，冉懋雄，等.中国苗药头花蓼［M］.北京：中国医药出版社，2014.

［76］王琳，叶庆生，刘伟.金钗石斛研究概况(综述)［J］.亚热带植物科学，2004，33（2）：73-76.

［77］孙庆文，江维克.贵州中药资源普查重点品种识别手册［M］.贵阳：贵州科技出版社，2014.

［78］徐宏，杜江.苗药观音草在民间的使用及开发应用情况［J］.中国民族医药杂志，2006，12（5）：43-44.

［79］张水寒，肖根深.杜仲产业基地建设与规范化栽培［M］.长沙：湖南科学技术出版社，2017.

［80］张晓红，靳士英，刘莹.岭南道地药材山银花亟待正名与发展［J］.中国药业，2019，28（11）：4-8.

［81］张维规，王清玉，江秀玉.灵芝栽培技术研究［J］.中国食用菌，1997，（5）：29-30.

［82］肖淑媛，何颖.灵芝栽培技术要点［J］.湖南农业，2008，（12）：12.